高等职业教育装备制造类专业系列教材

液压与气压传动技术

YEYA YU QIYA CHUANDONG JISHU

主　编　张　娟

副主编　马　军　陈　璟

参　编　赵　翔　董　军　杨筱萍

主　审　胡宗政

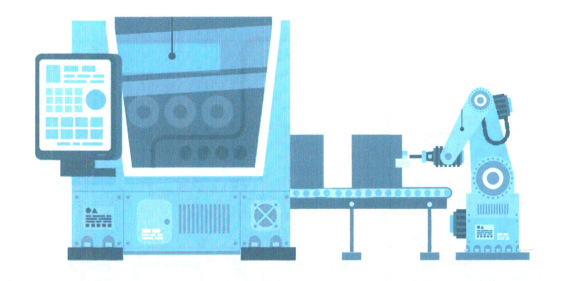

图书在版编目(CIP)数据

液压与气压传动技术 / 张娟主编. —西安：西安交通大学出版社，2023.8
高等职业教育装备制造类专业系列教材
ISBN 978-7-5693-3314-5

Ⅰ.①液… Ⅱ.①张… Ⅲ.①液压传动－高等职业教育－教材 ②气压传动－高等职业教育－教材 Ⅳ.①TH137 ②TH138

中国国家版本馆 CIP 数据核字(2023)第 119738 号

书　　　名	液压与气压传动技术
主　　　编	张　娟
策 划 编 辑	杨　璠
责 任 编 辑	曹　昳　刘艺飞
责 任 校 对	张　欣
出 版 发 行	西安交通大学出版社 (西安市兴庆南路1号　邮政编码 710048)
网　　　址	http://www.xjtupress.com
电　　　话	(029)82668357　82667874(市场营销中心) (029)82668315(总编办)
传　　　真	(029)82668280
印　　　刷	西安五星印刷有限公司
开　　　本	787mm×1092mm　1/16　印张 22.5　字数 475 千字
版 次 印 次	2023 年 8 月第 1 版　2023 年 8 月第 1 次印刷
书　　　号	ISBN 978-7-5693-3314-5
定　　　价	56.00 元

如发现印装质量问题，请与本社市场营销中心联系。
订购热线：(029)82665248　(029)82667874
投稿热线：(029)82668502
读者信箱：phoe@qq.com

版权所有　侵权必究

前言

为落实党中央、国务院关于教材建设的决策部署和新修订的职业教育法,根据《"十四五"职业教育规划教材建设实施方案》要求,为适应经济社会和产业升级新动态和"岗课赛证""立德树人"综合育人要求,及时吸收新技术、新工艺、新标准,提高职业教育教学质量,编者通过大量的企业调研和毕业生反馈,结合多年教学经验,共同编著了《液压与气压传动技术》教材。

本教材适用于高职数控技术、机械制造及自动化、机电一体化技术等机械类及近机类专业"液压与气动技术"课程的教学。本课程主要介绍液压与气压元件的结构、工作原理和典型液压与气动系统实例分析。液压传动部分主要介绍流体力学基础知识,液压动力元件、执行元件、控制元件和辅助元件,液压传动基本回路,典型液压传动系统的设计与分析。气压传动部分主要介绍气压传动基础知识,气源装置及气动元件,并介绍了几种典型气压传动回路。

本课程采用项目式教学,采用任务驱动法组织教学,以 YT4543 组合机床动力滑台液压系统作为项目载体介绍液压系统五大组成及其回路;以机械手气动系统作为项目载体介绍气动系统五大组成及其回路;通过对汽车起重机液压系统等典型案例的分析,帮助学生了解液压技术在机械设备中的应用;通过液压传动技能实训与实验,培养学生对液压与气动系统的实际应用能力。

通过本课程的学习,学生可以获得基本的理论基础知识、方法和必要的应用技能;认识到这门技术的实用价值,增强应用意识;逐步获得专业知识学习能力和终生学习能力,同时获得创新创业能力、严谨的学习作风及良好的职业道德,为后续专业课程的学习打下坚实的基础。

  本书由张娟担任主编,马军、陈璟担任副主编,赵翔、董军、杨筱萍参与编写。本书由兰州职业技术学院胡宗政教授担任主审,并对教材提出了许多宝贵意见,同时在编写过程得到了大量同行与专家的帮助,在此向他们表示衷心的感谢!由于编者水平有限,书中难免有不足之处,敬请广大读者批评指正!

编者

2023 年 5 月

目录

项目一　液压传动系统初识　1

  任务1　液压传动系统的工作原理　2

  任务2　液压传动系统的组成　4

  任务3　液压传动系统的图形符号　6

  任务4　液压传动系统的优缺点　7

  任务5　液压传动的应用与发展　8

项目二　YT4543组合机床动力滑台系统　10

  任务6　组合机床动力滑台系统的工作介质——液压油　12

  任务7　组合机床动力滑台系统的动力部分——液压泵　50

  任务8　组合机床动力滑台系统的执行部分——液压缸与液压马达　82

  任务9　组合机床动力滑台系统的控制部分——液压阀　107

  任务10　组合机床动力滑台系统的辅助部分　164

  任务11　液压系统基本回路　184

  任务12　YT4543组合机床动力滑台系统分析　216

项目三　机械手气动系统　221

  任务13　气压传动的工作介质——压缩空气　223

  任务14　气压传动的动力部分——压缩机及气源处理装置　228

  任务15　气压传动的执行部分——气缸与气动马达　236

  任务16　气压传动的控制部分——气动控制阀　242

  任务17　气压传动的辅助部分　253

  任务 18 气压基本回路 ……………………………………………………………… 259

  任务 19 机械手气动系统原理图分析 …………………………………………… 267

项目四 典型液压与气压传动系统分析 ……………………………………………… 279

  任务 20 汽车起重机液压系统原理图分析 ………………………………………… 280

  任务 21 液压机液压系统原理图分析 ………………………………………………… 287

  任务 22 汽车气动系统 ……………………………………………………………… 292

  任务 23 工件尺寸自动分选机系统原理图分析 …………………………………… 297

项目五 液压传动技能实训与实验 …………………………………………………… 305

  任务 24 液压元件拆装实训 ………………………………………………………… 305

  任务 25 液压传动技术基本回路实验 ……………………………………………… 317

项目一 液压传动系统初识

项目背景

传统的三大传动方式分别为机械传动、电气传动和流体传动。流体传动是以流体（液体和气体）为工作介质进行能量转换、传递和控制的传动方式。流体这种工作介质具有独特的物理性能，在能量传递、系统控制、支撑和减小摩擦等方面发挥着十分重要的作用。液压与气动技术发展十分迅速，现已广泛应用于工业、农业、国防等各个部门。图1-1中的这些机械设备都采用了液压或气压传动。

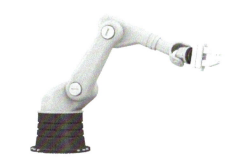

(a) 机械手

(b) 压力机

(c) 公交汽车中的气动双向摆门

(d) 抓斗机

图1-1 液压或气压传动的应用

目前,液压技术正在向高压、高速、大功率、高效率、低噪声和高度集成化、数字化等方向发展;气压传动正向节能化、小型化、轻量化、位置控制的高精度化,以及机、电、液相结合的综合控制技术方向发展。

液压传动是研究以有压液体为传动介质来实现各种机械传动和自动控制的学科。液压传动是指利用各种元件组成具有一定功能的基本控制回路,再将若干基本回路加以综合利用,构成能够完成特定任务的传动和控制系统,实现能量的转换、传递和控制。

项目导入

生活中,我们总能从网络或新闻报道中看到:当出现交通事故,当事人被困车底时,总有一些热心群众合力抬车救人的暖心场景,那么在高速路上或者汽车修理厂时,如何将车子抬起呢?

由于车身重量较大,要将车辆举起,经常需要使用液压千斤顶。

知识目标

(1)掌握液压传动系统的工作原理。
(2)掌握液压传动系统的组成及各部分的作用。
(3)了解液压传动系统的优缺点。
(4)了解液压传动系统的应用与发展情况。

能力目标

(1)会分析液压传动系统的工作原理。
(2)会分析液压传动系统的组成及各部分的作用。

重点难点

(1)液压传动系统的工作原理。
(2)液压传动系统的组成及各部分的作用。

任务1 液压传动系统的工作原理

任务目标

● 通过液压千斤顶的工作过程了解液压系统的工作原理。
● 了解压力与负载的关系。

● 了解速度与流量的关系。

液压系统以液体为工作介质,而气动系统以气体为工作介质。两种工作介质的区别:液体几乎不可压缩,气体却具有较大的可压缩性。液压与气压传动在基本工作原理、元件的工作机理,以及回路的构成等方面是极为相似的。下面仅以液压千斤顶的工作原理为例来加以介绍(图1-2)。

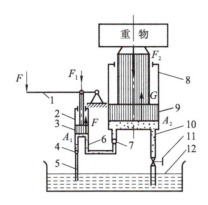

1—杠杆手柄;2—小油缸;3—小活塞;4,7—单向阀;5—吸油管;
6,10—管道;8—大油缸;9—大活塞;11—截止阀;12—油箱。

图1-2 液压千斤顶的工作原理

液压缸为举升缸(大缸),杠杆手柄操纵的液压缸为动力缸(液压泵,即小缸),两缸通过管道连接构成密闭连通器。当操纵手柄上下运动时,小活塞在液压缸内随之上下运动,液压缸的容积是密闭的,当小活塞上行时,液压缸下腔的容积扩大而形成局部真空,油箱中的液体在大气压力的作用下,通过吸油管推开吸油阀,流入小活塞的下腔。当小活塞下行时,液压缸的下腔容积缩小,在小活塞的作用下,受到挤压的液体通过管道打开单向阀,进入液压缸的下腔(此时吸油阀4关闭),迫使大活塞向上移动。如果反复扳动手柄,液体就会不断地送入大活塞下腔,推动大活塞及负载上升。如果打开截止阀,可以控制液压缸下腔的油液通过管道流回油箱,活塞在重物的作用下向下移动并回到原始位置。

如图1-2所示的系统不能对重物的上升速度进行调节,也没有设置防止压力过高的安全措施。但仅从这一基本系统,可以得出有关液压传动的一些重要概念。

设大、小活塞的面积分别为 A_2,A_1,当作用在大活塞上的负载和作用在小活塞上的作用力分别为 G 和 F 时,由帕斯卡原理可知,大、小活塞下腔及连接导管构成的密闭容积内的油液具有相等的压力值,设为 p,如忽略活塞运动时的摩擦阻力,则:

$$p = G/A_2 = F_2/A_2 = F_1/A_1 \tag{1-1}$$

或

$$F_2 = F_1 A_2 / A_1 \tag{1-2}$$

式中,F_2——油液作用在大活塞上的作用力,$F_2 = G$。

式(1-1)说明,系统的压力 p 取决于作用负载的大小。

式(1-2)表明,当 $A_1/A_2 \ll 1$ 时,作用在小活塞上一个很小的力 F_1,便可在大活塞上产生一个很大的力 F_2 以举起负载(重物)。这就是液压千斤顶的工作原理。

另外,设大小活塞移动的速度为 v_1 和 v_2,则在不考虑泄漏的情况下稳态工作时,有

$$A_1 v_1 = A_2 v_2 = q_V \tag{1-3}$$

或

$$v_2 = v_1 A_1 / A_2 = q_V / A_2 \tag{1-4}$$

式中 q_V——流量,定义为单位时间内输出(或输入)液体的体积。

式(1-4)表明,大缸活塞运动的速度(在缸的结构尺寸一定时),取决于输入的流量。

使大活塞上的负载上升所需的功率:

$$P = F_2 v_2 = p A_2 q_V / A_2 = p q_V \tag{1-5}$$

式(1-5)中,p 的单位为 Pa,q_V 的单位为 m^3/s,则 P 的单位为 W。由此可见,液压系统的压力和流量之积就是功率,称之为液压功率。

思考与讨论:每个人都经历过打针,那么护士是如何将药液注入我们的身体的?

任务 2　液压传动系统的组成

任务目标

- 了解磨床工作台的工作过程。
- 了解液压传动系统的组成部分。

磨床工作台液压传动系统对液压缸动作的基本要求:工作台实现直线往复运动,运动能变速和换向,在任意位置能停留,承受负载的大小可以调节等。其基本工作原理如图 1-3 所示。

液压泵在电动机的带动下旋转,油液由油箱经过滤器被吸入液压泵,由液压泵输入的压力油通过手动换向阀、节流阀、手动换向阀进入液压缸的左腔,推动活塞和工作台向右移动,液压缸右腔的油液经换向阀排回油箱。如果将换向阀转换成如图 1-3(c)所示的状态,则压力油进入液压缸的右腔,推动活塞和工作台向左移动,液压缸左腔的油液经换向阀排回油箱。工作台的移动速度由节流阀来调节。当节流阀开大时,进入液压缸的油液增多,工作台的移动速度增大;当节流阀关小时,工作台的移动速度减小。液压泵输出的压力油除了进入节流阀以外,其余通过打开的溢流阀流回油箱。如果将手动换向阀转换成如图 1-3(c)所示的状态,液压泵输出的油液经手动换向阀流回油箱,这时工作台停止运动,液压系统处于卸荷状态。

项目一　液压传动系统初识

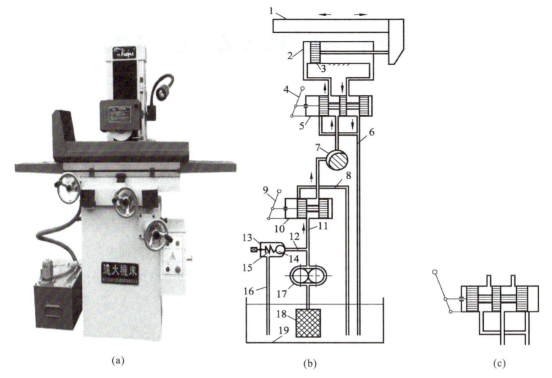

1—工作台；2—液压缸；3—活塞；4,9—换向手柄；5,10—手动换向阀；
6,8,16—回油管；7—节流阀；11—压力管；12—压力支管；13—溢流阀；
14—钢球；15—弹簧；17—液压泵；18—滤油器；19—油箱。

图1-3　磨床工作台液压传动系统工作原理

从上述例子可以看出，液压传动是以液体作为工作介质来进行工作的，一个完整的液压传动系统由以下五部分组成。

(1)动力部分。它是将原动机所输出的机械能转换成液体压力能的能量转化装置，其作用是向液压系统提供压力油，液压泵是液压系统的心脏。这类元件主要是各种液压泵。

(2)执行部分。它是将液体压力能转换成机械能以驱动工作机构的能量转化装置。这类元件主要包括各类液压缸和液压马达。

(3)控制部分。它是对液压传动系统中油液压力、流量、方向进行控制和调节的元件。这类元件主要包括各种控制阀。

(4)辅助部分。辅助元件包括各种管件、油箱、过滤器、蓄能器等。这些元件分别起连接、散热存油、过滤、蓄能等作用，以保证系统正常工作，是液压传动系统不可缺少的组成部分。

(5)工作介质。它在液压传动及控制中起传递运动、动力及信号的作用，包括液压油或其他合成液体。

任务 3　液压传动系统的图形符号

任务目标

● 识记液压传动系统的图形符号。

如图 1-3(b)所示的液压传动系统图是一种半结构式的工作原理图。它直观性强，容易理解，但难于绘制。在实际工作中，除少数特殊情况外，一般都采用国标 GB/T786.1-93 所规定的液压与气动图形符号来绘制系统图，如图 1-4 所示。图形符号表示元件的功能，而不表示元件的具体结构和参数；反映各元件在油路连接上的相互关系，不反映其空间安装位置；只反映静止位置或初始位置的工作状态，不反映其过渡过程。使用图形符号既便于绘制，又可使液压系统简单明了。

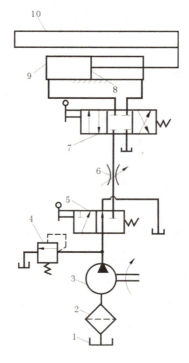

1—油箱；2—过滤器；3—液压泵；4—溢流阀；5—手动换向阀；
6—节流阀；7—换向间；8—活塞；9—液压缸；10—工作台。

图 1-4　用图形符号表示的磨床工作台液压传动系统图

任务 4　液压传动系统的优缺点

任务目标

- 了解液压传动系统的主要优点。
- 了解液压传动系统的主要缺点。

一、液压传动系统的主要优点

（1）在同等功率情况下，液压执行元件体积小、重量轻、结构紧凑。例如，同功率液压马达的重量只有电动机的1/6左右。

（2）液压装置工作比较平稳，由于重量轻、惯性小、反应快，液压装置易于实现快速启动、制动和频繁换向。

（3）液压传动系统操纵控制方便，可实现大范围的无级调速（调速范围达2000∶1），还可以在运行的过程中进行调速，易于采用电气、液压联合控制以实现自动化。

（4）既易实现机器的自动化，又易实现过载保护，当采用电液联合控制甚至计算机控制后，可实现大负载、高精度、远程自动控制。

（5）液压传动系统一般采用矿物油为工作介质，相对运动面可自行润滑，使用寿命长。

（6）液压元件实现了标准化、系列化、通用化，便于设计、制造和使用。

（7）在液压传动系统中，功率损失所产生的热量可由流动着的油带走，可避免机械本体温度过高。

（8）液压传动系统易于获得大的力或力矩，承载能力大。

二、液压传动系统的主要缺点

（1）液压传动不能保证严格的传动比，这是由液压油的可压缩性和泄漏造成的。

（2）工作性能易受温度变化的影响，因此液压传动系统不宜在很高或很低的温度条件下工作。

（3）由于流体流动的阻力损失和泄漏较大，所以效率较低。液压传动系统不宜用于远距离传动。如果泄漏处理不当，不仅污染场地，而且还可能引起火灾和爆炸事故。

（4）为了减少泄漏，液压元件在制造精度上要求较高，因此它的造价高，且对油液的污染比较敏感。

（5）维修保养较困难，工作量大。当液压系统产生故障时，故障原因不易查找，排除较困难。

总的说来,液压传动系统的优点是突出的,它的一些缺点有的现已大为改善,有的将随着科学技术的发展而进一步被克服。

▶ 任务5　液压传动的应用与发展

- 了解液压传动在各类机械行业中的应用。
- 了解液压传动的发展状况。

一、液压传动在各类机械行业中的应用实例（表1-1）

表1-1　液压传动在各类机械行业中的应用

行业名称	应用场所举例
工程机械	挖掘机、装载机、推土机、压路机、铲运机等
起重运输机械	汽车吊、港口龙门吊、叉车、装卸机械、皮带运输机等
矿山机械	凿岩机、开掘机、开采机、破碎机、提升机、液压支架等
建筑机械	打桩机、液压千斤顶、平地机等
农业机械	联合收割机、拖拉机、农具悬挂系统等
冶金机械	电炉炉顶及电极升降机、轧钢机、压力机等
轻工机械	打包机、注塑机、校直机、橡胶硫化机、造纸机等
汽车工业	自卸式汽车、平板车、高空作业车、汽车中的转向器、减振器等
智能机械	折臂式小汽车装卸器、数字式体育锻炼机、模拟驾驶舱、机器人等

二、液压传动的发展

从18世纪末英国制成世界上第一台水压机算起,液压传动技术已有200多年的历史了,而液压传动技术应用于生产、生活中只是近几十年的事。液压传动技术具有前述的独特优点,其广泛应用于机床、汽车、航天、工程机械、起重运输机械、矿山机械、建筑机械、农业机械、冶金机械、轻工机械和各种智能机械上。

我国的液压传动技术是在新中国成立后发展起来的,最初只应用于机床和锻压设备上,后来又用于拖拉机和工程机械。自1964年从国外引进一些液压元件生产技术后,开始自行设计液压产品。经过几十年的艰苦探索和发展,目前我国的液压元件已从低压到高压形成系列,并生产出许多新型的液压元件,如插装式锥阀、电液比例阀、电液数字控制阀等。

随着世界工业水平的不断提高,各类液压产品的标准化、系列化和通用化也使液压传动技术得到了迅速发展,当前液压技术正向着高压、高速、大功率、高效率、低噪声、高可靠性、高度集成化、小型化及轻量化等方向发展。同时,新型液压元件和液压系统的计算机辅助设计(CAD)、计算机直接控制(CDC)、机电一体化技术、计算机仿真和优化设计技术、可靠性技术,以及污染控制技术等方面也是当前液压技术发展和研究的方向。随着科学技术的迅猛发展,液压技术将获得更进一步的发展,在各种机械设备上的应用也将更加广泛。

思考与练习

(1)液压传动的基本原理是什么?液压系统的基本组成部分有哪些?各部分的作用是什么?

(2)与其他形式的传动相比,液压传动有什么优点和缺点?

(3)结合日常生活与实践,列举液压传动的应用实例。

(4)描述磨床工作台的工作过程。

项目二　YT4543 组合机床动力滑台系统

项目背景

组合机床是由按系列化、标准化、通用化原则设计的通用部件及按工件形状和加工工艺要求设计的专用部件所组成的高效专用机床。组合机床液压系统主要由动力滑台和辅助部分（如定位、夹紧）组成。动力滑台本身不带传动装置，可根据加工需要安装不同用途的主轴箱，从而来完成钻、扩、铰、镗、刮端面、铣削及攻丝等工序。

动力滑台是组合机床的一种通用部件，在滑台上可以配置各种部件，如动力箱、主轴箱、钻削头、铣削头、镗削头、镗孔、车端面等。YT4543 组合机床动力滑台系统如图 2-1 所示。

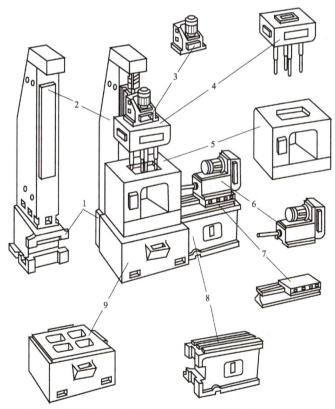

1—立柱底座；2—立柱；3—动力箱；4—主轴箱；5—夹具；
6—镗削头；7—动力滑台；8—侧底座；9—中间底座。

图 2-1　YT4543 组合机床动力滑台系统

组合机床液压动力滑台可以实现多种不同的工作循环,其中一种比较典型的工作循环是"快进—工进二工进死挡铁停留快退停止。"

项目导入

如图2-2所示,同学们在大学期间上实训课时都会接触机床,大家知道组合机床动力滑台的液压系统是怎样的吗?能看懂组合机床动力滑台的液压系统图吗?通过本项目的学习,我们将学会分析此类液压系统图及系统工作过程。

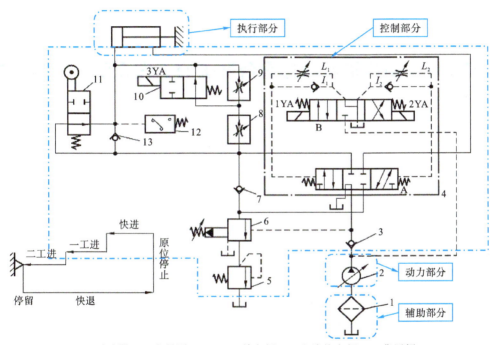

1—过滤器;2—变量泵;3,7,13—单向阀;4—电液换向阀;5—背压阀;
6—液控顺序阀;8,9—调速阀;10—电磁换向阀;11—行程阀;12—压力继电器。

图2-2 YT4543组合机床动力滑台液压系统图

知识目标

(1)了解和掌握液压传动的基本知识。
(2)掌握典型液压元件的结构特点、工作原理和应用。
(3)了解液压基本回路的组成。
(4)掌握液压系统图的阅读方法。

能力目标

(1)能正确选用各类液压元件。

(2) 能进行各类液压元件的拆装与一般故障的诊断与排除。
(3) 会设计简单的液压基本回路。
(4) 能看懂简单的液压系统图。

重点难点

(1) 典型液压元件的结构特点、工作原理和应用。
(2) 液压基本回路的组成。
(3) 液压系统图的阅读方法。

任务6 组合机床动力滑台系统的工作介质——液压油

子任务1 液压油的基本特性

任务目标

● 了解液压油的主要性质。
● 了解液压油液的使用要求。
● 了解液压油液的分类和选用。

工作介质在传动及控制中起传递能量和信号的作用。液压传动及控制在工作、性能特点上和机械、电力传动之间的差异主要取决于载体的不同,因此在掌握液压与气动技术之前,必须先对其工作介质有清晰的了解。

一、液压油的主要性质

液压传动所用的液压油一般为矿物油。它不仅在液压传动及控制中起到传递能量和信号的作用,而且还起到润滑、冷却和防锈作用。

1. 液体的密度

液压油的密度是一个重要的物理参数,密度随温度和压力的变化而变化,但其变动值很小,通常忽略不计,我国采用 20 ℃时的密度作为油液的标准密度,以 ρ_{20} 表示,一般矿物油系液压油在 20 ℃时密度约为 850~900 kg/m³。常用液压油的密度数值如表 2-1 所示。

表 2-1 常用液压油的密度　　　　　　　　　　　　　　　　　　单位:kg/m³

液压油种类	ρ_{20}	液压油种类	ρ_{20}
L-HM32 液压油	0.87×10^3	L-HM46 液压油	0.875×10^3
油包水乳化液	0.932×10^3	水包油乳化液	0.9977×10^3
水-乙二醇	1.06×10^3	通用磷酸酯	1.15×10^3
飞机用磷酸酯	1.05×10^3		

单位体积液体的质量称为液体的密度。体积为 V、质量为 m 的液体的密度 ρ 为

$$\rho = m/V \qquad (2-1)$$

式中,ρ——液体的密度,kg/m³;

m——液体的质量,kg;

V——液体的体积,m³。

2. 液体的可压缩性

液体受压力作用而发生体积变化的性质称为液体的可压缩性。在常温下,一般可认为油液是不可压缩的,但当液压油中混有空气时,其抗压缩能力会显著降低,应尽量减少油液中混入的气体及其他易挥发物质的含量,以减小对液压系统工作性能的不良影响。液体可压缩性的大小用压缩系数 k 表示。其定义为单位压力变化时,液体体积的相对变化量。其表达式为

$$k = -\frac{1}{\Delta p}\frac{\Delta V}{V} \qquad (2-2)$$

式中,Δp——液体压力的变化值;

ΔV——液体体积在压力变化 Δp 时的变化量;

V——液体的初始体积。

式中负号是因为压力增大时,液体的体积减小,反之则增大。为了使 k 值为正值,故加"−"。液压油在低、中压下一般被认为是不可压缩的,但在高压时其压缩性就不可忽略。

液体的压缩性可用体积模量 K 表示:

$$K = 1/k$$

表 2-2 列出了各种液压传动工作介质的体积模量的数值。

表 2-2 各种液压传动工作介质的体积模量(20 ℃,大气压)

液压传动工作介质种类	体积模量 $K/(N\cdot m^2)$
石油基液压油	$(1.4\sim2.0)\times10^9$

续表

液压传动工作介质种类	体积模量 $K/(\mathrm{N}\cdot\mathrm{m}^2)$
水包油乳化液	1.95×10^9
水-乙二醇液	3.15×10^9
磷酸酯液	2.65×10^9

封闭在容器内的液体在外力作用下的情况极像一个弹簧(称为液压弹簧):外力增大,体积减小;外力减小,体积增大。液体的可压缩性很小,在一般情况下,当液压系统在稳态下工作时可以不考虑可压缩性的影响。但在高压下或受压体积较大及对液压系统进行动态分析时,就需要考虑液体可压缩性的影响。

3. 液体的黏性

1) 黏性的概念

液体在外力作用下流动(或有流动趋势)时,分子间的内聚力要阻止分子间的相对运动而产生一种内摩擦力,这种现象叫做液体的黏性。液体只有在流动(或有流动趋势)时才会呈现出黏性,静止液体是不呈现黏性的。黏性是液体的重要物理性质,也是选择液压油的主要依据之一。

2) 牛顿液体内摩擦定律

当液体流动时,由于液体与固体壁面的附着力及液体本身的黏性使液体内各处的流动速度不等。如图2-3所示,若两平行平板间充满液体,设上平板以速度 u_0 向右运动,下平板固定不动。紧贴于上平板的液体黏附于上平板上,其速度与上平板相同。紧贴于下平板的液体黏附于下平板,其速度为零。中间各液层的速度则视它距下平板的距离按曲线规律或线性规律变化。我们把这种流动看成是许多无限薄的液体层在运动,当运动较快的液体层在运动较慢的液体层上滑过时,两层间由于黏性就产生内摩擦力。

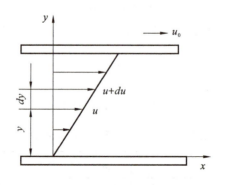

图 2-3 液体的黏性示意图

根据实际测定的数据所知,当液体内部的液层之间存在相对运动时,相邻液层间的内摩擦

力 F 的大小与液层的接触面积 A 及液体层的相对流速 du 成正比,而与两液体层间的距离 dy 成反比;同时,还和液体的黏度 μ 有关,即

$$F = \mu A \frac{du}{dy} \tag{2-3}$$

式中,μ——比例系数,也称为液体的黏性系数或黏度;

du/dy——相对运动速度对液层间距离的变化率,也称为速度梯度。

若以 τ 表示内摩擦切应力,即液层间在单位面积上的内摩擦力,则

$$\tau = \frac{F}{A} = \mu \frac{du}{dy} \tag{2-4}$$

这就是牛顿液体内摩擦定律。

由此可见,液体黏性的物理意义是液体在流动时抵抗变形能力的一种度量。在静止液体中,速度梯度 $\frac{du}{dy}=0$,故其内摩擦力为 0,因此,液体静止时不呈现黏性,液体只有在流动(或有流动趋势)时才会呈现出黏性。

3)液体的黏度

液体的黏性大小可用黏度来表示,黏度是衡量液体黏性的指标,黏度的表示方法有三种:动力黏度、运动黏度、相对黏度。

(1)动力黏度 μ。

μ 为由液体种类和温度决定的比例系数,它是表征液体黏性的内摩擦系数。如果用它来表示液体黏度的大小,就称为动力黏度,或称为绝对黏度。

动力黏度 μ 的物理意义:液体在单位速度梯度下流动时单位面积上产生的内摩擦力,动力黏度的单位为 $Pa \cdot s$(帕·秒)或 $N \cdot s/m^2$。

(2)运动黏度 ν。

液体的动力黏度 μ 与其密度 ρ 的比值,称为液体的运动黏度 ν:

$$\nu = \frac{\mu}{\rho} \tag{2-5}$$

运动黏度的单位是 m^2/s(米²/秒),它是工程实际中经常用到的物理量,国际标准化组织 ISO 规定统一采用运动黏度来表示油的黏度等级。我国生产的全损耗系统用油和液压油采用 40 ℃时的运动黏度值(mm^2/s,cSt,厘斯)为其黏度等级标号,即油的牌号。例如,牌号 L-HL22 的普通液压油,就是指这种油在 40 ℃时运动黏度的平均值为 22 mm^2/s。

(3)相对黏度。

动力黏度和运动黏度是理论分析和推导中经常使用的黏度单位,难以直接测量,因此工程上常采用相对黏度来表示液体黏性的大小。

相对黏度是根据特定测量条件确定的,又称为条件黏度。测量条件不同,采用的相对黏度

单位也不同,如恩氏黏度°E(中国、德国)、通用赛氏秒(SUS)(美国、英国)、商用雷氏秒(R_1s)(英国、美国)等。

恩氏黏度用恩氏黏度计测定,即将 200 mL 温度为 T ℃ 的被测液体装入黏度计的容器内,由其底部 $\phi 2.8$ mm 的小孔流出,测出液体流尽所需的时间 t_1,再测出相同体积、温度为 20 ℃ 的蒸馏水在同一容器中流尽所需的时间 t_2;这两个时间之比即为被测液体在 T ℃ 下的恩氏黏度,即

$$°E_T = \frac{t_1}{t_2} \tag{2-6}$$

工业上常用 20 ℃、50 ℃、100 ℃ 作为测定恩氏黏度的标准温度,并分别用相应的符号 $°E_{20}$、$°E_{50}$、$°E_{100}$ 表示。

(4)黏温特性。

液体的黏度随温度变化的性质称为黏温特性。液压油的黏度对温度变化十分敏感,当油液温度升高时,其黏度显著下降。油液黏度的变化直接影响到液压系统的性能和泄漏量,因此希望油液黏度受温度变化的影响越小越好。不同温度油液的黏度,可以从液压设计手册中直接查出。几种常用液压油的黏温特性曲线如图 2-4 所示。

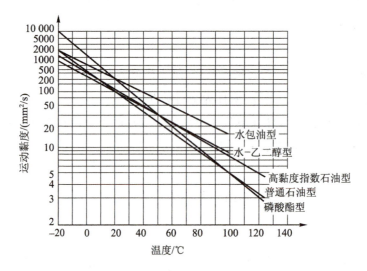

图 2-4 常用液压油的黏温特性曲线

(5)压力对黏度的影响。

对液压油来说,压力也会影响黏度的变化。当油液所受的压力增加时,其分子间的距离就缩小,内聚力增加,黏度也有所变大。但在一般情况下,压力对黏度的影响很小,可以不考虑。

小结:液压油的黏度随温度的升高而减小,随压力的升高而增大。

油液的其他物理及化学性质包括抗燃性、抗凝性、抗氧化性、抗泡沫性、抗乳化性、防锈性、润滑性、导热性、相容性及纯净性等,具体可参考相关产品手册。

二、液压油液的使用要求

液压油是液压传动系统的重要组成部分。液压油除了用来传递能量外,还起着润滑运动部件和保护金属不被锈蚀的作用。因此,液压油的质量及其各种性能将直接影响液压系统的工作。

不同的机械、不同的环境和不同的使用情况对液压传动工作介质的要求也不相同。液压油应具备如下性能。

(1)适宜的黏度和良好的黏温性能。在正常的工作温度变化范围内,液压油的黏度随温度的变化要小。

(2)润滑性能好。在液压传动机械设备中,除液压元件外,其他一些有相对滑动的零件也要用液压油来润滑,因此,液压油应具有良好的润滑性能。

(3)质地纯净,不含或含有极少量的杂质、水分和水溶性酸碱等。

(4)对金属和密封件有良好的相容性。

(5)比热、热传导率大,热膨胀系数小。

(6)抗泡沫性好,抗乳化性好,腐蚀性小,抗锈性好。

(7)良好的化学稳定性。

(8)流动点和凝固点低,闪点(明火能使油面上油蒸气内燃,但油本身不燃烧的温度)和燃点高。

(9)对人体无害,价格便宜。

三、液压油液的分类和选用

1. 液压油液的分类

目前,我国各种液压设备所采用的液压油液,按抗燃烧特性可分为两大类:矿物油系和不燃或难燃油系。大多数设备的液压系统采用的是矿物油系。不燃或难燃油系可分为水基液压油和合成液压油两种。

矿物油系液压油的主要品种有普通液压油、抗磨液压油、低温液压油、高黏度指数液压油、液压导轨油等。矿物油系液压油的润滑性和防锈性好,黏度等级范围也较宽,因而在液压系统中应用很广。汽轮机油是汽轮机专用油,常用于一般液压传动系统中。普通液压油的性能可以满足液压传动系统的一般要求,广泛适用于在常温工作的中低压系统。抗磨液压油、低温液压油、高黏度指数液压油、液压导轨油等,专用于相应的液压系统中。矿油系液压油具有可燃性,为了安全起见,在一些高温、易燃、易爆的工作场合,常用水包油、油包水等乳化液,或水-乙二醇、磷酸酯等合成液。

液压油的品种以代号和数字组成,代号中 L 表示石油产品的总分类号,H 表示液压系统用的工作介质,数字表示该工作介质的黏度等级,表 2-3 为常用的液压油种类。

表 2-3 常用的液压油种类

分类	名称	代号	组成和特性	应用
石油型	低温液压油	L-HV	HL油,并改善其黏温特性	能在-40~-20℃的低温环境中工作,用于户外工作的工程机械和船用设备液压系统
	抗磨液压油	L-HM	HL油,并改善其抗磨性	低、中、高液压系统,特别适用于有防磨要求带叶片泵的液压系统
	高黏度指数液压油	L-HR	HL油,并改善其黏温特性	黏温特性优于L-HV油,用于数控机床液压系统和伺服系统
	普通液压油	L-HL	HH油,并改善其防锈和抗氧性	一般液压系统
	精制矿物油	L-HH	无抗氧性	循环润滑油,低压液压系统
	液压导轨油	L-HG	HM油,并具有黏-滑特性	适用于导轨和液压系统共用一种油品的机床,对导轨有良好的润滑性和防爬性
	其他液压油		加入多种添加剂	用于高品质的专用液压系统
合成型	水-乙二醇液	L-HFC	需要难燃油系的场合	
	磷酸酯液	L-HFDR		
乳化型	油包水乳化液	L-HFB		
	水包油乳化液	L-HFAE		

2. 液压油液的选用原则

选择液压油时,首先考虑其黏度是否满足要求,同时兼顾其他方面,选择时应考虑如下因素。

1) 液压泵的类型

液压泵的类型较多,同类泵又因功率、转速、压力、流量等原因使液压泵的选用比较复杂。常根据泵内零件的运动速度、承受压力、润滑及温度选择适宜的液压油,如表 2-4 所示。同时,还要考虑压力范围(润滑性、承载能力),对金属和密封件的相容性,防锈、防腐蚀能力,抗氧化稳定性等因素。

表 2-4 按液压泵类型推荐液压油的黏度

液压泵类型	工作介质黏度 $\nu_{40}/(mm^2 \cdot s^{-1})$	
	液压系统温度为 5~40 ℃	液压系统温度为 40~80 ℃
轴向柱塞泵	40~75	70~150

续表

液压泵类型		工作介质黏度 $\nu_{40}/(mm^2 \cdot s^{-1})$	
		液压系统温度为 5~40 ℃	液压系统温度为 40~80 ℃
径向柱塞泵		30~80	65~240
齿轮泵		30~70	65~165
叶片泵	$P \geqslant 7.0$ MPa	50~70	55~90
	$P < 7.0$ MPa	30~50	40~75

2）工作压力

当系统的工作压力较高时，宜选用黏度较高的液压油，以减少泄漏，提高容积效率；当工作压力较低时，宜选用黏度较低的液压油，以减少压力损失。

3）运动速度

当运动部件的速度较高时，为减小压力损失，宜选用黏度较低的液压油；反之则选用黏度较高的液压油。

4）环境温度

环境温度较高时，宜选用黏度较高的液压油；反之则选用黏度较低的液压油。除此之外，在选择液压油时，还需兼顾防止环境污染、系统经济性等因素综合选取。

四、液压油液污染的控制

要长时间地保持液压系统高效而可靠地工作，除了选好工作介质以外，还必须合理使用和正确维护工作介质。工作介质维护的关键是控制污染。统计表明，工作介质的污染是液压系统发生故障的主要原因。

1. 污染物的种类与来源

（1）系统内原来残留的污染物，主要指液压元件在制造、储存、运输、安装或维修时残留的铁屑、毛刺、焊渣、铁锈、砂粒、涂料渣、清洗液等。

（2）外界侵入的污染物，主要是外界环境中的空气、尘埃、切屑、棉纱、水滴、冷却用乳化液等，通过油箱通气孔、外露的往复运动活塞杆和注油孔等处侵入系统。

（3）系统内部生成的污染物，是指在工作过程中系统内产生的污染物，主要有液压油变质后的胶状生成物、涂料及密封件的剥离物、金属氧化后剥落的微屑及元件磨损形成的颗粒等。

2. 油液污染的危害

油液的污染直接影响液压系统的工作可靠性和元件的使用寿命。资料显示，液压系统故障的 70% 是由油液污染造成的。工作介质被污染后，将对液压系统和液压元件产生下述不良影响：

(1)元件的污染磨损。固体颗粒、胶状物、棉纱等杂物,会加速元件的磨损。

(2)元件的堵塞与卡紧。固体颗粒物堵塞阀类件的小孔和缝隙,致使阀的动作失灵而导致性能下降;堵塞滤油器使泵吸油困难并产生噪声,还会擦伤密封件,使油的泄漏量增加。

(3)加速油液性能劣化。水分、空气的混入,会使系统工作不稳定,产生振动、噪声、低速爬行及启动时突然前冲的现象;还会在管路狭窄处产生气泡,加速元件的氧化腐蚀;清洗液、涂料、漆屑等混入液压油中后,会降低油的润滑性能并使油液氧化变质。

3. 油液污染的控制措施

造成液压油污染的原因多而复杂,液压油自身又在不断地产生污染物,因此要彻底解决液压油的污染问题是很困难的。为了延长液压元件的寿命,保证液压系统可靠地工作,必须将液压油的污染控制在某一限度内。其污染控制工作主要从两个方面着手:一是防止污染物侵入液压系统,二是把已经侵入的污染物从系统中清除出去。污染控制要贯穿于整个液压装置的设计、制造、安装、使用、维护和修理等各个阶段。

(1)严格清洗元件和系统。液压元件、油箱和各种管件在组装前应严格清洗,组装后对系统进行全面彻底的冲洗,并将清洗后的介质换掉。

(2)防止污染物侵入。在设备运输、安装、加注和使用过程中,都应防止工作介质被污染。介质注入时,必须经过滤油器;油箱通大气处要加空气滤清器;采用密闭油箱,防止尘土、磨料和冷却液等侵入;维修拆卸元件应在无尘区进行。

(3)控制工作介质的温度。应采用适当措施(如水冷、风冷等)控制系统的工作温度,防止温度过高造成工作介质氧化变质,生成各种产物。一般液压系统的温度应控制在65 ℃以下,机床液压系统的温度应更低一些。

(4)采用高性能的过滤器。研究表明,由于液压元件相对运动表面间隙较小,如果采用高精度的过滤器可有效地控制1~5 μm的污染颗粒,液压泵、液压马达、各种液压阀及液压油的使用寿命均可大大延长,液压故障就会明显减少。另外,必须定期检查和清洗过滤器或更换滤芯。

(5)定期检查和更换工作介质。每隔一定时间,要对系统中的工作介质进行抽样检查,分析其污染程度是否还在系统允许的使用范围内,如不合要求,应及时更换。在更换新的工作介质前,必须对整个液压系统进行彻底清洗。

4. 液压油的更换

合理选用液压油仅是液压设备正常工作的基础,在系统运行过程中,应及时监测液压油的性能变化,确保及时换油,以延长液压系统寿命,避免发生系统故障。液压油的寿命因品种、工作环境和系统不同而有较大差异。在长期工作过程中,由于水、空气、杂质和磨损物的进入,在温度、压力的作用下,液压油的性能会下降,为了确保液压系统的正常运转,液压油应及时更换。

子任务 2　液体静力学

任务目标

- 了解液体静压力的性质。
- 掌握液体静力学的基本方程。
- 掌握压力的表示方法。

液压系统是利用液体来传递运动和动力的，了解流体力学的知识是很有必要的。流体力学是研究流体（液体或气体）处于相对平衡、运动、与固体相互作用时的力学规律，以及这些规律在实际工程中的应用。它包括两个基本部分：液体静力学和液体动力学。

液体静力学是研究液体处于静止状态下的力学规律以及这些规律的应用。这里所说的静止状态是指液体内部各个质点之间没有相对位移，液体整体完全可以做各种运动，如果盛装液体的容器本身处在运动之中，则液体处于相对静止状态。

一、液体的静压力及其性质

1. 静压力的定义

液体单位面积上所受的法向力称为压力。这一定义在物理中称为压强，但在液压传动中习惯称为压力。压力通常用 p 表示，液体内某点处的压力 p 定义为

$$p = \lim_{\Delta A \to 0} \frac{\Delta F}{\Delta A} \tag{2-7}$$

式中，ΔF——法向微元作用力；

ΔA——微元面积。

若在液体的面积 A 上，作用着均匀分布的法向力 F，则静压力可表示为

$$p = \frac{F}{A} \tag{2-8}$$

压力的法定计量单位为 Pa（帕斯卡，简称帕，N/m^2）。由于 Pa 单位太小，工程上使用不便，因而用 MPa（兆帕），它们的换算关系是 1 MPa = 10^6 Pa。

2. 液体静压力的特性

静止液体中的压力称为静压力，液体静压力有两个基本特性：

(1) 液体静压力垂直于作用表面，其方向和该面的内法线方向一致。

(2) 静止液体内任一点所受的静压力在各个方向上都相等（如果在液体中某点受到的各个方向的压力不相等，那么液体就会产生运动，也就破坏了液体静止的条件）。

3. 液体静力学基本方程

在重力作用下,密度为 ρ 的液体在容器中处于静止状态,其外加压力为 p_0,为求出任意深度 h 处的压力 p,可以假想取出一个底面积为 ΔA、高为 h 的垂直小液柱为研究对象,如图 2-5 所示。

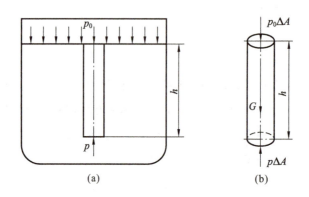

图 2-5 静止液体中的压力分布

由于液柱处于平衡状态,于是在垂直方向上,有

$$p\Delta A = p_0 \Delta A + \rho g h \Delta A \tag{2-9}$$

即

$$p = p_0 + \rho g h \tag{2-10}$$

式(2-10)就是液体静力学基本方程,g 为重力加速度。由此可知,重力作用下的静止液体其压力分布有如下特点。

(1) 静止液体内任一点的压力都由两部分组成:液面上的压力和该点以上液体的重力。

(2) 静止液体内的压力 p 随液体深度 h 呈直线分布。

(3) 距液面深度 h 的各点组成了等压面,这个等压面是水平面。

例 2-1 如图 2-6 所示,容器内盛油液。已知油液密度 $\rho = 900\ \text{kg/m}^3$,活塞上的作用力 $F = 1000\ \text{N}$,活塞的面积 $A = 1 \times 10^{-3}\ \text{m}^2$,假设活塞的质量忽略不计。问活塞下方深度 $h = 0.5\ \text{m}$ 处的压力等于多少?

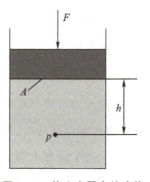

图 2-6 静止容器内的液体

解:
$$p = p_0 + \rho g h = F/A + \rho g h$$
$$= 10^6 + 900 \times 9.8 \times 0.5 (\text{N/m}^2)$$
$$= 1.0044 \times 10^6 (\text{N/m}^2) \approx 10^6 (\text{Pa})$$

* **注**:液体在受压情况下,液体自重所形成的压力 $\rho g h$ 可忽略不计,因而可近似认为整个液体内部的压力是相等的。

将如图 2-5 所示的盛有液体的密闭容器放在基准水平面上进行观察,如图 2-7 所示,则静力学基本方程可改写成:

$$p = p_0 + \rho g h = p_0 + \rho g (z_0 - z) \tag{2-11}$$

式中,z_0——液面与基准水平面之间的距离。

z——深度为 h 的点 A 与基准面之间的距离。

上式整理后可得

$$\frac{p}{\rho g} + z = \frac{p_0}{\rho g} + z_0 = 常数 \tag{2-12}$$

式(2-12)是静压力方程的另一种表达形式。式中 $\frac{p}{\rho g} = \frac{pV}{\rho V g} = \frac{pV}{mg}$ 表示单位重量液体具有的压力能,$z = \frac{mgz}{mg}$ 表示单位重量液体具有的位能。

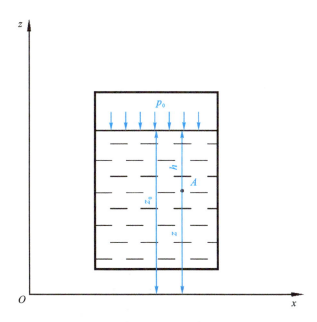

图 2-7 静压力基本方程的物理意义

静力学基本方程的物理意义是静止液体中单位重量液体的压力能和位能可以互相转换,但各点的总能量保持不变,即能量守恒。

需要注意的是,液体在受外界压力作用的情况下,液体自重所形成的那部分压力相对非常小,在分析液压系统的压力时常可忽略不计,因而可以近似认为整个液体内部的压力是相等的。

例 2-2 试确定图 2-8 中两个容器的压力差,已知容器 A 中的液体密度 $\rho_A=900 \text{ kg/m}^3$,容器 B 中的液体密度 $\rho_B=1200 \text{ kg/m}^3$,$z_A=200 \text{ mm}$,$z_B=180 \text{ mm}$,$h=60 \text{ mm}$,U 形管中的测压介质为汞,其密度 $\rho=13\,600 \text{ kg/m}^3$,试求 A、B 之间的压力差。

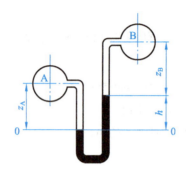

图 2-8 两个容器压差图

解:在同种液体上取面 0-0 为等压面,根据液体静力学方程得出:
$$p_A + \rho_A g z_A = p_B + \rho g h + \rho_B g z_B$$

两容器中压力差:
$$\begin{aligned} p_A - p_B &= \rho_B g z_B + \rho g h - \rho_A g z_A \\ &= 1200 \times 9.8 \times 0.18 + 13\,600 \times 9.8 \times 0.06 - 900 \times 9.8 \times 0.2 \\ &= 8349.6 (\text{N/m}^2) \end{aligned}$$

4. 压力的表示方法和单位

压力有两种表示方法:绝对压力和相对压力。以绝对真空为基准度量的压力叫做绝对压力;以大气压为基准度量的压力叫做相对压力或表压。这是因为大多数测量仪表都受大气压作用,这些仪表指示的压力是相对压力。在液压与气压传动系统中,如不特别说明,提到的压力均指相对压力,如图 2-9 所示。

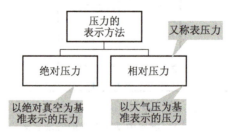

图 2-9 压力的两种表示方法

当以大气压为基准计算压力时,基准以上的正值是表压力,基准以下的负值是真空度。绝对压力、相对压力和真空度之间的关系如图 2-10 所示。

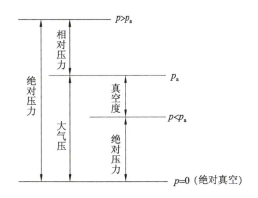

图 2-10 绝对压力、相对压力和真空度之间的关系

由图可知,绝对压力与相对压力的关系为

$$绝对压力 = 相对压力 + 大气压力$$

如果液体中某点处的绝对压力小于大气压力,这时该点的绝对压力比大气压力小的那部分压力值,称为真空度,即

$$真空度 = 大气压力 - 绝对压力$$

5. 帕斯卡原理及应用

1) 帕斯卡原理

帕斯卡原理表明了静止液体中压力的传递规律。密闭容器中的静止液体,当外加压力发生变化时,液体内任一点的压力将发生同样大小的变化。即在密闭容器内,施加于静止液体上的压力可以等值地传递到液体内各处,这就是静压传递原理,又称帕斯卡原理。

2) 帕斯卡原理的应用

(1) 液压千斤顶。

图 2-11 中垂直液压缸、水平液压缸的截面积分别为 A_1、A_2;活塞上作用的负载分别为 F_1、F_2。由于两缸互相连通,构成一个密闭连通容器,按帕斯卡原理,缸内压力处处相等,$p_1 = p_2$,于是

$$F_2 = \frac{A_2}{A_1} F_1 \tag{2-13}$$

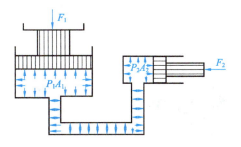

图 2-11 液压千斤顶

如果垂直液压缸的活塞上没有负载,则在略去活塞重量及其他阻力时,不论怎样推动水平液压缸的活塞,都不能在液体中形成压力,这体现了液压传动中的一个基本概念,即压力取决于负载。

(2) 液压机。

液压机(又名油压机),如图 2-12 所示,液压机是一种利用液体静压力来加工金属、塑料、橡胶、木材、粉末等制品的机械。它常用于压制工艺和压制成形工艺,如锻压、冲压、冷挤、校直、弯曲、翻边、薄板拉深、粉末冶金、压装等。工作压力可高达上百牛顿。

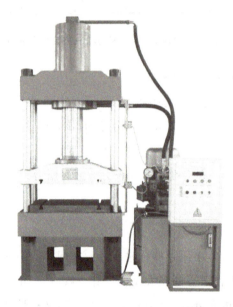

图 2-12　液压机

(3) 汽车刹车系统。

如图 2-13 所示,当驾驶员踩下刹车踏板时,使得刹车总泵活塞向左移动,泵体内的压力增大,根据帕斯卡原理,刹车轮缸液压缸内部压力增大,使得刹车摩擦片在压力作用下向左移动,摩擦片与刹车盘产生接触,从而实现刹车功能。

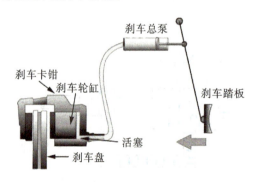

图 2-13　汽车刹车系统

6. 液体静压力作用在固体壁面上的力

在液压传动计算中,由于液体自重压力 $\rho g h$ 可以忽略,且静压力处处相等,所以可认为作用于固体壁面的压力是均匀分布的。

在进行液压传动装置的设计和计算时,常常需要计算液体在平面上和曲面上的静压力,如油缸活塞所受的静压力,阀的阀芯所受的静压力等。

当固体壁面是一个平面时,如图 2-14(a)所示,则压力 p 作用在活塞上的力 F 为 $F = pA = \dfrac{\pi d^2}{4} p$。

当固体壁面是一个曲面时,作用在曲面各点的液体静压力是不平行的,但大小是相等的。如图 2-14(b)(c)所示的球面和圆锥面,液体静压力 p 沿垂直方向作用在球面和圆锥面上的力 F,就等于该部分曲面在垂直方向的投影面积 A 与压力 p 的乘积,即 $F = pA = \dfrac{\pi d^2}{4} p$。

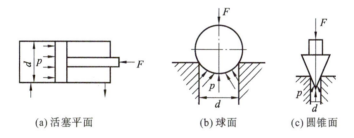

(a) 活塞平面　　(b) 球面　　(c) 圆锥面

图 2-14　静止液体内压力的传递

例 2-3　某安全阀受力简图如图 2-15 所示。该阀阀芯为圆锥形,阀座孔径 $d = 10$ mm,阀芯最大直径 $D = 15$ mm。当油液压力 $p_1 = 8$ MPa 时,压力油克服弹簧力顶开阀芯而溢油,出油腔有背压(回油压力)$p_2 = 0.4$ MPa,试求阀内弹簧的预紧力 F_s。

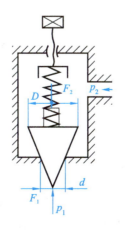

图 2-15　安全阀受力分析简图

解：①压力 p_1，p_2 作用在阀芯锥面上的投影面积分别为 $\frac{\pi}{4}d^2$ 和 $\frac{\pi}{4}(D^2-d^2)$，故阀芯受到的向上的作用力为

$$F_1 = \frac{\pi}{4}d^2 p_1 + \frac{\pi}{4}(D^2-d^2)p_2$$

②阀芯受到的向下的作用力为

$$F_2 = \frac{\pi}{4}D^2 p_2$$

③根据阀芯的受力平衡方程式

$$F_1 = F_2 + F_s$$

得

$$F_s = F_1 - F_2 = \frac{\pi}{4}d^2 p_1 + \frac{\pi}{4}(D^2-d^2)p_2 - \frac{\pi}{4}D^2 p_2 = \frac{\pi}{4}d^2(p_1-p_2)$$

代入得

$$F_s = \frac{\pi}{4} \times 0.01^2 \times (8-0.4) \times 10^6 = 597(\text{N})$$

子任务3　液体动力学

任务目标

- 了解液体动力学的基础知识。
- 掌握流体动力学三大方程：连续性方程、伯努利方程、动量方程。
- 了解流体动力学三大方程的应用。

在液压传动工作过程中，液压油处于流动状态，因此有必要研究液体运动时的现象和规律。要讨论液体流动时的运动规律、流动液体中的能量及其能量的转换、流动液体对固体壁面的作用力等问题，就要掌握三个基本方程——连续性方程、伯努利方程和动量方程。前两个用来解决压力、流速和流量之间的关系，后一个用来解决流动液体对固体壁面作用力问题，这三个方程称为液体动力学三大方程。

一、基本概念

1. 理想液体、恒定流动和一维流动

液体具有黏性，并在流动时表现出来，因此研究流动液体时就要考虑其黏性，而液体的黏性阻力是一个很复杂的问题，这就使流动液体的研究变得复杂。因此，需要引入理想液体的概念，首先对理想液体进行研究，然后再通过实验验证的方法对所得的结论进行补充和修正。这样，

不仅使问题简单化,而且得到的结论在实际应用中仍具有足够的精确性。

(1)理想液体与实际液体。理想液体就是指没有黏性、不可压缩的液体。事实上既具有黏性又可压缩的液体称为实际液体。

(2)恒定流动与非恒定流动。当液体流动时,液体中任何一点处的压力、流速和密度不随时间变化而变化,则称为恒定流动,也称定常流动;反之,若液体中任何一处的压力、流速或密度中有一个参数随时间变化而变化,则称为非恒定流动,也称非定常流动。

如图 2-16(a)所示,对容器出流的流量给予补偿,使其液面高度不变,这样,容器中各点的液体运动参数 p、v、ρ 都不随时间而变,这就是恒定流动。如图 2-16(b)所示,不对容器的出流给予流量补偿,则容器中各点的液体运动参数将随时间而改变,例如随着时间的消逝,液面高度逐渐降低,因此,这种流动为非恒定流动。

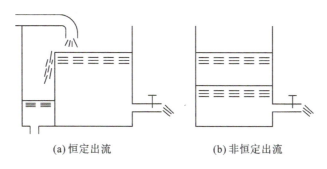

(a)恒定出流   (b)非恒定出流

图 2-16　恒定出流与非恒定出流

(3)一维流动。一维流动是指整个液体做线形流动;而当液体做平面或空间流动时,称为二维或三维流动。通常把封闭容器和管道内的液体流动按一维流动处理,再用实验数据来修正其结果。

2.流线、流束和通流截面

(1)流线。流线是流场中液体质点在某一瞬间运动状态的一条空间曲线,如图 2-17(a)所示,在任一瞬时,流线上各处质点的瞬时流动方向与该点的切线方向重合。由于液流中每一质点在每一瞬时只能有一个速度,因而流线之间不可能相交,也不可能突然转折,它只能是一条条光滑的曲线。在非恒定流动时,由于通过空间点的质点速度随时间变化,因而流线形状也随时间变化。只有在恒定流动时,流线形状才不随时间变化。

流线彼此平行的流动称为平行流动;流线间夹角很小,或流线曲率半径很大的流动称为缓变流动。平行流动和缓变流动都可以看成是一维流动。

(2)流束。充满在流管内的流线总体,称为流束,如图 2-17(b)所示。

(3)通流截面。在流束中,与所有流线正交的截面称为通流截面。通流截面可以是平面,也可以是曲面,图 2-17(b)中的截面 A 是平面,而截面 B 则是曲面。液体在液压管道中流动时,垂直于流动方向的截面即为通流截面。

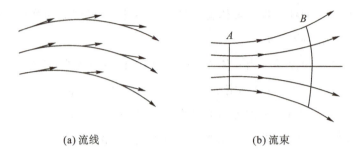

(a) 流线　　　　　　　　　(b) 流束

图 2-17　流线和流束

3. 流量和平均流速

(1) 流量。单位时间内通过管道(或液压缸)通流截面的液体体积称为流量,用 q 表示,流量的常用单位为升/分(L/min)。

(2) 平均流速。在实际液体流动中,由于黏性摩擦力的作用,通流截面上流速 u 的分布规律难以确定,管壁处的流速为零,管道中心处的流速最大,流速分布如图 2-18(a)所示。

则通过 dA 的微小流量为

$$dq = u dA$$

对上式进行积分,可得到流经整个通流截面 A 的流量。

$$q = \int_A u \, dA \tag{2-14}$$

可见,要求得 q 值,必须知道流速 u 在整个通流截面 A 上的分布规律。因为黏性液体流速 u 在管道中的分布规律很复杂。为方便起见,在液压传动中常采用一个假想的平均流速 v 来求流量,并认为液体以平均流速 v 流经通流截面的流量等于以实际流速流过的流量(图 2-18(b)),即

$$q = \int_A u \, dA = vA \tag{2-15}$$

由此得出通流截面上的平均流速:

$$v = \frac{q}{A} \tag{2-16}$$

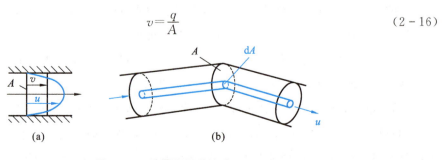

图 2-18　流量和平均流速

◆思考与讨论：当我们需要用软管进行洒水时，如何才能使管道中流出的水能够像喷泉一样喷洒出去呢？

4.液体的流动状态

实际液体具有黏性，是产生流动阻力的根本原因，流动状态不同，阻力大小也不同。

1）层流和紊流

19世纪末，英国物理学家雷诺通过大量的实验首先发现，液体在管道中流动时，存在两种完全不同的流动状态，即层流和紊流。它们的阻力性质也不相同。虽然这是在管道液流中发生的现象，却对气流和潜体同样适用。

雷诺实验装置如图2-19所示，实验时保持水箱中水位恒定和平静，然后将阀门A微微开启，使少量的水流经玻璃管，即玻璃管内平均流速 v 很小。这时，如将颜色水容器的阀门B也微微开启，使颜色水也流入玻璃管内，可以在玻璃管内看到一条细直而鲜明的颜色流束，而且不论颜色水放在玻璃管内的任何位置，它都能呈直线状，这说明管中水流稳定地沿轴向运动，液体质点没有垂直于主流方向的横向运动，所以颜色水和周围的液体没有混杂。如果把A阀缓慢开大，管中流量和它的平均流速 v 也将逐渐增大，直至平均流速增加至某一数值，颜色流束开始弯曲颤动，这说明玻璃管内液体质点不再保持稳定，开始产生脉动，不仅具有横向的脉动速度，而且也具有纵向脉动速度。如果A阀继续开大，脉动加剧，颜色水就完全与周围液体混杂而不再维持流束状态。

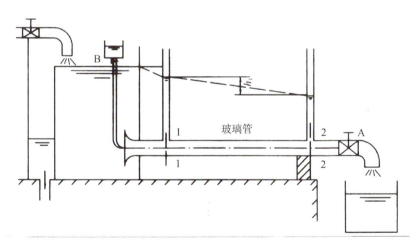

图2-19 雷诺实验装置

液体运动时，质点没有横向脉动，不引起液体质点混杂，层次分明，能够维持稳定的流束状态，这种流动称为层流。

液体流动时质点具有脉动速度，引起流层间质点相互错杂交换，这种流动称为紊流或湍流。图2-20(a)为层流；图2-20(b)中，层流状态受到破坏，液流开始紊乱；图2-20(c)表明液体流动状态为紊流。

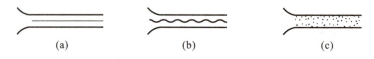

图 2-20 液体的流动状态

层流和紊流是两种不同性质的流态。层流时,液体流速较低,液体质点主要受黏性力制约,不能随意运动,黏性力起主导作用,惯性力与黏性力相比不大;紊流时,液体流速较高,黏性力的制约作用减弱,惯性力起主导作用。

在层流状态下流动时,液体的能量主要消耗在黏性摩擦损失上,它直接转化成热能,一部分被液体带走,一部分传给管壁。相反,在紊流状态下,液体的能量主要消耗在动能损失上,这部分损失使液体搅动混合,产生漩涡,撞击管壳,引起振动,形成液体噪声。这种噪声虽然会受到种种抑制而衰减,并在最后化作热能消散掉,但在其辐射传递过程中,还会激起其他形式的噪声。

液体流动时是层流还是紊流,须用雷诺数来判别。

2)雷诺数

实验证明,液体在圆管中的流动状态不仅与管内的平均流速 v 有关,还和管径 d、液体的运动黏度 ν 有关。因此,决定液流状态的,是这三个参数所组成的一个称为雷诺数 Re 的无量纲纯数:

$$Re = \frac{vd}{\nu} \tag{2-17}$$

由式(2-17)可知,液流的雷诺数如相同,它的流动状态也相同。当液流的雷诺数 Re 小于临界雷诺数(记为 Re_L)时,液流为层流;反之,液流大多为紊流。常见的液流管道的临界雷诺数 Re_L 由实验求得,如表 2-5 所示。

表 2-5 常见液流管道的临界雷诺数

管道的材料与形状	Re_L	管道的材料与形状	Re_L
光滑的金属圆管	2000~2320	带槽装的同心环状缝隙	700
橡胶软管	1600~2000	带槽装的偏心环状缝隙	400
光滑的同心环状缝隙	1100	圆柱形滑阀阀口	260
光滑的偏心环状缝隙	1000	锥状阀口	20~100

在液压系统中,管道总是充满液体的,因此液流的有效截面积就是通流截面,湿周就是通流截面的周长。如正方形的管道,边长为 b,则湿周为 $4b$,因而水力半径为 $R = b/4$。水力半径是

描述通流截面通流能力的一个参数,水力半径大,表明流体与管壁的接触少,通流能力强;水力半径小,表明流体与管壁的接触多,通流能力差,容易堵塞。

对于非圆截面的管道来说,Re 可用下式计算:

$$Re = \frac{4vR_H}{\nu} \qquad (2-18)$$

式中,R_H 为流截面的水力半径,它等于液流的有效截面积 A 和它的湿周(有效截面的周界长度)x 之比,即

$$R_H = \frac{A}{x} \qquad (2-19)$$

直径为 D 的圆柱截面管道的水力半径为 $R_H = \dfrac{A}{x} = \dfrac{\frac{1}{4}\pi D^2}{\pi D} = \dfrac{D}{4}$,将此式代入式(2-18),可得式(2-17)。

二、液体动力学三大方程

1. 连续性方程

液流连续性方程是流体运动学方程,是质量守恒定律在流体力学中的表现形式。

如图 2-21 所示,液体在管道中做恒定流动。任取 1、2 两个通流截面,两截面处面积分别为 A_1 和 A_2,平均流速分别为 v_1 和 v_2,液体密度分别为 ρ_1 和 ρ_2。根据质量守恒定律,在单位时间内流过两个截面的液体质量相等,即

$$\rho_1 v_1 A_1 = \rho_2 v_2 A_2 \qquad (2-20)$$

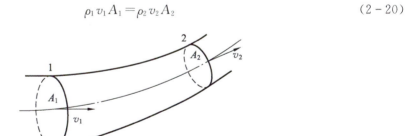

图 2-21 液体连续性方程推导示意图

假设液体是不可压缩的,即 $\rho_1 = \rho_2$,则 $v_1 A_1 = v_2 A_2$。因为两通流截面的选取是任意的,故可写成 $q = vA = $ 常数。这就是液体的流量连续性方程,是质量守恒定律在流体力学中的一种表达形式。它的物理意义是在恒定流动的情况下,当不考虑液体的可压缩性时,流过管道各个截面的流量均相等,平均流速与通流截面的面积成反比。

2. 伯努利方程及其应用

◆思考与讨论:如图 2-22 所示,不论是近年乘坐动车、高铁,还是多年前乘坐老式的绿皮

火车,大家可能都会发现,在候车的站台上都有一条明显的白实线,且乘客在候车时都不得越过这条白线。这条白线是怎么来的,和安全又有什么关系?

图 2-22 车站白色安全线

＊据铁路史志记载,这条白线来源于百年前的一场惨案。1905 年冬天,在俄国一个名为鄂洛多克的小火车站上,站长率全站 38 名员工身着盛装、手持鲜花,列队站在铁路线两旁恭候沙皇尼古拉二世派来视察的钦差大臣。然而,遗憾的是,列车没有缓缓进站,而是狂风般冲进了"人巷",刹那间"人巷"倒塌了,数十名员工仿佛背后被人猛推了一掌,不由自主地向前倒去。结果造成 34 人丧生,4 人终身残疾。由于当时科技水平有限,人们对此无法解释。惨案发生后,地方法院通过调查发现机车状况良好,司机和员工也都没有违章操作,只好把事故原因归结为上帝的安排。事后,为了确保人身安全和不再发生类似事故,所有站台都画上了一条安全白线,规定乘客候车时不得超越这条白线。

伯努利方程也称为能量方程,是能量守恒定律在流动液体中的表现形式。由于实际液体在管道中流动时的能量关系比较复杂,故先研究理想液体在管道中的流动情况,然后再展开到实际液体的流动情况。

1)理想液体恒定流动时的伯努利方程

理想液体无黏性,它在管道内做恒定流动时,没有能量损失。为研究方便,一般将液体作为理想液体来处理。根据能量守恒定律,无论液流的能量如何转换,在任何位置上的总能量都是相等的。在液压传动中,流动的液体除具有压力能之外,还具有动能和位能。

如图 2-23 所示,任取 A_1 与 A_2 两截面,液位高度分别为 z_1 与 z_2,通流截面上的压力分别为 p_1 和 p_2,平均流速分别为 v_1 和 v_2,液体密度为 ρ,根据能量守恒定律,液体在 A_1 截面的能量总和等于在 A_2 截面的能量总和,即

$$\frac{p_1}{\rho g}+z_1+\frac{1}{2g}v_1^2=\frac{p_2}{\rho g}+z_2+\frac{1}{2g}v_2^2 \tag{2-21}$$

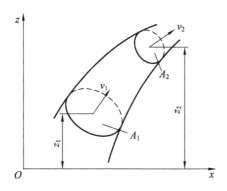

图 2-23 液流能量方程关系转换图

或
$$p_1 + \rho g z_1 + \frac{1}{2}\rho v_1^2 = p_2 + \rho g z_2 + \frac{1}{2}\rho v_2^2 \tag{2-22}$$

即
$$p + \rho g z + \frac{1}{2}\rho v = 常数 \tag{2-23}$$

式中 $\frac{p}{\rho g}$ 为单位重量液体所具有的压力能,称为比压能,也叫作压力水头。z 为单位重量液体所具有的势能,称为比位能,也叫作位置水头。$\frac{v^2}{2g}$ 为单位重量液体所具有的动能,称为比动能,也叫作速度水头,它们的量纲都为长度。

对伯努利方程可作如下的理解:

①伯努利方程式是一个能量方程式,它表明在空间各相应通流断面处流通液体的能量守恒。

②理想液体的伯努利方程只适用于重力作用下的理想液体做恒定流动的情况。

③任一微小流束都对应一个确定的伯努利方程式,即对于不同的微小流束,它们的常量值不同。

伯努利方程的物理意义:在密封管道内做恒定流动的理想液体在任意一个通流断面上具有三种形式的能量,即压力能、势能和动能。三种能量的总和是一个恒定的常量,而且三种能量之间是可以相互转换的,即在不同的通流断面上,同一种能量的值是不同的,但各断面上的总能量值都是相同的。

2)实际液体微小流束的伯努利方程

由于液体存在黏性,其黏性力在起作用,并表现为对液体流动的阻力,实际液体的流动要克服这些阻力,表现为机械能的消耗和损失,当管道的形状、尺寸及流向突然发生变化时,液流会产生漩涡,质点间会相互撞击,也会消耗能量;同时,由于在伯努利方程中用平均流速 v 来代替实际流速 u,因而在动能计算中将产生误差,也需要进行修正。当液体流动时,液流的总能量或总比能在不断地减少。因此,实际液体的伯努利方程为

$$\frac{p_1}{\rho g}+z_1+\frac{\alpha_1}{2g}v_1{}^2=\frac{p_2}{\rho g}+z_2+\frac{\alpha_2}{2g}v_2{}^2+h_w \qquad (2-24)$$

式中，h_w 为单位重力液体从截面 A_1 到截面 A_2 过程中的能量损失；α_1 和 α_2 为动能修正系数，紊流时 $\alpha=1$，层流时 $\alpha=2$。

伯努利方程的适用条件：

① 稳定流动的不可压缩液体，即密度为常数。

② 液体所受的质量力只有重力，忽略惯性力的影响。

③ 所选择的两个通流截面必须在同一个连续流动的流场中是渐变流（即流线近于平行线，有效截面近于平面），而不考虑两截面间的流动状况。

例 2-4 如图 2-24 所示，水箱侧壁开一个小孔，水箱自由液面 1-1 与小孔 2-2 处的压力分别为 p_1 和 p_2，小孔中心到水箱自由液面的距离为 h，且 h 基本不变，如果不计损失，求水从小孔流出的速度。

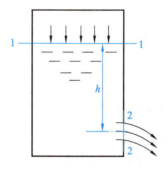

图 2-24 例 2-4 图

解：以小孔中心线为基准，列写截面 1-1 和 2-2 的伯努利方程。

$$\frac{p_1}{\rho g}+z_1+\frac{\alpha_1}{2g}v_1{}^2=\frac{p_2}{\rho g}+z_2+\frac{\alpha_2}{2g}v_2{}^2+h_w$$

按给定条件可知，$z_1=h, z_2=0, h_w=0$，又因小孔截面积 $\ll$ 水箱截面积，故 $v_1 \ll v_2$，可认为 $v_1=0$，设 $\alpha_1=\alpha_2=1$，则上式可简化为

$$h+\frac{p_1}{\rho g}=\frac{p_2}{\rho g}+\frac{v_2{}^2}{2g}$$

由此解得

$$v_2=\sqrt{2gh+\frac{2}{\rho}(p_1-p_2)}$$

当 $\frac{p_1-p_2}{\rho g} \gg h$，有 $v_2=\sqrt{\frac{2}{\rho}(p_1-p_2)}$

3) 伯努利方程的应用

(1) 压强和流速的关系（水平管）。

如图 2-25 所示，根据伯努利方程

$$p_1 + \rho g z_1 + \frac{1}{2}\rho v_1^2 = p_2 + \rho g z_2 + \frac{1}{2}\rho v_2^2$$

当系统管道处于水平位置时,即 $z_1 = z_2$,得

$$p_1 + \frac{1}{2}\rho v_1^2 = p_2 + \frac{1}{2}\rho v_2^2$$

$$p + \frac{1}{2}\rho v^2 = 常量 \tag{2-25}$$

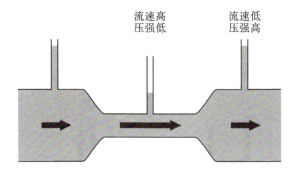

图 2-25 压强与流速的关系

由式(2-25)得出结论:流速小的地方压强大,流速大的地方压强小。

*鄂洛多克惨案中,根据伯努利方程,列车进站时如果不能将车速降低到安全范围以内,则在列车行驶区域将形成一个负压区,此时人的身体前后将形成一个压差,当这个压差达到一定值时就会产生强大的推力(吸力),将人推(吸)向列车(图 2-26)。

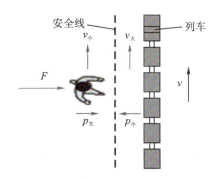

图 2-26 鄂洛多克惨案的解释

思考与讨论:请分析喷雾器的工作原理(图 2-27)。

② 压强和高度的关系(粗细均匀管)。

伯努利方程 $p_1 + \frac{1}{2}\rho v_1^2 + \rho g h_1 = p_2 + \frac{1}{2}\rho v_2^2 + \rho g h_2$,根据动量方程,流体在粗细均匀的管中流动时,$v_1 = v_2$,则伯努利方程可化简为 $p_1 + \rho g h_1 = p_2 + \rho g h_2$,即可得出结论:高处的压强小,低处的压强大。

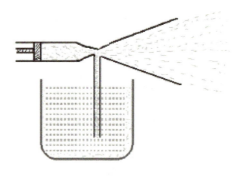

图 2-27 喷雾器

如图 2-28 所示,可以利用这一原理解释体位对血压测量的影响。

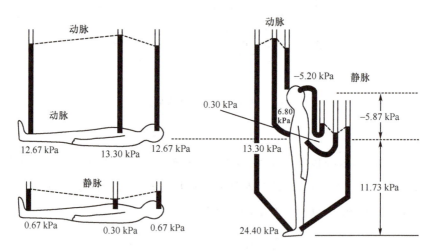

图 2-28 人体不同体位的血压

◆思考与讨论:请解释汽车高速驶过时,为什么泥沙被吸向汽车(图 2-29)?

图 2-29 附着泥沙的汽车

3. 动量方程

动量方程是动量定理在流体力学中的具体应用。流动液体的动量方程是流体力学的基本方程之一，它用于研究液体运动时作用在液体上的外力与其动量变化之间的关系。在液压传动中，计算液流作用在固体壁面上的力时，可以应用动量方程去解决。

刚体力学动量定理指出：作用在物体上的所有外力的合力等于物体在合力作用方向上动量的变化率，即

$$\sum F = \frac{mv_2 - mv_1}{\Delta t} \tag{2-26}$$

液体恒定流动时，若同时忽略其可压缩性，其质量为 m，代入式（2-26）中，得 $\sum F = \rho q(v_2 - v_1)$，由于很难确定速度在通流截面上的分布规律，常用通流截面上的平均流速来计算动量，产生的误差用动量修正系数 β_1、β_2 进行修正。

于是，上式可写为

$$\sum F = \rho q(\beta_2 v_2 - \beta_1 v_1) \tag{2-27}$$

式中，$\sum F$——作用在液体上的所有外力的矢量和；

v_2、v_1——液体在前后两个通流截面上的平均流速；

ρ——液体的密度；

q——液体的流量；

β_1、β_2——动量修正系数，层流时，$\beta = \frac{4}{3}$，紊流时，$\beta = 1$。

式（2-27）为矢量方程，实际应用时，应将方程中各矢量按坐标轴投影分解为指定方向的投影值，再列出该方向上的动量方程。例如在指定方向 x 的动量方程可写成：

$$\sum F_x = \rho q(\beta_2 v_{2x} - \beta_1 v_{1x}) \tag{2-28}$$

子任务 4　液体流动时的压力损失

实际液体具有黏性，流动时会有阻力产生，为了克服阻力，流动液体需要损耗一部分能量。其次，液体在流动时会因管道尺寸或形变而产生撞击和出现旋涡，也会造成能量损耗，这些能量损耗被称为压力损失。在液压系统中，压力损失不仅表明系统损耗了能量，并且由于液压能转变为热能，导致系统的温度升高。因此，在设计液压系统时，要尽量减少压力损失。压力损失可分为沿程压力损失和局部压力损失。

一、沿程压力损失

液体在等径直管中流动时因黏性摩擦而产生的压力损失，称为沿程压力损失。液体的流动

状态不同,产生的沿程压力损失也有所不同。

1. 层流时的沿程压力损失

液体在等径水平直管中作层流运动。层流时液体质点作有规则的流动,因此可以用数学工具全面探讨其流动状况,最后导出沿程压力损失 Δp_λ 的计算公式:

$$\Delta p_\lambda = \lambda \frac{l}{d} \frac{\rho v^2}{2} \tag{2-29}$$

式中,λ——沿程阻力系数;

l——油管长度,m;

d——油管内径,m;

ρ——液体的密度,kg/m³;

v——液流的平均流速,m/s。

液体在层流时,沿程阻力系数的理论值 $\lambda = 64/Re$。考虑到实际圆管截面可能有变形,以及靠近管壁处的液层可能冷却,因而在实际计算时,认为金属管 $\lambda = 75/Re$,橡胶管 $\lambda = 80/Re$。

2. 紊流时的沿程压力损失

紊流时计算沿程压力损失的公式在形式上与层流时相同,但式(2-29)中的阻力系数 λ,除与雷诺数 Re 有关外,还与管壁的表面粗糙度有关,即 $\lambda = f(Re, \Delta/d)$,这里的 Δ 为管壁的绝对表面粗糙度,它与管径 d 的比值 Δ/d 称为相对表面粗糙度。对于光滑管,当 $2.32 \times 10^3 \leqslant Re < 10^5$ 时,$\lambda = 0.3164 Re^{-0.25}$;对于粗糙管,$\lambda$ 的值可以根据不同的 Re 和 Δ/d 从有关液压传动设计手册中查出。

二、局部压力损失

液体流经管路的弯头、接头、突变截面,以及阀口、滤网等局部装置时,会产生旋涡,并发生强烈的紊动现象,由此而造成的压力损失称为局部压力损失。当液体流过上述各种局部装置时,流动状况极为复杂,影响因素较多,局部压力损失值不易从理论上进行分析计算,因此局部压力损失的阻力系数,一般要依靠实验来确定。局部压力损失 Δp_ξ 的计算公式:

$$\Delta p_\xi = \xi \frac{\rho v^2}{2} \tag{2-30}$$

式中,ξ——局部阻力系数,各种局部装置结构的亭值可查阅有关液压传动设计手册;

ρ——液体的密度,kg/m³;

v——液流在该局部结构中的平均流速,m/s。

三、管路系统的总压力损失

整个管路系统的总压力损失 $\sum \Delta p$ 等于油路中各串联直管的沿程压力损失 $\sum p_\lambda$ 和局部压

力损失 $\sum p_\xi$ 之和,即

$$\sum \Delta p = \sum p_\lambda + \sum p_\xi = \sum \lambda \frac{l}{d} \frac{\rho v^2}{2} + \sum \xi \frac{\rho v^2}{2} \qquad (2-31)$$

通常情况下,液压系统的管路并不长,所以沿程压力损失比较小,而阀等元件的局部压力损失却较大。因此管路总的压力损失一般以局部损失为主。速度越高压力损失就越大,因此,为了减少管路系统中的压力损失,管道中液体的流速不宜过高,设计时应适当增大管径。另外,为了减少压力损失,应合理选用油液的黏度,尽量采用内壁光滑的管道,尽量避免管道内径的突然变化,少用弯头。

子任务 5 小孔流量

在液压传动中,常会遇到液体流经小孔或配合间隙的情况。例如,元件中相对运动的表面配合间隙,在压差作用下会造成泄漏;又如,节流阀利用小孔或间隙大小的变化来实现油缸运动速度的调节。因此,了解与控制液流通过小孔与间隙的流动,可以提高液压元件与液压系统的效率,改善其工作性能。讨论小孔的流量计算,了解其影响因素,对于合理设计液压系统,正确分析液压元件和系统的工作性能很有必要。

一、液体流经小孔的流量

孔口是液压元件重要的组成因素之一,各种孔口形式是液压控制阀具有不同功能的主要原因。液压元件中的孔口按其长度 L 与直径 d 的比值分为三种类型:当长径比 $L/d \leqslant 0.5$ 时,称为薄壁小孔;当 $L/d > 4$ 时,称为细长孔;当 $0.5 < L/d \leqslant 4$ 时,称为短孔。

1. 薄壁孔

薄壁孔的孔口边缘一般为刃口形式,如图 2-30 所示。液流经过薄壁孔时多为紊流,只有局部损失,几乎不产生沿程损失。

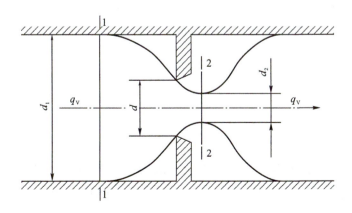

图 2-30 薄壁孔

设薄壁孔直径为 d，在小孔前约 $d/2$ 处，液体质点被加速，并从四周流向小孔。由于流线不能转折，贴近管壁的液体不会直角转弯而是逐渐向管道轴线收缩，使通过小孔后的液体在出口后约 $d/2$ 处形成最小收缩断面，然后再扩大充满整个管道，这一收缩和扩大的过程产生了局部能量损失。

最小收缩断面面积与孔口截面面积之比称为截面收缩系数，设最小收缩断面面积为 A_c，而小孔面积为 A_T，则

$$C_c = \frac{A_c}{A_T} \tag{2-32}$$

收缩系数反映了通流截面的收缩程度，其主要影响因素有雷诺数 Re、孔口及边缘形式、孔口直径 d 与管道直径 d_1 比值的大小等。研究表明，当 $\frac{d_1}{d} \geq 7$ 时，流束的收缩不受孔前管道内壁的影响，这时为完全收缩；当 $\frac{d_1}{d} < 7$ 时，由于小孔离管壁较近，孔前管道内壁对流束具有导流作用，因而影响其收缩，这时为不完全收缩。流经薄壁孔的流量为

$$q = A_c v_2 = C_c C_v A_T \sqrt{\frac{2}{\rho} \Delta p} = C_q A_T \sqrt{\frac{2}{\rho} \Delta p} \tag{2-33}$$

式中，C_q——流量系数，$C_q = C_c C_v$；

C_v——流速系数。

式(2-33)称为薄壁孔的流量-压力特性公式。由此可知，流经薄壁孔的流量 q 与小孔前后的压差 Δp 的平方根及薄壁孔面积 A_T 成正比，而与黏度无直接关系。

在液流完全收缩的情况下，收缩系数 C_c 为 0.61~0.63，流速系数 C_v 为 0.97~0.98，流量系数 C_q 为 0.6~0.62；在液流不完全收缩的情况下，C_q 为 0.7~0.8。

小孔的壁很薄时，其沿程阻力损失非常小，通过小孔的流量对油液温度的变化，即对黏度的变化不敏感，因此在液压系统中，常采用一些与薄壁小孔流动特性相近的阀口作为可调节流孔口，如锥阀、滑阀、喷嘴挡板阀等。薄壁孔的加工困难，实际应用中多用厚壁孔代替。

2. 厚壁孔

厚壁孔的流量公式与薄壁孔相同，但流量系数 C_q 不同，一般取 $C_q = 0.82$。由于厚壁孔的能量损失包含沿程损失，所以厚壁孔比薄壁孔的能量损失大。但厚壁孔比薄壁孔更容易加工，适合用于固定节流器。

3. 细长孔

由于流动液体的黏性作用，液流流过细长孔时多呈层流状，因此，通过细长孔的流量可以按前面导出的圆管层流流量公式计算，即细长孔的流量-压力特性公式为

$$q = \frac{\pi d^4}{128 \mu l} \Delta p = C A_T \Delta p \tag{2-34}$$

式中，A_T——细长孔通流面，

$$A_T = \frac{1}{4}\pi d^2$$

C——细长孔流量系数，

$$C = \frac{d^2}{32\mu l}$$

从式（2-34）中可以看出，油液流过细长孔的流量 q 与小孔前后的压力差 Δp 成正比，而和液体黏度 μ 成反比，流量受油液黏性影响大。因此，油温变化引起黏度变化时，流过细长孔的流量将显著变化，这一点和薄壁孔的特性是明显不同的。细长孔在液压装置中常用做阻尼孔。

薄壁小孔、厚壁孔和细长小孔的流量-压力特性可以统一写为

$$q = KA_T\Delta p^m \tag{2-35}$$

式中，K——由孔的形状、结构尺寸和液体性质确定的系数，对薄壁孔和厚壁孔，$K = C_q\sqrt{\dfrac{2}{\rho}}$，对细长孔，$K = C_q\sqrt{\dfrac{d^2}{32\mu l}}$；

A_T——小孔通流截面面积；

Δp——小孔两端的压力差；

m——由孔的长径比决定的指数，对薄壁孔，$m = 0.5$，对细长孔，$m = 1$。

二、液体流经间隙的流量

液压元件各零件之间为保证正常的相对运动，必须有一定的配合间隙。通过间隙的泄漏流量主要由间隙的大小和压力差决定。泄漏的增加将使系统的效率降低。因此，应尽量减小泄漏以提高系统的性能，保证系统正常工作。泄漏分为内泄漏和外泄漏。其中，外泄漏会污染环境。

间隙之间的流动分为两种情况：一是由间隙两端的压力差造成的，称为压差流动；二是由形成间隙的两固体壁面间的相对运动造成的，称为剪切流动。在很多实际情况下，间隙流动是压差流动与剪切流动的组合。

1. 平行平板间隙

平行平板间隙是讨论其他形式间隙的基础。如图 2-31 所示，在两块平行平板所形成的间隙中充满了液体，间隙高度为 h，间隙宽度和长度分别为 b 和 l，间隙中的液流状态为层流。若间隙两端存在压差，液体就会产生流动；即使没有压差（$\Delta p = p_1 - p_2$）的作用，如果两块平板有相对运动，由于液体黏性的作用，液体也会被平板带着产生流动。

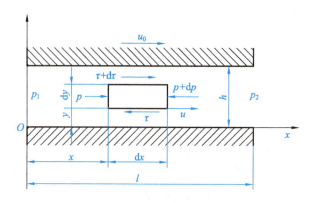

图 2-31 平行平板缝隙间的液流

在间隙液流中任取一个微元体 $dxdy$（为简单起见，宽度方向先取单位宽度，即 $b=1$），因 dx 较小，故作用在其左右两端面上的压力分别为 p 和 $p+dp$，上下两面所受到的切应力分别为 $\tau+d\tau$ 和 τ。经推导得到通过平行平板间隙的泄漏流量为

$$q=\int_0^h ub\,dy=\int_0^h\left[\frac{\Delta p}{2\mu l}(h-y)y\pm\frac{u_0}{h}y\right]b\,dy=\frac{bh^3}{12\mu l}\Delta p\pm\frac{bh}{2}u_0 \qquad (2-36)$$

式(2-36)即为在压差和剪切力的同时作用下，液体通过平行平板间隙的流量。当平板运动速度 u_0 的方向与压差作用下液体的流动方向相反时，上式等号右边的第二项取"$-$"号；方向相同时取"$+$"号。

由此可知，通过间隙的流量与间隙值的 3 次方成正比，这说明元件间隙的大小对其泄漏量的影响是很大的。此外，泄漏所造成的功率损失可以表示为

$$\Delta P=\Delta pq=\Delta p\left(\frac{bh^3}{12\mu l}\Delta p\pm\frac{1}{2}bhu_0\right) \qquad (2-37)$$

由此可以得出结论，间隙 h 愈小，泄漏功率损失也愈小。但 h 的减小会使液压元件中的摩擦功率损失增大，因而间隙 h 并不是愈小愈好，而是有一个使这两种功率损失之和达到最小的最佳值。

2. 环形间隙

在液压系统中，各零件间的配合间隙大多数为圆环形间隙，如滑阀与阀套之间、活塞与缸筒之间的间隙等。环形间隙可分为同心环形间隙和偏心环形间隙两种。理想情况下，环形间隙为同心环形间隙；但实际上，一般多为偏心环形间隙。

偏心环形间隙中的液流如图 2-32 所示。设内外圆间的偏心距为 e，则偏心圆环间隙的流量公式为

$$q=(1+1.5\varepsilon^2)\frac{\pi dh_0^3}{12\mu l}\Delta p\pm\frac{\pi dh_0}{2}u_0 \qquad (2-38)$$

式中，h_0——在同心时的间隙量，$h_0=r_2-r_1$；

d——孔径;

ε——相对偏心距,$\varepsilon=\dfrac{e}{h_0}$。

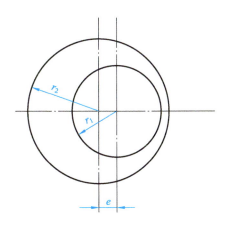

图 2-32 偏心环形间隙中的液流

当内外圆之间没有偏心距,即 $\varepsilon=0$ 时,它就是同心圆环缝隙的流量公式;当 $\varepsilon=1$ 时,即有最大偏心距时,其流量为同心圆环缝隙流量的 2.5 倍。因此在液压元件中,为了减小缝隙泄漏量,应采取措施(如在阀芯上加工一些均压槽等),尽量使配合件处于同心状态。

*提示:间隙泄漏量的计算比较复杂,有时不一定准确。在实际工程中,通常用试验方法来测定泄漏量,并引入泄漏系数 C_t。在不考虑相对运动影响的情况下,通过各种间隙的泄漏量的计算公式为

$$q=C_t\Delta p \tag{2-39}$$

式中,C_t——由间隙形式决定的泄漏系数,一般由试验确定。

子任务 6　液压冲击与气穴现象

液压冲击和气穴现象会给液压系统的正常工作带来不利影响,因此需要了解这些现象产生的原因,并采取措施加以防治。

一、液压冲击

在液压系统中,经常会由于某些原因而使液体压力突然急剧上升,形成很高的压力峰值,这种现象称为液压冲击。

1. 液压冲击产生的原因和危害

在阀门突然关闭或液压缸快速制动等情况下,液体在系统中的流动会突然受阻。这时,由于液流的惯性作用,液体就从受阻端开始,迅速将动能逐层转换为压力能,产生压力冲击波;此

后,又从另一端开始,将压力能逐层转换为动能,液体又反向流动;然后,又再次将动能转换为压力能,如此反复地进行能量转换。这种压力波的迅速往复传播,在系统内形成压力振荡。实际上,由于液体受到摩擦力,而且液体自身和管壁都有弹性,不断消耗能量,才使振荡过程逐渐衰减趋向稳定。

系统中出现液压冲击时,液体瞬时压力峰值可以比正常工作压力大好几倍。液压冲击会损坏密封装置、管道或液压元件,还会引起设备振动,产生很大噪声。有时,液压冲击会使某些液压元件(如压力继电器、顺序阀等)产生误动作,影响系统正常工作,甚至造成事故。

2. 减小液压冲击的措施

(1)延长阀门关闭时间和运动部件的制动时间。实践证明,当运动部件的制动时间大于 0.2 s 时,液压冲击就可大为减轻。

(2)限制管道中液体的流速和运动部件的运动速度。在机床液压系统中,管道中液体的流速一般应限制在 4.5 m/s 以下,运动部件的运动速度一般不宜超过 10 m/min。

(3)适当加大管道直径,尽量缩短管路长度。

(4)在液压元件中设置缓冲装置(如液压缸中的缓冲装置),或采用软管以增加管道的弹性。

(5)在适当的位置安装限制压力升高的溢流阀,在液压系统中设置蓄能器或安全阀。例如:在多路换向阀上安装过载阀、安全阀(溢流阀)、缓冲补油阀等。

二、气穴现象

在液体流动中,因某点处的压力低于空气分离压而产生大量气泡的现象,称为气穴现象。

1. 气穴现象的机理

液压油中总是含有一定量的空气。常温时,矿物型液压油在一个大气压下含有 6%~12% 的溶解空气。溶解空气对液压油的体积模量没有影响。当油的压力低于液压油在该温度下的空气分离压时,溶于油中的空气就会迅速地从油中分离出来,产生大量气泡,如图 2-33 所示。含有气泡的液压油,其体积模量将减小。所含气泡越多,油的体积模量越小。

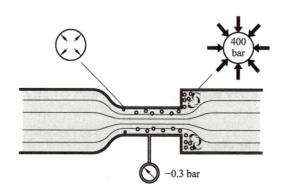

图 2-33 气穴现象

若液压油在某温度下的压力低于液压油在该温度下的饱和蒸气压时,油液本身迅速汽化,即油从液态变为气态,产生大量油的蒸气气泡。当上述原因产生的大量气泡随着液流流到压力较高的部位时,气泡因承受不了高压而破裂,产生局部的液压冲击,发出噪声并引起振动气泡。附着在金属表面上的气泡破裂,它所产生的局部高温和高压会使金属剥落,表面粗糙,或出现海绵状小洞穴,这种现象称气蚀。

在液压系统中,当液流流到节流口的喉部或其他管道狭窄位置时,其流速会大为增加。由伯努利方程可知,这时该处的压力会降低,如果压力降低到其工作温度的空气分离压以下,就会出现气穴现象。液压泵的转速过高,吸油管直径太小或滤油器堵塞,都会使泵的吸油口处的压力降低到其工作温度的空气分离压以下,从而产生气穴现象。这将使吸油不足,流量下降,噪声激增,输出油的流量和压力剧烈波动,系统无法稳定工作,甚至使泵的机件腐蚀,出现气蚀现象。

例如,在 38 ℃ 温度下工作的液压泵,当泵的输出压力分别为 6.8 MPa、13.6 MPa 和 20.4 MPa 时,气泡破裂处的局部温度可分别高达 766 ℃、993 ℃ 和 1149 ℃,冲击压力会达到几百兆帕。

气蚀会严重损伤元件的表面质量,极大地缩短其使用寿命,因而必须加以防范。气蚀多发生于液压泵的吸油口、液压缸内壁等处。

2. 减少气穴现象的措施

要防止气穴现象的产生,就要防止液压系统中出现压力过低的情况,具体措施有以下几点:

(1)减小阀孔前后的压差,一般应使油液在阀前与阀后的压力比小于 3.5。

(2)正确设计液压泵的结构参数,适当加大吸油管的内径,限制吸油管中液流的速度,尽量避免管路急剧转弯或存在局部狭窄处,接头要有良好的密封,滤油器要及时清洗或更换滤芯以防堵塞。

(3)提高零件的机械强度,采用抗腐蚀能力强的金属材料。

(4)液压系统各元件的连接处要密封可靠,严防空气侵入。

(5)整个管路尽可能平直,避免急转弯缝隙,合理配置。

思考与练习

(1) 液体的黏性是由分子间的相互运动而产生的一种_____引起的,其大小可用黏度来度量。温度越高,液体的黏度越_____;液体所受的压力越大,其黏度越_____。

(2) 我国采用的相对黏度是_____,它是用_____测量的。

(3) 试简述黏度与温度、黏度与压力的关系。

(4) 液压油的污染有何危害?如何控制液压油的污染?

(5) 压力有哪几种表示方法?这些方法有什么不同?

(6) 如图 2-34 所示,具有一定真空度的容器用一根管子倒置于一液面与大气相通的水槽中,液体在管中上升的高度 $h=1$,设液体密度为 $\rho = 1000 \text{ kg/m}^3$,试求容器内的真空度。

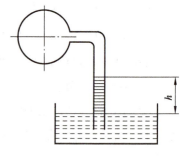

图 2-34 题 6 图

(7) 如图 2-35 所示的液压系统,已知使活塞 1、2 向左运动所需的压力分别为 P_1、P_2,阀门 T 的开启压力为 P_3,且 $P_1 < P_2 < P_3$。

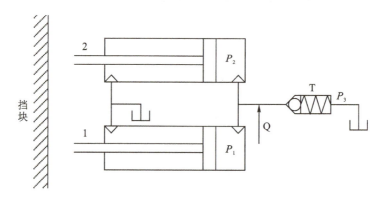

图 2-35 题 7 图

试分析:

①哪个活塞先动,此时系统中的压力为多少?

②阀门 T 何时才会开启?此时系统的压力又是多少?

③若 $P_3<P_2<P_1$,此时两个活塞能否运动,为什么?另一个活塞何时才能动?这个活塞动时系统中的压力是多少?

(8)伯努利方程的物理意义是什么?其理论方程和实际方程有什么区别?

(9)为什么将雷诺数作为判断流体流态的依据?

(10)简述层流与紊流的物理现象和判别方法。

任务 7　组合机床动力滑台系统的动力部分——液压泵

任务目标

- 掌握液压泵实现吸、压油的工作过程,泵正常工作须具备的条件。
- 掌握液压泵的性能参数。
- 掌握液压泵及各种泵的工作原理。
- 了解液压泵的选用方法。

重点难点

- 容积式液压泵的工作原理、工作压力、排量和流量的概念。
- 液压泵机械效率和容积效率的物理意义。
- 液压泵的功率和效率及其计算方法。
- 齿轮泵的困油现象的产生原因及消除方法。

子任务 1　液压泵基本参数及计算

液压泵俗称油泵,是液压系统中的动力元件。它是将电动机或其他原动机输出的机械能转换成液压能的能量转换装置,其作用是给液压系统提供足够的压力油以驱动系统工作。

一、液压泵的工作原理

液压泵站如图 2-36 所示,其电动机带动油泵旋转,油泵从油箱中吸油后将油压出,将电动机的机械能转化为液压油的压力能,经液压控制阀再通过外接管路传输到液压执行元件(油缸或油马达)中,从而控制了执行元件的运动方向变换、力量的大小及速度的快慢,推动各种液压机械做功。

图 2-36　液压泵站

对液压泵和液压马达的基本要求。

①节能:系统在不需要高压流体时,应卸载或采用其他的节能措施。

②工作平稳:振动小、噪声低,符合有关规定。

③美观协调等。

> *知识链接——人体心脏是怎样工作的?
>
> 　　每个人的胸腔里,都有一台生命的发动机——心脏。心脏和与它相连的大血管组成一个密闭的管道网——血液循环系统。在这个系统中,心脏处于关键地位,它是推动血液流动的动力站。心脏通过每分钟收缩60~90次来完成血液的输送。心脏是一个不停跳动的肌肉泵,每年总共要跳动4200万次左右。它就是利用液压传动的原理,将血液输送到身体各部,从而实现血液循环和新陈代谢。

液压泵的工作原理图如图2-37所示。柱塞装在泵体中,形成一个密封容积a。柱塞在弹簧的作用下始终压紧在偏心轮上。当原动机驱动偏心轮旋转时,柱塞就在缸体中做左右往复运动,使得密封工作腔a的容积大小随之发生周期性的变化。

当柱塞外伸,密封腔a的容积由小变大,局部形成真空,油箱中的油液在大气压力的作用下,经吸油管路,顶开吸油单向阀6中的钢球进入a腔而实现吸油,此时单向阀5在系统管道油液压力作用下关闭;反之,当柱塞被偏心轮压进泵体时,密封腔a的容积由大变小,a腔中的油液将顶开排油单向阀5流入系统而实现压油,此时单向阀6关闭。

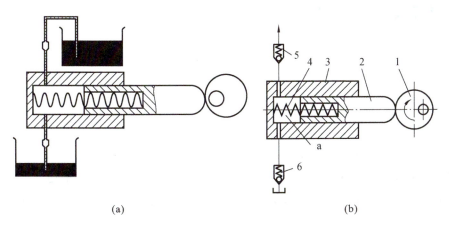

1—偏心轮;2—柱塞;3—泵体;4—弹簧;5,6—单向阀。

图2-37 液压泵的工作原理图

原动机驱动偏心轮连续回转,吸油、压油过程循环进行,从而将电动机或其他原动机输入的机械能转换成油液的压力能,实现了能量的转换。

由上述分析可知,液压泵要实现吸油、压油的工作过程,必须具备下列条件。

①应具有一个或若干个密封容积。

②密封容积的大小能交替变化。泵的输油量和密封容积变化的大小及单位时间内变化的次数(变化频率)成正比。

③具有相应的配流机构将吸油腔和压油腔隔开,从而使吸油、压油过程能各自独立完成。

④吸油过程中,油箱必须和大气相通。

这是实现吸油的必要条件。这种依靠密封容积的变化来实现吸油和压油的液压泵称为容积(式)液压泵,简称容积泵。目前,液压传动中的油泵一般均采用容积泵。

二、液压泵的类型和图形符号

液压泵的种类很多,按照结构的不同,可分为齿轮泵、叶片泵、柱塞泵和螺杆泵等;按其输油方向能否改变可分为单向泵和双向泵;按其输出的流量能否调节可分为定量泵和变量泵;按其额定压力的高低可分为低压泵、中压泵和高压泵等。液压泵的图形符号如图2-38所示。

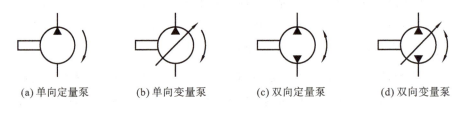

(a) 单向定量泵　　(b) 单向变量泵　　(c) 双向定量泵　　(d) 双向变量泵

图 2-38　液压泵的图形符号

三、液压泵的性能参数

1. 压力

(1)工作压力——液压泵实际工作时的输出压力。工作压力取决于外负载的大小和排油管路上的压力损失,而与液压泵的流量无关。

(2)额定压力——液压泵在正常工作条件下,按试验标准规定,连续运转的最高压力。泵的额定压力受泵本身密封性能和零件强度等因素的限制,当泵的工作压力超过额定压力时,就会过载。在液压系统中,安全阀的调定压力要小于泵的额定压力。铭牌标注的是额定压力。

由于液压传动的用途不同,液压系统所需要的压力也不同,为了便于液压元件的设计、生产和使用,将压力分为几个等级,如表2-6所示。

表 2-6　液压系统的压力等级

压力等级	低压	中压	中高压	高压	超高压
压力 p/MPa	≤2.5	>2.5~8	>8~16	>16~32	>32

(3)最高允许压力——在超过额定压力的条件下,根据试验标准规定,允许液压泵短暂运行

的最高压力值称为液压泵的最高允许压力,超过此压力,泵的泄漏会迅速增加。

* 想一想:若用 32 MPa 额定压力的高压泵给液压系统供油,只要液压泵一启动起来就会输出 32 MPa 的高压油,对吗?

2. 排量和流量

(1)排量——在不考虑泄漏的情况下,液压泵轴每转一周所排出液体的体积。

(2)理论流量 q_t——在不考虑液压泵泄漏的条件下,单位时间内所排出液体的体积。如果液压泵的排量为 V,主轴转速为 n,则该液压泵理论流量的计算公式为

$$q_t = Vn \tag{2-40}$$

式中,V——液压泵排量;

n——液压泵转速,r/min。

(3)实际流量 q——液压泵在某一具体工况下,单位时间内所排出液体的实际体积,它等于理论流量 q_t 减去泄漏流量 Δq,即 $q = q_t - \Delta q$,Δq 与泵的工作压力 p 有关,即 $\Delta q = kp$。

(4)额定流量 q_n——液压泵在正常工作条件下,按试验标准规定(如在额定压力和额定转速下)必须保证的流量。

3. 液压泵的功率

(1)液压泵的输出功率 P_o——单位时间内所做的功。由物理学知识可知,功率等于力和速度之积。当液压缸内油液的作用力 F 与负载相等时,推动活塞以速度 v 运动,液压缸输出的功率为 $P_o = Fv$,又知 $F = pA$,$v = q/A$,则

$$P_o = Fv = pAq/A = pq \tag{2-41}$$

式中,p——缸内液体的压力;

q——输入液压缸的油液流量;

A——活塞的有效面积。

上式表明,在液压传动系统中,液体所具有的功率,即液压功率等于压力和流量的乘积。

(2)输入功率 P_i——液压泵的输入功率为泵轴的驱动功率,其值为

$$P_i = 2\pi n T_i \tag{2-42}$$

式中,T_i——液压泵的输入转矩;

n——泵轴的转速。

液压泵在工作中,由于有泄漏和机械摩擦造成的能量损失,故其输出功率 P_o 小于输入功率 P_i。

4. 液压泵的效率

(1)容积效率——液压泵的实际流量与理论流量之比,用 η_V 表示,用以衡量液压泵或液压马达的泄漏大小。

$$\eta_V = \frac{q}{q_t} = \frac{q_t - \Delta q}{q_t} = 1 - \frac{\Delta q}{q_t} \tag{2-43}$$

液压泵的容积效率随着液压泵工作压力的增大而减小，且因液压泵的结构类型不同而异，但恒小于1。

(2) 机械损失是指液压泵在转矩上的损失。液压泵在工作时存在机械摩擦，因此驱动泵所需的实际输入转矩 T_i 必然大于理论转矩 T_t。理论转矩与实际转矩的比值称为机械效率，用 η_m 表示。

$$\eta_m = \frac{T_t}{T_i}$$

因泵的理论功率表达式为 $P_t = pq_t = pVn = 2\pi n T_t$，则有

$$T_t = \frac{pV}{2\pi}$$

将上式代入机械效率的计算公式得

$$\eta_m = \frac{pV}{2\pi T_i} \tag{2-44}$$

(3) 总效率——泵的输出功率与输入功率的比值，用 η 表示。

$$\eta = \frac{P_o}{P_i} = \frac{pq}{2\pi n T_i} = \frac{q}{Vn} \times \frac{pV}{2\pi T_i} = \eta_V \eta_m \tag{2-45}$$

由此看出，液压泵的总效率等于容积效率和机械效率的乘积。液压泵的总效率、容积效率和机械效率可以通过实验测得。

液压泵的容积效率和总效率是液压泵最常用的技术参数。工程上常用液压泵的容积效率和总效率见表2-7。

表2-7 泵的容积效率和总效率

泵的类别	容积效率 η_V	总效率 η
齿轮泵	0.7～0.9	0.6～0.8
叶片泵	0.8～0.95	0.75～0.85
柱塞泵	0.85～0.98	0.75～0.9

例 2-5 某液压泵在转速 $n=950$ r/min，理论流量 $q_t=160$ L/min，压力 $p=29.5$ MPa 的条件下，测得泵的实际流量 $q=150$ L/min，总效率 $\eta=0.87$，求：

(1) 泵的容积效率；

(2) 泵在上述工况下的机械效率；

(3) 驱动泵的转矩。

解：(1) $\eta_V = \dfrac{q}{q_t} = \dfrac{150 \text{ (L/min)}}{160 \text{ (L/min)}} = 0.94$

(2) $\eta_m = \dfrac{\eta}{\eta_V} = \dfrac{0.87}{0.94} = 0.93$

(3) $\eta = \dfrac{P_o}{P_i} = \dfrac{pq}{2\pi n T_i} \rightarrow T_i = \dfrac{pq}{2\pi n \eta} = 850 (\text{N} \cdot \text{m})$

例 2 - 6 已知中高压齿轮泵 CBG2040 的排量为 40.6 mL/r，该泵工况：转速为 1450 r/min、压力为 10 MPa，泵的容积效率 $\eta_V = 0.95$，总效率 $\eta = 0.9$，求泵的输出功率 P_o 和驱动该泵所需电动机的功率 P_i。

解：液压泵的实际输出流量：

$$q = q_t \eta_V = V n \eta_V = 40.6 \times 10^{-3} \times 1450 \times 0.95 = 55.927 (\text{L/min})$$

则液压泵的输出功率为

$$P_o = pq = \dfrac{10 \times 10^6 \times 55.927 \times 10^{-3}}{60 \times 10^3} = \dfrac{55.927}{6} = 9.321 (\text{kW})$$

电动机功率即泵的输入功率为

$$P_i = \dfrac{P_o}{\eta} = \dfrac{9.321}{0.9} = 10.357 (\text{kW})$$

查电动机手册，应选配功率为 11 kW 的电动机。

5. 液压泵的分类

液压泵的种类如图 2 - 39 所示。

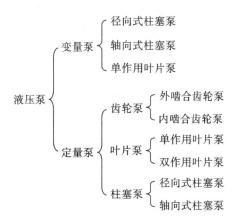

图 2 - 39 液压泵的种类

子任务 2 齿轮泵

齿轮泵是液压系统中广泛采用的一种液压泵。按其结构不同，齿轮泵分为外啮合齿轮泵和内啮合齿轮泵两种，其中外啮合齿轮泵应用最广。

齿轮泵的主要特点是结构简单、体积小、质量轻、转速高且范围大,自吸性能好,工作可靠,对油液污染不敏感,维护方便和价格低廉等。其在一般液压传动系统,特别是工程机械上的应用较为广泛。其主要缺点是流量脉动和压力脉动较大,泄漏损失大,容积效率较低,噪声较严重,容易发热,排量不可调节,它一般做成定量泵,故应用范围受到一定限制。

一、外啮合齿轮泵的工作原理和结构

1. 外啮合齿轮泵的工作原理

外啮合齿轮泵的工作原理如图 2-40 所示。在泵体内装有一对齿数相同、宽度和模数相等的齿轮,齿轮两端面由端盖密封(图中未画出)。泵体内相互啮合的主、从动齿轮和与两端盖及泵体一起构成密封工作容积,齿轮的啮合点将左、右两腔隔开,形成了吸、压油腔,当齿轮按图示方向旋转时,右侧吸油腔内的轮齿脱离啮合,密封工作腔容积不断增大,形成部分真空,油液在大气压力作用下从油箱经吸油管进入吸油腔,并被旋转的轮齿带入左侧的压油腔。左侧压油腔内的轮齿不断进入啮合,使密封工作腔容积减小,油液受到挤压被排往系统,这就是齿轮泵的吸油和压油过程。在齿轮泵的啮合过程中,啮合点沿啮合线,把吸油区和压油区分开。

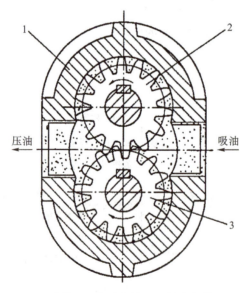

1—泵体;2—主动齿轮;3—从动齿轮。

图 2-40 外啮合齿轮泵的工作原理

2. 外啮合齿轮泵的结构组成

外啮合齿轮泵的结构组成如图 2-41 所示。

项目二　YT4543组合机床动力滑台系统

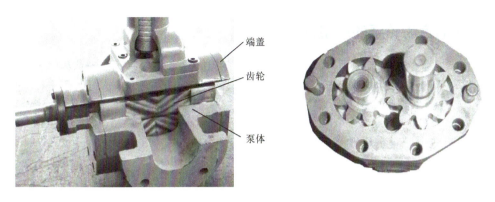

图2-41　外啮合齿轮泵结构组成

CB-B齿轮泵的结构如图2-42所示,它是分离三片式结构,三片是指泵盖和泵体。泵的前后盖和泵体由两个定位销定位,用六个螺钉固紧。主动齿轮用键固定在主动轴上并由电动机带动旋转。为了保证齿轮能灵活地转动,同时又要保证泄漏最小,在齿轮端面和泵盖之间应有适当间隙(轴向间隙),小流量泵的轴向间隙为 $0.025\sim0.04$ mm,大流量泵为 $0.04\sim0.06$ mm。齿顶和泵体内表面间的间隙(径向间隙),由于密封带长,同时齿顶线速度形成的剪切流动又和油液泄漏方向相反,故对泄漏的影响较小。传动轴会有变形,当齿轮受到不平衡的径向力后,应避免齿顶和泵体内壁相碰,所以径向间隙就可稍大,一般取 $0.13\sim0.16$ mm,为了防止压力油从泵体和泵盖间泄漏到泵外,并减小压紧螺钉的拉力,在泵体两侧的端面上开有油封卸荷槽,使渗入泵体和泵盖间的压力油被引入吸油腔。在泵盖和从动轴上的小孔,其作用是将泄漏到轴承端部的压力油也引到泵的吸油腔去,防止油液外溢,同时也润滑了滚针轴承。

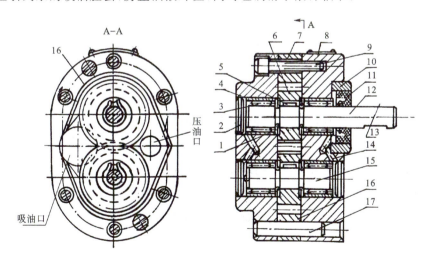

1—轴承外环;2—堵头;3—滚子;4—后泵盖;5—键;6—齿轮;7—泵体;8—前泵盖;9—螺钉;10—压环;11—密封环;12—主动轴;13—键;14—泄油孔;15—从动轴;16—泄油槽;17—定位销。

图2-42　CB-B齿轮泵的结构

二、外啮合齿轮泵的排量计算

外啮合齿轮泵的排量是主、从动轮齿的齿间槽容积的总合。如果近似地认为齿间槽的容积等于轮齿的体积,那么外啮合齿轮泵的排量计算公式为

$$V = \pi D h B = 2\pi m^2 B \qquad (2-46)$$

式中,D——齿轮节圆直径;

h——齿轮扣除顶隙部分的有效齿高,$h = 2 \, m$;

B——齿轮齿宽;

m——齿轮模数。

但实际上齿间槽的容积比轮齿的体积稍大些,所以排量通常按下式计算:

$$V = 66.6 Z m^2 B \qquad (2-47)$$

则实际流量为

$$q = 6.66 Z m^2 B n \eta_V \qquad (2-48)$$

式中,Z——齿轮齿数。

三、外啮合齿轮泵存在的几个问题

1. 困油现象

齿轮泵要平稳地工作,齿轮啮合的重合度必须大于1(一般重合度为1.05~1.3),于是会有两对轮齿同时啮合。此时,就有一部分油液被围困在两对轮齿所形成的封闭腔之内,如图2-43所示。这个封闭腔容积先随齿轮转动逐渐减少,见图2-43(a)~图2-43(b),后又逐渐增大,见图2-43(b)~图2-43(c)。封闭容积减小会使被困油液受挤而产生高压,并从缝隙中流出,导致油液发热,轴承等机件也受到附加的不平衡负载作用。封闭容积增大,无油液的补充,又会造成局部真空,使溶于油中的气体分离出来,产生气穴,引起噪声、振动和气蚀,这就是齿轮泵的困油现象。这些都将使齿轮泵产生强烈的振动和噪声,影响齿轮泵的工作性能,降低泵的容积效率,缩短泵的使用寿命。

解决困油现象的措施,通常是在两侧端盖上开卸荷槽,见图2-43(d)中的虚线,使封闭腔容积减小时通过右边的卸荷槽与压油腔相通,封闭腔容积增大时通过左边的卸荷槽与吸油腔相通。两槽并不对称于中心线分布,而是偏向吸油腔,实践证明这样的布局,能将困油问题解决得更好。

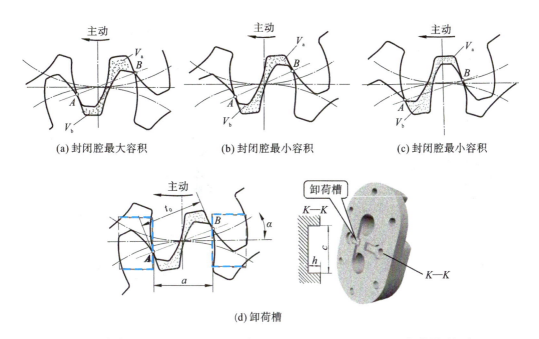

t_0——环向齿距;α——压力角;a——齿距;c——卸荷槽的宽度;h——卸荷槽的深度。

图 2-43 齿轮泵的困油现象及其消除方法

2. 径向力平衡

齿轮泵工作时,齿轮和轴承会受到径向液压力的作用。如图 2-44 所示,泵的右侧为吸油腔,左侧为压油腔。在压油腔内有液压力作用于齿轮上,由于齿顶的泄漏,油液压力向吸油腔逐渐递减,因此齿轮和轴承受到的径向力不平衡。液压力越高,这个不平衡力就越大,其结果不仅加速了轴承的磨损,降低了轴承的寿命,甚至使轴变形,造成齿顶和泵体内壁的摩擦。

解决径向力不平衡的问题,一般采用两种措施:①通过在盖板上开设平衡槽,使它们分别与低、高压腔相通,产生一个与液压径向力平衡的作用,如图 2-45 所示。平衡径向力的措施都是以增加径向泄漏为代价的。在有些齿轮泵上,采用开压力平衡槽的办法来消除径向不平衡力,但这将使泄漏增大,容积效率降低。②缩小压油口,如图 2-44 所示使压油腔的液压油仅作用在一个齿到两个齿的范围内。CB-B 型齿轮泵则采用缩小压油腔,以减少液压力对齿顶部分的作用面积来减小径向不平衡力,所以泵的压油口孔径比吸油口孔径要小。

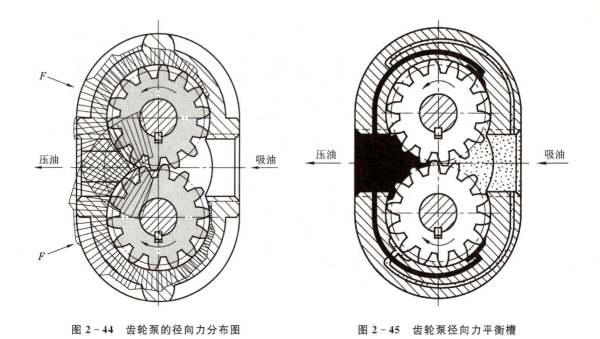

图 2-44 齿轮泵的径向力分布图　　　　图 2-45 齿轮泵径向力平衡槽

3. 泄漏问题

液压泵中构成密封工作容积的零件要做相对运动,因此存在间隙。由于泵吸、压油腔之间存在压力差,其间隙必然产生泄漏。外啮合齿轮泵压油腔的压力油主要通过三条途径泄漏到低压腔。

①间隙泄漏——泵体的内圆表面和齿轮外圆间隙的泄漏。由于齿轮转动方向与泄漏方向相反,且压油腔到吸油腔泄漏通道较长,所以其泄漏量相对较小,占总泄漏量的 10%～15%。

②啮合泄漏——两个齿轮的齿面啮合处间隙的泄漏。由于齿形误差会造成沿齿宽方向接触不好而产生间隙,使压油腔与吸油腔之间造成泄漏,这部分泄漏量很少。

③端面泄漏——齿轮端面和泵体端盖间隙的泄漏。齿轮端面与前后盖之间的端面间隙较大,此端面间隙封油长度又短,所以泄漏量较大,占总泄漏量的 70%～80%。

由此可知,泵的压力越高,间隙就越大,造成的泄漏就越大。因此一般齿轮泵只适用于低压系统。要想提高齿轮泵的额定压力并保证较高的容积效率,首先要减少端面间隙的泄漏。对泄漏量较大的端面间隙,一般采用端面间隙自动补偿装置,如浮动轴套式、弹性侧板式。其原理都是引入压力油液使轴套或侧板紧贴齿轮端面,压力越高,贴得越紧,因而能自动补偿端面磨损和减小间隙,如图 2-46 所示。

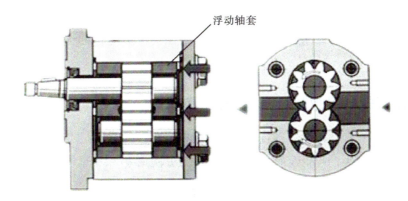

图 2-46 端面浮动轴套式自动补偿

四、内啮合齿轮泵

内啮合齿轮泵有渐开线齿形和摆线齿形两种(图 2-47)。这两种泵的最大特点是比外啮合齿轮泵体积小、质量小、结构紧凑、噪声小。

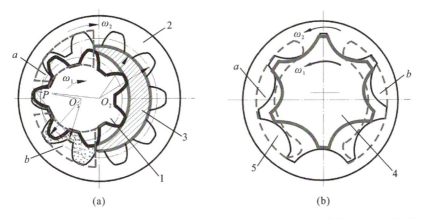

1—小齿轮；2—内齿环；3—月牙隔板；a—吸油腔；b—压油腔；4—外转子；5—内转子。

图 2-47 内啮合齿轮泵

内啮合渐开线齿轮泵的工作原理图如图 2-47(a)所示。相互啮合的小齿轮和内齿环与侧板围成的密封容积，并被月牙板和齿轮的啮合线分隔成两部分，形成吸油腔 a 和压油腔 b。当传动轴带动小齿轮按图示方向旋转时，内齿轮同向旋转，图中上半部轮齿脱开啮合，密封容积逐渐增大，为吸油腔；下半部轮齿进入啮合，使其密封容积逐渐减小，为压油腔。

内啮合摆线齿轮泵的工作原理图如图 2-47(b)所示。在内啮合摆线齿轮泵中，外转子和内转子只差一个齿，内转子为主动轮。内、外转子的轴心线有一偏心距 e。内、外转子与两侧配油板间形成密封容积，它们的啮合线又将密封容积分为吸油腔 a 和压油腔 b。当内转子按图示方向转动时，左侧密封容积逐渐变大为吸油腔；右侧密封容积逐渐变小为压油腔。

内啮合齿轮泵的最大优点是无困油现象,但在低速、高压下工作时,压力脉动大,容积效率低,一般用于中、低压系统,或作为补油泵。内啮合齿轮泵的缺点是齿形复杂,加工困难,价格较贵,且不适合高压工况。

五、齿轮泵的常见故障及排除方法

齿轮泵在使用中产生的故障较多,原因也很复杂,有时是几种因素联系在一起而产生的故障,要逐个分析才能解决。齿轮泵的常见故障及排除方法见表2-8。

表2-8 齿轮泵的常见故障及排除方法

故障现象	产生原因	排除方法
噪声大	①吸油管接头、泵体与盖板的结合面、堵头和密封圈等处密封不良,有空气被吸入; ②齿轮齿形精度太低; ③端面间隙过小; ④齿轮内孔与端面不垂直、盖板上两孔轴线不平行、泵体两端面不平行等; ⑤两盖板端面修磨后,两困油卸荷凹槽距离增大,产生困油现象; ⑥装配不良,如主动轴转一周有时轻时重现象; ⑦滚针轴承等零件损坏; ⑧泵轴与电机轴不同轴; ⑨出现空穴现象	①用涂脂法查出泄漏处,更换密封圈,用环氧树脂结剂涂敷堵头配合面再压进,用密封胶涂敷管接头并拧紧,修磨泵体与盖板结合面保证平面度不超过0.005 mm; ②配研(或更换)齿轮; ③配磨齿轮、泵体和盖板端面,保证端面间隙; ④拆检、修磨(或更换)有关零件; ⑤修整困油卸荷槽,保证两槽距离; ⑥拆检、装配调整; ⑦拆检,更换损坏件; ⑧调整联轴器; ⑨检查吸油管、油箱、过滤器、油位及油液黏度等,排除空穴现象
容积效率低、压力提不高	①端面间隙和径向间隙过大; ②各连接处泄漏; ③油液黏度太大或太小; ④溢流阀失灵; ⑤电机转速过低; ⑥出现空穴现象	①配磨齿轮、泵体和盖板端面,保证端面间隙,将泵体相对于两盖板向压油腔适当平移,保证吸油腔处径向间隙并紧固螺钉,试验后,重新钻、铰销孔,用圆锥销定位; ②紧固各连接处; ③测定油液黏度,按说明书要求选用油液; ④拆检、修理(或更换)溢流阀; ⑤检查转速,排除故障根源; ⑥检查吸油管、油箱、过滤器、油位及油液黏度等,排除空穴现象

续表

故障现象	产生原因	排除方法
堵头和密封圈有时被冲掉	①堵头将泄漏通道堵塞； ②密封圈与盖板孔配合过松； ③泵体装反； ④泄漏通道被堵塞	①将堵头取出涂敷上环氧树脂黏结剂后，重新压进； ②更换密封圈； ③纠正装配方向； ④清洗泄漏通道

子任务 3　叶片泵

如图 2-48 所示，叶片泵具有结构紧凑、流量均匀、噪声小、运转平稳等优点，因此被广泛应用于机械制造中的专用机床、自动生产线等中低液压系统中。但其结构复杂，吸油特性不太好，对油液的污染也比较敏感，转速不能太高。

图 2-48　叶片泵的实物图

叶片泵有单作用式和双作用式两种。单作用式是指叶片泵转子每转一圈完成一次吸油、压油，又称变量叶片泵或非卸荷式叶片泵，常用于低压和需改变流量的液压系统中；而双作用式则是转子每转一周叶片泵完成两次吸油、压油，又称定量叶片泵或卸荷式叶片泵，较单作用式叶片泵使用更为普遍。通常，单作用叶片泵为变量泵，双作用叶片泵为定量泵。

一、双作用叶片泵

1. 双作用叶片泵的工作原理

双作用叶片泵的工作原理及其结构见图 2-49，它由转子、定子、叶片和配油盘等组成。但其转子和定子的中心是重合的，不存在偏心。定子内表面不是圆柱面而是一个特殊曲面，它由两段长径为 R、短径为 r 的同心圆弧和四段过渡曲线交替连接而成。当转子按图示方向回转时，叶片在离心力和其底部液压力的作用下向外滑出与定子内表面接触，并在转子槽内往复滑动。于是，在叶片、转子、定子和配油盘之间便构成了若干个密封工作容腔。当一对相邻的叶片从小半径圆弧曲线经过渡曲线转到大半径圆弧曲线时，它们所构成的密封工作腔则由小变大形成部分真空。这时油液便从配油盘上对应这一过程的窗口进入，完成吸油过程。转子继续转动，在从大圆弧曲线转到小圆弧曲线的过程中，密封工作容腔逐渐减小，使油液通过对应这一过程的配油盘窗口挤出，完成排油过程。由于该泵的两个吸油区和两个压油区为对称布置，作用于转子上的径向液压力互相平衡，因此，这种叶片泵又称为卸荷（平衡）式叶片泵。

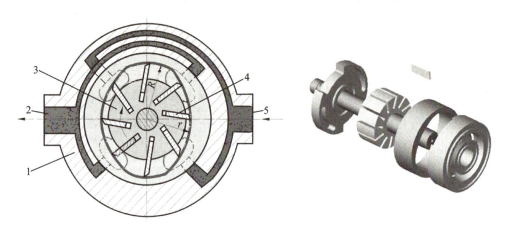

1—定子；2—压油口；3—转子；4—叶片；5—吸油口

图 2-49 双作用叶片泵的工作原理

2. 双作用叶片泵的结构特点

①定子过渡曲线。双作用叶片泵定子内表面的曲线是由四段圆弧和四段过渡曲线组成的。目前的双作用叶片泵一般都使用综合性能较好的等加速-等减速曲线作为过渡曲线。

②泵的排量不可调，只能作为定量泵。

③两个吸、压油区径向对称分布，作用在转子上的液压力是径向平衡的，这样作用于轴和轴承的力较小，有利于提高泵的工作压力。

④叶片泵的流量脉动很小，且当叶片数为 4 的倍数时流量脉动率最小，所以叶片数一般取 12 或 16。

⑤叶片倾角。双作用叶片泵叶片前倾一个角度，其目的是减小压力角 η，减小叶片与槽之间的摩擦，以便叶片在槽中顺利滑动。当叶片以前倾角安装时，叶片泵不允许反转。

3. 双作用叶片泵的排量

如图 2-50 所示，当不考虑叶片厚度时，双作用叶片泵排量 V_0 的计算公式为

$$V_0 = 2\pi B(R^2 - r^2) \tag{2-49}$$

式中，B——叶片的宽度；

R,r——定子圆弧段的大、小半径。

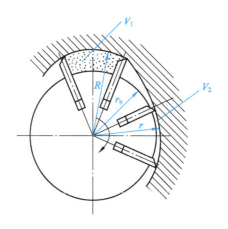

图 2-50 双作用叶片泵流量计算图

但实际上叶片都有一定的厚度,叶片所占的空间不起吸油和压油的作用,因此转子每转因叶片所占体积而造成的排量损失为

$$V' = \frac{2S(R-r)}{\cos\theta}BZ \qquad (2-50)$$

式中,S——叶片厚度;

Z——叶片数;

θ——叶片槽相对于径向的倾斜角,一般 $\theta=13°$,也可能 $\theta=0°$,即叶片径向放置。

考虑叶片厚度和倾斜角的影响,双作用叶片泵的排量 V 为

$$V = V_0 - V' = 2B\left[\pi(R^2 - r^2) - \frac{R-r}{\cos\theta}SZ\right] \qquad (2-51)$$

如果不考虑叶片的厚度,则理论上双作用叶片泵无流量脉动。实际上,由于制造工艺误差,该泵仍存在流量脉动,但其脉动率是各类泵中(除螺杆泵外)最小的。

此外,从双作用叶片泵的排量及流量公式可以看出,这种泵的排量和流量与叶片的宽度和定子圆弧段的大、小半径之差成比例。在一定范围内改变这两个尺寸,可在外形尺寸保持不变的前提下改变排量和流量,形成不同规格的泵,便于产品的系列化生产。

4. YB1 型叶片泵的结构

YB1 型叶片泵的结构如图 2-51 所示。为了便于装配和使用,用两个长螺钉将左配油盘、右配油盘、定子、转子和叶片连成一个组件,保证左右配油盘的吸、压油窗口与定子内表面的过渡曲线相对应;长螺钉的头部插入后泵体的定位孔内,保证吸、压油窗口与泵的吸、压油窗口相对应。转子通过内花键与由两个深沟球轴承和支撑的传动轴连接。盖板上的骨架式密封圈,可防止油液泄漏和空气进入泵内。右配油盘的右侧面与压油腔相通,在液压力作用下配油盘会紧贴定子端面,从而消除端面间隙。在泵起动时,右配油盘与前泵体间的端面 O 形密封圈可提供初始预紧力,以保证配油盘与定子端面紧密贴合。

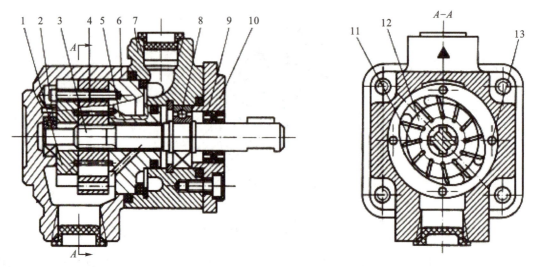

1,5—配油盘；2,8—轴承；3—传动轴；4—定子；6—后泵体；7—前泵体；9—密封圈；
10—盖；11—叶片；12—转子；13—定位销。

图 2-51　YB1 型叶片泵的结构

1）定子过渡曲线

理想的过渡曲线不仅应使叶片在槽中滑动时的径向速度和加速度变化均匀，而且应使叶片转到过渡曲线和圆弧交接点处的加速度突变不大，以减小冲击和噪声。目前双作用叶片泵一般都使用综合性能较好的等加速-等减速曲线作为过渡曲线。

2）叶片倾角 θ

叶片在工作过程中，受离心力和叶片根部压力油的作用，叶片和定子紧密接触。叶片相对于转子的旋转方向向前倾斜一个角度 θ，使叶片在槽中运动灵活，并减小摩擦，常取 $\theta=13°$。

3）配油盘的三角槽

配油盘从封油区进入压油区的一边开有一个截面形状为三角形的三角槽，使两叶片之间的封闭油液在未进入压油区之前就通过该三角槽与压力油相通，以减小密封腔中的油压突变和噪声。

5. 高压叶片泵的结构

上述定量叶片泵的最大工作压力一般为 7 MPa。一般定量叶片泵的叶片根部都与压油区相通，叶片处于吸油区时，叶片两端存在很大压力差，相应叶片顶部与定子内表面有很大的接触应力，从而导致强烈的摩擦磨损。为了提高叶片泵的工作压力，就必须解决叶片的卸荷问题。保证叶片实现卸荷的措施有多种，下面介绍高压叶片泵常用的两种叶片卸荷方式。

1）双叶片式

如图 2-52 所示，在叶片槽内放置两个可以相对移动的叶片 1 和 2，其顶部都和定子内表面相接触,两叶片顶部倒角相对向内形成油室 a,并且通过两叶片间的小孔 b 与根部油室 c 相通,相应叶片根部液压油可通过小孔 b 到达顶部,从而降低了叶片与定子内表面的接触应力,减小了摩擦磨损。这种叶片泵的最大工作压力可达到 17 MPa。

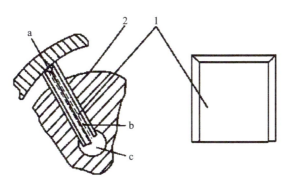

1、2—叶片;a—顶部油室;b—小孔;c—底部油室。

图 2-52 双叶片结构原理

2) 母子叶片式

母子叶片式又称为复合叶片式,如图 2-53 所示。叶片分母叶片 1 和子叶片 4 两部分。通过配油盘使母、子叶片间的小腔 K 总是和液压油相通的,将高压油引入母子叶片间的小腔 C 内。母叶片根部 L 腔经转子上虚线所示的小孔 b 始终和叶片顶部的油腔相通。当叶片在吸油区时,叶片根部不受高压油作用,推动母叶片压向定子内表面的力除了离心力外,还有来自 C 腔的液压力,由于 C 腔的工作面积不大,所以定子内表面所受的压力也不大,从而减小了定子内表面的摩擦磨损。这种叶片泵的最大工作压力可达 20 MPa。

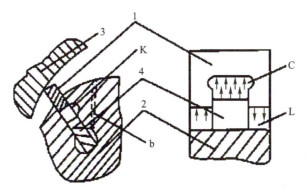

1—母叶片;2—转子;3—定子;4—子叶片。

图 2-53 母子叶片结构

二、单作用叶片泵

1. 单作用叶片泵的工作原理

单作用叶片泵的工作原理图如图 2-54 所示。单作用叶片泵是由转子、定子、叶片、配流盘和泵体等零件组成的。定子的内表面为圆柱面,转子与定子不同心,之间有一偏心距 e,配流盘只开一个吸油窗口和一个压油窗口。叶片装在转子的叶片槽内,可在槽内灵活地往复滑动。当转子转动时,由于离心力作用,叶片顶部将始终压在定子内圆柱表面上。定子、转子和两侧配流盘间形成密封容积,位于上、下封油区的两个叶片将密封容积分成左右两个工作腔。

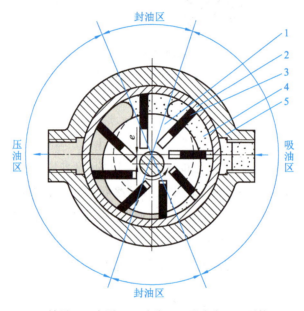

1—转子;2—定子;3—叶片;4—配流盘;5—泵体。

图 2-54 单作用叶片泵工作原理图

当转子按图示方向旋转时,图中右边叶片外伸,密封工作腔容积逐渐加大,产生真空,油箱中油液由吸油区经配流盘上吸油口(图中虚线弧形槽)进入该密封工作腔,这便是吸油过程。图中左侧叶片被定子内表面压入叶片槽内,使密封容积逐渐变小,油液经配流盘压油口被压出,进入系统,这便是压油过程。

在吸油区与压油区之间各有一段封油区将它们相互隔开,当前一个叶片离开封油区时,与之相邻的后一个叶片进入封油区,以保证吸油区与压油区始终隔离。在转子每转一周的过程中,每个密封容积参与吸油和压油各一次,所以称为单作用式叶片泵。

2. 单作用叶片泵的排量

单作用叶片泵排量和流量的计算原理简图如图 2-55 所示。设定子半径为 R,转子半径为

r,宽度为 B,两叶片间夹角为 β,叶片数为 Z,定子与转子的偏心距为 e。当单作用叶片泵的转子每转一转时,每两相邻叶片间的密封容积变化量为 V_1-V_2。

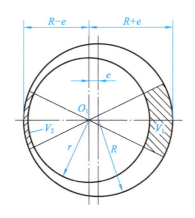

图 2-55　单作用叶片泵排量计算简图

因叶片数为 Z,所以在一转中应当有 Z 个密封容积变化量,即排量 $V=(V_1-V_2)Z$,泵的排量近似表达式为

$$V=4\pi RBe=2\pi DBe \tag{2-52}$$

式中,D——定子直径。

显然,改变偏心距 e,可以改变单作用叶片泵的排量 V,因此,单作用叶片泵主要用作变量泵。当偏心距为零时,密封容腔容积不会变化,就不具备液压泵的工作条件了;当转子转向不变时,改变定子与转子偏心距的方向也就改变了泵的吸、压油口。

理论分析和实践表明,叶片数越多,流量脉动越小;且奇数叶片的泵比偶数叶片的泵流量脉动小,故单作用叶片泵的叶片均为奇数,一般为 13 片或 15 片。

3. 限压式变量叶片泵

变量泵是指排量可以调节的液压泵。这种调节可能是手动的,也可能是自动的。限压式变量叶片泵是一种利用负载变化自动实现流量调节的动力元件,在实际中得到了广泛应用。

1)限压式变量叶片泵的工作原理

如图 2-56 所示,转子中心固定,定子中心可左右移动。它在限压弹簧的作用下被推向右端,使定子和转子中心之间有一个偏心距。当转子逆时针转动时,上部为压油区,下部为吸油区。配油盘上吸、压油窗口关于泵的中心线对称,压力油的合力垂直向上,可以把定子压在滚针支承上。柱塞与泵的压油腔相通。设柱塞面积为 A_x,则作用在定子上的液压力为 pA_x。当泵的工作压力升高使得 pA_x 大于弹簧力时,液压力克服弹簧力把定子向左推移,偏心距减小了,泵的输出流量也随之减小;反之,当泵的工作压力升高使得 pA_x 小于弹簧力时,在弹簧力的作用下定子向右推移,偏心距增大了,泵的输出流量也随之增大。压力越高,偏心距越小,泵输出的流量也越小;当压力增大到偏心距所产生的流量刚好能补偿泵的内部泄漏时,泵输出流量为零。这意味着不论外负载如何增加,泵的输出压力不会再增高,这也是"限压"的由来。由于反馈是借助于外部的反馈柱塞实现的,故称为"外反馈"。

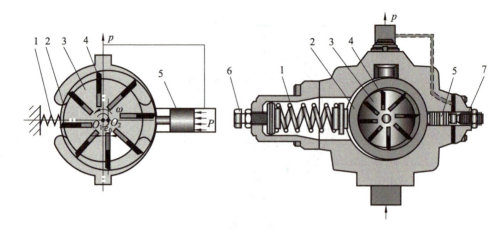

p—工作压力;ω—转子转速;e_0—偏心距;O—定子中心;1—限压弹簧;2—定子;3—转子;
4—叶片;5—反馈液压缸;6—压力调节螺钉;7—流量调节螺钉。

图 2-56 限压式变量叶片泵

2)限压式变量叶片泵与双作用叶片泵的区别

①定子和转子偏心安置,泵的出口压力可改变偏心距,从而调节泵的输出流量(外反馈)。

②在限压式变量叶片泵中,压油腔一侧的叶片底部油槽和压油腔相通,吸油腔一侧的叶片底部油槽与吸油腔相通,这样,叶片的底部和顶部所受的液压力是平衡的,这就避免了双作用叶片泵在吸油区的定子内表面出现磨损严重的问题。

③为了减小叶片与定子间的磨损,叶片底部油槽采取在压油区通压力油、在吸油区与吸油腔相通的结构形式,因而,叶片的底部和顶部所受的压力是平衡的。这样,叶片仅靠旋转时所受的离心力而向外运动顶在定子内表面上。根据力学分析,叶片后倾更有利于叶片向外伸出,通常后倾角度约为 24°。

④由于转子及轴承上承受的径向力不平衡,所以该泵不宜用于高压场合,其额定压力一般不超过 7 MPa。

3)限压式变量叶片泵的特性曲线

如图 2-57 所示,当泵的工作压力 p 小于限定压力 p_B 时,油压的作用力还不能克服弹簧的预紧力,这时定子的偏心距不变,泵的理论流量不变。但由于供油压力增大时,泄漏量增大,实际流量减小,所以流量曲线为图中 AB 段;当 $p=p_B$ 时,B 为特性曲线的转折点;当 $p>p_B$ 时,弹簧受压缩,定子偏心距减小,使流量降低,流量曲线为图中 BC 段。

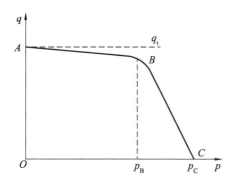

图 2-57 限压式变量叶片泵的特性曲线

随着泵工作压力的增大,偏心距减小,理论流量减小,泄漏量增大,当泵的理论流量全部用于补偿泄漏量时,泵实际向外输出的流量等于零,这时定子和转子间维持一个很小的偏心距,这个偏心距不会再继续减小,泵的压力也不会继续升高。这样,泵输出压力也就被限制到最大值 p_{max},如图中 C 点所示。

改变反馈柱塞的初始位置,可以改变初始偏心距 e_{max} 的大小,从而改变泵的最大输出流量,使特性曲线 AB 段上下平移;改变压力弹簧的预紧力 F_s 的大小,可以改变 p_B 的大小,使曲线拐点 BC 段左右平移;改变压力弹簧的刚度,可以改变 BC 的斜率,弹簧刚度增大,BC 段的斜率变小,曲线 BC 段趋于平缓。

在执行元件的空行程、非工作阶段时,可使限压式变量泵工作在曲线的 AB 段,这时泵输出流量最大,系统速度最高,从而提高了系统的效率;在执行元件的工作行程时,可使泵工作在曲线的 BC 段,这时泵输出较高压力并根据负载大小的变化自动调节输出流量的大小,以适应负载速度的要求。调节反馈柱塞的初始位置,可以满足液压系统对流量大小不同的需要;调节压力弹簧的预紧力,可以适应负载大小不同的需要等。此外,若把调压弹簧拆掉,换上刚性挡块,限压式变量泵就可以作定量泵使用。

(4)限压式变量叶片泵的应用。

限压式变量叶片泵结构复杂,轮廓尺寸大,相对运动的机件多,泄漏较大。同时,转子轴上承受着较大的不平衡径向液压力,噪声较大,容积效率和机械效率都没有定量叶片泵高。而从另外一方面看,在泵的工作压力条件下,它能按外负载和压力的波动来自动调节流量,节省了能量,减少了油液的发热,对机械动作和变化的外负载具有一定的自适应调整性。同时,限压式变量叶片泵对于那些要实现空行程快速移动和工作行程慢速进给(慢速移动)的液压驱动是一种较合适的液压泵。

三、叶片泵的常见故障及排除方法

叶片泵在工作时,抗油液污染能力较差,叶片与转子槽配合精度也较高,因此故障较多,常见故障及排除方法见表2-9。

表2-9 叶片泵的常见故障及排除方法

故障现象	故障原因	排除方法
噪声大	①定子内表面拉毛； ②吸油区定子过渡表面轻度磨损； ③叶片顶部与侧边不垂直或顶部倒角太小； ④配油盘压油窗口上的三角槽堵塞或三角槽太短、太浅，引起困油现象； ⑤泵轴与电机轴不同轴； ⑥工作压力超过公称压力； ⑦吸油口密封不严，有空气进入； ⑧出现空穴现象	①抛光定子内表面； ②将定子绕大半径翻面装入； ③修磨叶片顶部，保证其垂直度在0.01 mm以内；将叶片顶部倒角成1×45°（或磨成圆弧形），以减小压应力的突变； ④清洗（或用整形锉修整）三角槽，以消除困油现象； ⑤调整联轴器； ⑥检查工作压力，调整溢流阀； ⑦用涂脂法检查，拆卸吸油管接头，清洗，涂密封胶装上拧紧； ⑧检查吸油管、油箱、过滤器、油位及油液黏度等，排除空穴现象
容积效率低、压力提不高	①个别叶片在转子槽内移动不灵活甚至卡住； ②叶片装反； ③定子内表面与叶片顶部接触不良； ④叶片与转子叶片槽配合间隙过大； ⑤配油盘端面磨损； ⑥油液黏度过大或过小； ⑦电机转速过低； ⑧吸油口密封不严，有空气进入； ⑨出现空穴现象	①检查配合间隙（一般为0.01～0.02 mm），若配合间隙过小应单槽研配； ②纠正装配方向； ③修磨工作面（或更换叶片）； ④根据转子叶片槽单配叶片，保证配合间隙； ⑤修磨配油盘端面（或更换配油盘）； ⑥测定油液黏度，按说明书选用油液； ⑦检查转速，排除故障根源； ⑧用涂脂法检查，拆卸吸油管接头，清洗，涂密封胶装上拧紧； ⑨检查吸油管、油箱、过滤器、油位及油液黏度等，排除空穴现象

子任务4 柱塞泵

柱塞泵是依靠柱塞在其缸体内做往复运动时密封工作腔的容积变化来实现吸油和压油的。由于柱塞与缸体内孔均为圆柱表面，容易得到高精度的配合，所以这类泵的特点是泄漏小，容积效率高，能够在高压下工作。它常用于高压大流量和流量需要调节的液压系统，如工程机械、液压机、龙门刨床、拉床等液压系统。

柱塞泵按柱塞排列方式不同，可分为径向柱塞泵和轴向柱塞泵两大类。

一、径向柱塞泵

1. 径向柱塞泵的工作原理

径向柱塞泵的工作原理如图 2-58 所示,柱塞径向排列装在缸体中,缸体由原动机带动连同柱塞一起旋转,所以缸体一般称为转子,柱塞在离心力(或低压油)的作用下抵紧定子的内壁,当转子按图示方向回转时,由于定子和转子之间有偏心距 e,柱塞绕经上半周时向外伸出,柱塞底部的容积逐渐增大,形成部分真空,因此便经过衬套(衬套压紧在转子内,并和转子一起回转)上的油孔从配油孔和吸油口 b 吸油;当柱塞转到下半周时,定子内壁将柱塞向里推,柱塞底部的容积逐渐减小,向配油轴的压油口 c 压油,当转子回转一周时,每个柱塞底部的密封容积完成一次吸、压油,转子连续运转,即完成吸、压油工作。配油轴固定不动,油液从配油轴上半部的两个孔 a 流入,从下半部两个油孔 d 压出,为了进行配油,在配油轴和衬套 3 接触的一段加工出上下两个缺口,形成吸油口 b 和压油口 c,留下的部分形成封油区。封油区的宽度应能封住衬套上的吸压油孔,以防吸油口和压油口相连通,但尺寸也不能大太多,以免产生困油现象。

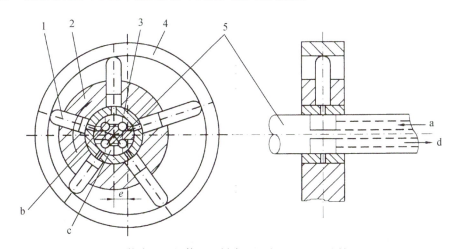

1—柱塞;2—缸体;3—衬套;4—定子;5—配油轴。

图 2-58 径向柱塞泵的工作原理

径向柱塞泵径向尺寸大,自吸能力差,配油轴受径向不平衡液压力作用,易于磨损,因而限制了转速和工作压力的提高。径向柱塞泵的容积效率和机械效率都较高。

2. 径向柱塞泵的结构特点

①移动定子,改变偏心距 e 的大小时,泵的排量就得到改变;移动定子,改变偏心距 e 的方向时,泵的吸、压油口互换。

②径向柱塞泵径向尺寸大,转动惯量大,自吸能力差,且配流轴受到径向不平衡液压力的作用,易于磨损,这些都限制了其转速与压力的提高,故应用范围较小。

3. 径向柱塞泵的流量计算

由于单个柱塞在压油区的行程等于偏心距的两倍,径向柱塞泵的实际输出流量计算式为

$$q = \frac{\pi d^2}{2} e z n \eta_V \tag{2-53}$$

式中,q ——实际输出流量;

d ——柱塞直径;

e ——定子与转子间的偏心距;

n ——转子转速;

z ——柱塞数;

η_V ——泵的容积效率。

二、轴向柱塞泵

1. 轴向柱塞泵的工作原理

轴向柱塞泵是将多个柱塞配置在一个共同缸体的圆周上,并使柱塞中心线和缸体中心线平行的一种泵。轴向柱塞泵有斜盘式(直轴式)和摆缸式(斜轴式)两种形式。直轴式轴向柱塞泵的工作原理如图 2-59 所示,这种泵主体由缸体、配油盘、柱塞和斜盘组成。柱塞沿圆周均匀分布在缸体内。斜盘轴线与缸体轴线倾斜一角度,柱塞在机械装置或低压油的作用下压紧在斜盘上(图中为弹簧),配油盘和斜盘固定不转。当原动机通过传动轴使缸体转动时,由于斜盘的作用,迫使柱塞在缸体内做往复运动,通过配油盘的配油窗口进行吸油和压油。当缸体转角在 $\pi \sim 2\pi$ 范围内时,柱塞向外伸出,柱塞底部缸孔的密封工作容积增大,通过配油盘的吸油窗口吸油;当缸体转角在 $0 \sim \pi$ 范围内时,柱塞被斜盘推入缸体,使缸孔容积减小,通过配油盘的压油窗口压油。缸体每转一周,每个柱塞各完成吸、压油一次,改变斜盘倾角,就能改变柱塞行程的长度,即改变液压泵的排量。改变斜盘倾角方向,就能改变吸油和压油的方向,即成为双向变量泵。配油盘上吸油窗口和压油窗口之间的密封区宽度应稍大于柱塞缸体底部的通油孔宽度。但不能相差太大,否则会发生困油现象。一般在两配油窗口的两端部开有小三角槽,以减小冲击和噪声。斜轴式轴向柱塞泵的缸体轴线相对传动轴轴线成一倾角,传动轴端部用万向铰链、连杆与缸体中的每个柱塞相联结。当传动轴转动时,通过万向铰链、连杆使柱塞和缸体一起转动,并迫使柱塞在缸体中做往复运动,借助配油盘进行吸油和压油。这类泵的优点是变量范围大,泵的强度较高,但和上述直轴式相比,其结构较复杂,外形尺寸和重量均较大。

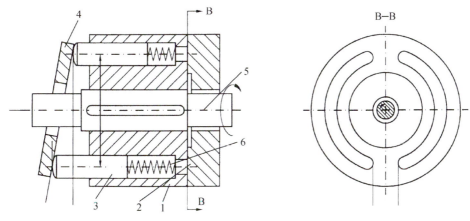

1—缸体；2—配油盘；3—柱塞；4—斜盘；5—传动轴；6—弹簧。

图 2-59 直轴式轴向柱塞泵的工作原理

2. 斜盘式轴向柱塞泵的结构组成

如图 2-60 所示，斜盘式轴向柱塞泵主要由缸体、配油盘、柱塞和斜盘组成。其中，柱塞沿圆周均匀分布在缸体内。轴向柱塞泵结构紧凑、径向尺寸小、惯性小、容积效率高，目前最高压力可达 40.0 MPa，甚至更高，一般用于工程机械、压力机等高压系统中，但其轴向尺寸较大，轴向作用力也较大，结构比较复杂。

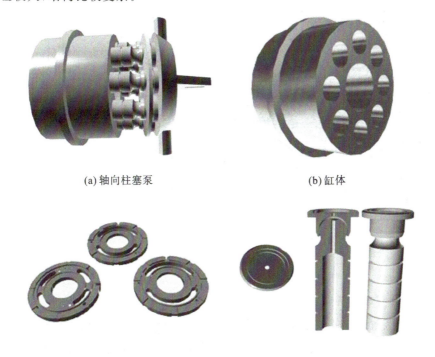

(a) 轴向柱塞泵　　(b) 缸体

(c) 配油盘　　(d) 柱塞滑靴组

图 2-60 斜盘式轴向柱塞泵的结构组成

3. 轴向柱塞泵的结构特点

斜盘式轴向柱塞泵的结构图如图 2-61 所示,这种泵由主体部分和变量机构两部分组成。而主体部分由滑履、柱塞、缸体、配油盘和缸体端面间隙补偿装置等组成,变量机构由手轮、丝杆、活塞、轴销等组成。柱塞的球状头部装在滑履内,以缸体作为支撑,弹簧通过钢球推压回程盘,回程盘和柱塞滑履一同转动。在排油过程中借助斜盘推动柱塞做轴向运动;在吸油时依靠回程盘、钢球和弹簧组成的回程装置将滑履紧紧压在斜盘表面上滑动。在滑履与斜盘相接触的部分有一油室,它通过柱塞中间的小孔与缸体中的工作腔相连,压力油进入油室后在滑履与斜盘的接触面间形成了一层油膜,起着静压支承的作用,使滑履作用在斜盘上的力大大减小,因而磨损也减小。传动轴通过左边的花键带动缸体旋转,由于滑履贴紧在斜盘表面上,柱塞在随缸体旋转的同时在缸体中做往复运动。缸体中柱塞底部的密封工作容积是通过配油盘与泵的进出口相通的。随着传动轴的转动,液压泵连续地吸油和压油。

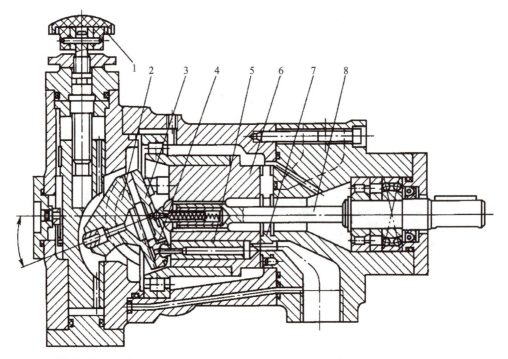

1—转动手轮;2—斜盘;3—回程盘;4—滑履;5—柱塞;6—缸体;7—配油盘;8—传动轴。

图 2-61 斜盘式轴向柱塞泵结构

轴向柱塞泵具有以下特点:

(1)自动补偿装置。缸体柱塞孔的底部有一轴向孔,这个孔使得缸体具有压紧配油盘端面的作用力,除了弹簧张力外,还有该孔底面积上的液压力一同使缸体和配油盘保持良好的接触,使密封更为可靠,同时当缸体和配油盘配合面磨损后可以得到自动补偿,于是提高了泵的容积效率。

(2)滑履结构。斜盘式轴向柱塞泵中,一般柱塞头部装有滑履,二者之间为球头接触,而滑履与斜倾盘之间又以平面接触,改善了柱塞的工作受力情况,并由缸孔中的压力油经柱塞和滑履中间小孔,润滑各相对运动表面,大大降低相对运动零件的磨损,有利于高压下的工作。

(3)变量机构。在变量轴向柱塞泵中均设有专门的变量机构,用来改变倾斜盘倾角的大小,以调节泵的排量。变量机构有手动式、伺服式、压力补偿式等多种。轴向柱塞泵采用手动变量机构变量时,可转动手轮来改变倾斜盘倾角的大小。

三、柱塞泵的常见故障及排除方法

柱塞泵在使用中,产生的故障较多,原因也很复杂,有时是几种因素联系在一起而产生故障,要逐个分析才能解决。现仅就轴向柱塞泵的常见故障及排除方法列于表2-10。

表2-10 柱塞泵的常见故障及排除方法

故障现象	故障原因	排除方法
流量不足	①吸油管及滤油器堵塞或阻力过大; ②油箱油面过低; ③柱塞与缸孔或配油盘与缸体间磨损; ④柱塞回程不够或不能回程; ⑤变量机构不灵,达不到工作要求; ⑥泵体内未充满油,留有空气; ⑦油温过低或过高或吸入空气	①清除污物,排除堵塞; ②加油至规定高度; ③更换柱塞,修磨配油盘与缸体的接触面; ④检查中心弹簧,加以更换; ⑤检查变量机构,看变量活塞及斜盘是否灵活,并纠正其泵内空气; ⑥排出泵内气体; ⑦根据温升实际情况,选用适合黏度的油液,检查密封,紧固连接处
压力不足或压力脉动较大	①吸油管堵塞、阻力大或漏气; ②缸体与配油盘之间磨损,失去密封,泄漏增加; ③油温较高、油液黏度下降,泄漏增加; ④变量机构倾斜太小,流量过小内泄相对增加; ⑤变量机构不协调(如伺服活塞与变量活塞失调使脉动增大)	①清除污油、紧固进油管段的连接螺钉; ②修磨缸体与配油盘接触面; ③控制油温,选用适合黏度的油液; ④加大变量机构的倾角; ⑤若偶尔脉动,可更换新油;经常脉动,可能是配合件研伤或别劲,应拆下研修
漏油严重	①泵上的回油管路漏损严重; ②结合面漏油和轴端漏油; ③度量活塞或伺服活塞磨损	①检查泵的主要零件是否损坏或严重磨损; ②检查结合面密封和轴端密封,修复更换; ③严重时更换

续表

故障现象	故障原因	排除方法
噪声较大	①泵内有空气； ②吸油管或滤油堵塞； ③油液不干净或黏度大； ④泵与原动机安装不同心，使泵增加了径向载荷； ⑤油箱油面过低、吸入泡沫或吸油阻力过大，吸力不足； ⑥管路振动	①排除空气，检查可能进入空气的部位； ②清洗除掉污物； ③油样检查，更换新油，或选用适合黏度的油液； ④重新调整，同轴度应在允许范围内； ⑤加油至规定高度，或增加管径、减少弯头，减少吸油阻力； ⑥采取隔离或减振措施
泵发热	①内部漏损较高； ②有关相对运动的配合接触面有磨损，如缸体与配油盘，滑靴与斜盘	①检查和研修有关密封配合面； ②修整或更换磨损件，如配油盘、滑靴等
变量机构失灵	①在控制油道上，可能出现堵塞； ②斜盘（变量头）与变量活塞磨损； ③伺服活塞、变量活塞、拉杆（导扦）卡死； ④个别油道（孔）堵塞	①净化油，必要时冲洗控制油道； ②刮修配研两者的圆弧配合面； ③机械卡死时，用研磨方法使各运动件灵活，油脏时更换纯净油液； ④疏通油道
泵不转动	①柱塞与缸体卡死（油脏或油温变化大）； ②柱塞球头折断（因柱塞卡死或有负载起动）； ③滑靴脱落（因柱塞卡死或有负载起动）	①更换新油，控制油温； ②更换柱塞； ③更换修复

子任务 5　螺杆泵

螺杆泵主要有转子式容积泵和回转式容积泵两种。按螺杆根数可分为单螺杆泵、双螺杆泵、三螺杆泵和多螺杆泵等。螺杆泵的结构简单、紧凑，体积小，质量轻，运转平稳，输油均匀，噪声小，容许采用高转速，容积效率较高（90%～95%），对油液污染不敏感，它的主要缺点是螺杆形状复杂，加工较困难，不易保证精度。螺杆泵主要应用于精密机床、舰船等液压系统，还可以用来输送黏性较大或具有悬浮颗粒的各种液体。单螺杆泵结构如图 2-62 所示。

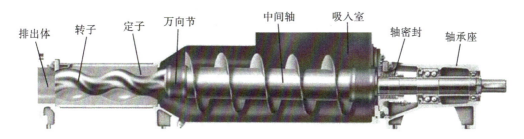

图 2-62 单螺杆泵结构

螺杆泵的工作原理如图 2-63 所示，它与丝杆螺母啮合传动相同，螺杆泵的主要工作部件是转子(螺杆)和定子(螺杆衬套)。当电动机带动泵轴转动时，螺杆一方面绕本身的轴线旋转，另一方面又沿衬套的内表面滚动，于是形成了泵的密封工作容积。随着螺杆的连续转动，液体以螺旋形的方式从一个密封腔压向另一个密封腔，最后挤出泵体。

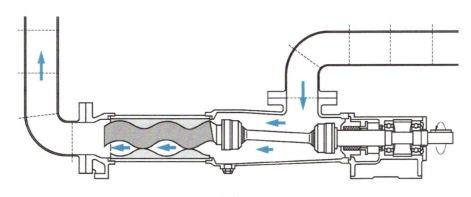

图 2-63 螺杆泵工作原理图

子任务 6　液压泵的选用

液压泵是液压系统提供一定流量和压力的油液动力元件，它是每个液压系统不可缺少的核心元件，合理的选择液压泵对于降低液压系统的能耗、提高系统的效率、降低噪声、改善工作性能和保证系统的可靠工作都十分重要。

选择液压泵的原则：根据主机工况、功率大小和系统对工作性能的要求，首先确定液压泵的类型，然后按系统所要求的压力、流量大小确定其规格型号。一般而言，由于各类液压泵各自突出的特点，其结构、功用和动转方式各不相同，因此应根据不同的使用场合选择合适的液压泵。一般在机床液压系统中，往往选用双作用叶片泵和限压式变量叶片泵；在筑路机械、港口机械及小型工程机械中往往选用抗污染能力较强的齿轮泵；在负载大、功率大的场合往往选柱塞泵。表 2-11 为常用液压泵的性能对比，可以根据实际情况进行针对性的选择。

表 2-11 液压系统中常用液压泵的性能比较

性能	类型				
	齿轮泵	双作用叶片泵	限压式变量叶片泵	径向柱塞泵	轴向柱塞泵
工作压力/MPa	<20	6.3~21	7	20~35	10~20
转速/(r/min)	300~7000	500~4000	500~2000	700~1800	600~6000
容积效率	0.7~0.95	0.8~0.95	0.8~0.9	0.85~0.95	0.9~0.98
总效率	0.6~0.85	0.75~0.85	0.7~0.85	0.55~0.92	0.85~0.95
流量脉动性	大	小	中	中	中
自吸特性	好	较差	较差	差	较差
对油的污染敏感性	不敏感	较敏感	较敏感	很敏感	很敏感
噪声	大	小	较大	大	大
寿命	较短	较长	较短	长	长
单位功率价格	低	中	较高	高	高

各种类型液压泵的结构原理、性能特点各有不同,因此应根据不同的使用情况,选择合适的液压泵。

思考与练习

(1) 液压泵完成吸油和压油必须具备什么条件?

(2) 液压泵的排量、流量各取决于哪些参数?流量的理论值和实际值有什么区别?

(3) 简述叶片泵的工作原理。双作用叶片泵和单作用叶片泵各有什么优缺点?

(4) 为什么轴向柱塞泵适用于高压?

(5) 在各类液压泵中,哪些能实现单向变量或双向变量?画出定量泵和变量泵的图形符号。

任务 8　组合机床动力滑台系统的执行部分
——液压缸与液压马达

任务目标

- 掌握液压缸的工作原理、特点及分类。
- 掌握液压缸速度及推力的计算。
- 了解常用液压缸的结构及组成。
- 能正确选用液压缸。
- 了解液压马达的类型、原理、参数计算及马达与泵的区别。

重点难点

- 液压缸的工作原理及其计算。
- 液压缸的常见故障及其排除方法。

子任务 1　液压缸的工作原理及分类

液压系统的执行元件是将液体的压力能转换成机械能的能量转换装置,它包括液压缸和液压马达。其中,液压缸通常用于实现直线往复运动或摆动运动,液压马达通常用于实现旋转运动。由于液压缸结构简单、工作可靠,除可单独使用外,还可以通过多缸组合或与杠杆、连杆、齿轮齿条、棘轮棘爪等机构组合起来完成某种特殊功能,因此液压缸的应用十分广泛。

一、液压缸的种类

液压缸按结构特点分为活塞式液压缸、柱塞式液压缸、组合式液压缸及摆动缸;按作用方式分为单作用式液压缸和双作用式液压缸;按复位方式分为无弹簧式液压缸、有弹簧式液压缸和柱塞式液压缸;按活塞杆形式分为单活塞杆式液压缸、双活塞杆式液压缸(图 2-64)。

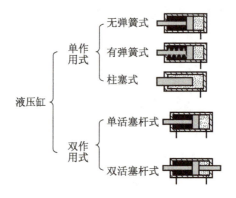

图 2-64　液压缸的分类

二、活塞式液压缸

活塞式液压缸通常有双活塞杆式和单活塞杆式两种结构形式;按安装方式不同可分为缸体固定式和活塞杆固定式两种。

1. 双活塞杆式液压缸

双杆活塞式液压缸的工作原理如图 2-65 所示,活塞两侧都有活塞杆伸出。缸体固定式如图 2-65(a)所示,它的进、出油口布置在缸筒两侧,活塞通过活塞杆带动工作台移动。这种安装方式的特点:当活塞的有效行程为 L 时,整个工作台的运动范围为 $3L$,所以机床占地面积较大,一般适用于小型机床。活塞杆固定式如图 2-65(b)所示,其缸体与工作台相连,活塞杆通过支架固定在床身上,动力由缸体传出,其进、出油口可以设置在固定的空心活塞杆的两端,使油液从活塞杆中进出,也可设置在缸体的两端,但必须使用柔性连接。这种安装方式的特点:工作台的运动范围为 $2L$,即液压缸有效行程的 2 倍,因此其占地面积小,适用于大型机床及工作台行程要求较长的场合。

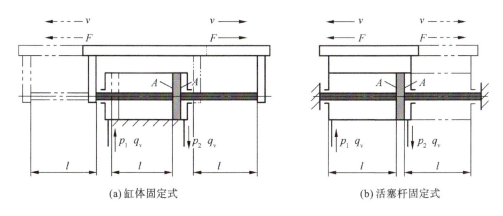

(a) 缸体固定式　　　　　　　　(b) 活塞杆固定式

图 2-65　双活塞杆式液压缸

若回油腔直接接油箱,则回油腔压力约等于零,于是,双杆活塞缸的推力和速度可按下式计算:

$$F = Ap = \frac{\pi}{4}(D^2 - d^2)p \tag{2-54}$$

$$v = \frac{q}{A} = \frac{4q}{\pi(D^2 - d^2)} \tag{2-55}$$

式中,A ——液压缸有效工作面积;

　　　F ——液压缸的推力;

　　　v ——活塞(或缸体)的运动速度;

　　　p ——进油压力;

q —— 进入液压缸的流量；

D —— 液压缸内径；

d —— 活塞杆直径。

2. 单活塞杆式液压缸

单活塞杆式液压缸的工作原理如图 2-66 所示。单活塞杆式液压缸也有缸体固定式和活塞杆固定式两种，它们的工作台移动范围都是活塞有效行程的 2 倍。

单活塞杆式液压缸的活塞两端有效面积不等，如果液压油的压力和流量不变，则推力与进油腔的有效面积成正比，速度与进油腔的有效面积成反比。单活塞杆式液压缸通常有三种进油方式：

(1) 当无杆腔进油时，如图 2-66(a) 所示，若输入流量为 q，液压缸进出油口的压力分别为 p_1 和 p_2，则液压缸产生的推力 F_1 和速度 v_1 为

$$F_1 = p_1 A_1 - p_2 A_2 = \frac{\pi}{4}[p_1 D^2 - p_2(D^2 - d^2)] \tag{2-56}$$

$$v_1 = \frac{q}{A_1} = \frac{4q}{\pi D^2} \tag{2-57}$$

(2) 当油液从有杆腔输入时，如图 2-66(b) 所示，液压缸产生的推力 F_2 和速度 v_2 为

$$F_2 = p_1 A_2 - p_2 A_1 = \frac{\pi}{4}[p_1(D^2 - d^2) - p_2 D^2] \tag{2-58}$$

$$v_2 = \frac{q}{A_2} = \frac{4q}{\pi(D^2 - d^2)} \tag{2-59}$$

式中，A_1 —— 液压缸无杆腔有效工作面积；

A_2 —— 液压缸有杆腔有效工作面积。

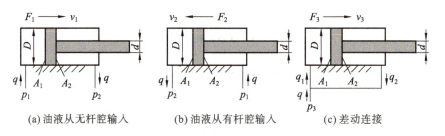

(a) 油液从无杆腔输入　　(b) 油液从有杆腔输入　　(c) 差动连接

图 2-66　单杆活塞式液压缸的工作原理

由于 $A_1 > A_2$，所以 $F_1 > F_2$，$v_1 < v_2$，即无杆腔进油工作时，推力大而速度低；有杆腔进油工作时，推力小而速度高。因此，单杆活塞式液压缸常用于一个方向有较大负载但运行速度较低，另一个方向为空载快速退回运动的设备。各种金属切削机床、压力机、起重机等的液压系统经常使用单活塞杆式液压缸。

液压缸往复运动的速度 v_2 和 v_1 之比，称为速度比 K，

$$K = \frac{v_2}{v_1} = \frac{D^2}{D^2 - d^2} \tag{2-60}$$

可见,活塞杆直径越小,速度比就越接近于1,液压缸在两个方向上运动速度的差值越小。在已知 D 和 K 的情况下,可较方便地确定 d。

(3) 单活塞杆式液压缸差动连接时,如图2-66(c)所示。当液压缸左右两腔同时通入液压油时,由于无杆腔的有效作用面积大于有杆腔的有效作用面积,使得活塞向右的作用力大于向左的作用力,因此,活塞向右运动,活塞杆向外伸出;同时,又将有杆腔的油液挤出,使其流进无杆腔,从而加快了活塞杆的伸出速度。差动连接时液压缸的推力 F_3 和运动速度 v_3 为

$$F_3 = A_1 p_3 - A_2 p_3 = \frac{\pi}{4} d^2 p_3 \tag{2-61}$$

因

$$v_3 A_1 = q + v_3 A_2$$

故有

$$v_3 = \frac{q}{A_1 - A_2} = \frac{q}{A_3} = \frac{4q}{\pi d^2} \tag{2-62}$$

由式(2-61)、式(2-62)可知,液压缸差动连接时的推力比非差动连接时的小,但速度比非差动连接时的大,实际生产中经常利用这一点在不加大油液流量的情况下得到比较快的运动速度。

单杆活塞式液压缸常用于实现"快进-工进-快退"工作循环的机械设备中,"快进"由差动连接方式完成,"工进"由无杆腔进油方式完成,而"快退"则由有杆腔进油方式完成。当要求"快进"和"快退"的速度相等时,即 $v_3 = v_2$,由式(2-59)、(2-62)可得

$$D = \sqrt{2} d \tag{2-63}$$

活塞式液压缸的应用非常广泛,但在对加工精度要求很高时,尤其是当行程较长时加工难度较大,制造成本较高。

三、柱塞式液压缸

一般来说,液压系统中较多采用的是活塞缸,但缸体内孔的加工精度要求很高,当行程较长时缸体加工困难。因此,对于长行程的场合,常采用柱塞缸。

柱塞缸是一种单作用液压缸,在液压力的作用下只能实现单方向的运动,它的回程需要借助其他外力来实现。柱塞式液压缸由缸筒、柱塞、密封圈和端盖等零部件组成,其工作原理如图2-67(a)所示。柱塞与工作部件相连接,缸筒固定在机体上。当液压油进入缸筒时,油液推动柱塞带动运动部件移动,但反向退回时必须靠其他外力或自重来驱动。柱塞由导向套导向,与缸体内壁不接触,因而缸体内孔可不加工或只进行粗加工。柱塞缸工艺性好、结构简单、成本低,常用于行程很长的龙门刨床、导轨磨床和大型拉床等设备的液压系统中,为了实现双向运动,柱塞缸常成对使用,如图2-67(b)所示。

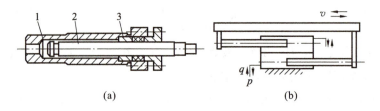

1—缸体；2—柱塞；3—导向套。

图 2-67 柱塞式液压缸结构图

若柱塞的直径为 d，输入油液的流量为 q，压力为 p，柱塞上产生的推力 F 和速度 v 为

$$F = pA = p\frac{\pi}{4}d^2 \tag{2-64}$$

$$v = \frac{q}{A} = \frac{4q}{\pi d^2} \tag{2-65}$$

为了保证柱塞缸有足够的推力和稳定性，柱塞一般都比较粗，重量比较大，所以水平安装时易产生单边磨损，故柱塞缸宜于垂直安装。为了减轻柱塞的重量，有时制成空心柱塞。柱塞式液压缸结构简单，制造方便。

四、组合式液压缸

1. 增压液压缸

增压液压缸简称增压器。图 2-68 是一种由活塞缸和柱塞缸组成的增压缸，它利用活塞和柱塞有效面积的不同使液压系统中的局部区域获得高压。它有单作用和双作用两种形式，常应用于某些局部油路需要高压油的液压系统中，如压铸机、造型机等设备。

设活塞直径为 D，柱塞直径为 d，增压缸大端输入油液的压力为 p_1，小端输出油液的压力为 p_2，且不计摩擦阻力，则根据力学平衡关系有

$$p_1 A_1 = p_2 A_2$$

则

$$p_2 = \frac{A_2}{A_1} p_1 = \frac{D^2}{d^2} p = Kp \tag{2-66}$$

式中，$K = \dfrac{D^2}{d^2}$ 是增压比，表明其增压的能力。

单作用增压缸在柱塞运动到终点时，不能再输出高压液体，需要将活塞退回到左端位置，再向右行时才又输出高压液体，为了克服这一缺点，可采用双作用增压缸，如图 2-68(b)所示，由两个高压端连续向系统供油。

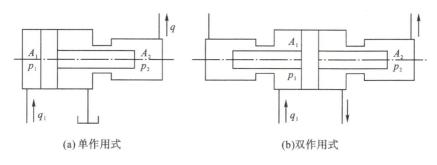

(a) 单作用式　　　　　(b) 双作用式

图 2-68　增压器

2. 伸缩缸

伸缩缸又称多级缸,它由两个或多个活塞缸套装而成。前一级活塞缸的活塞是后一级活塞缸的缸筒。工作时外伸动作逐级进行,首先是最大直径的缸筒外伸,当其达到终点的时候,稍小直径的缸筒开始外伸,这样各级缸筒依次外伸,如图2-69所示。它适用于安装空间受到限制而行程要求很长的场合,如起重机伸缩臂液压缸、自卸汽车举升液压缸等。

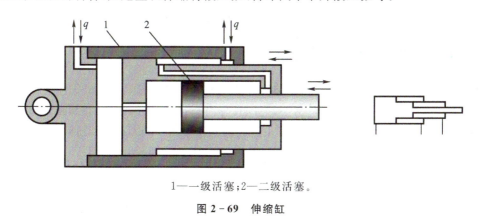

1——级活塞;2—二级活塞。

图 2-69　伸缩缸

伸缩缸的外伸动作是逐级进行的。首先是最大直径的缸筒以最低的油液压力开始外伸,当到达行程终点后,稍小直径的缸筒开始外伸,直径最小的末级最后伸出。随着工作级数变大,外伸缸筒直径越来越小,工作油液压力随之升高,工作速度变快。

3. 齿轮齿条缸

齿条液压缸又称无杆式液压缸,由带有一根齿条杆的双活塞缸和一套齿轮齿条传动机构组成,如图2-70所示。压力油推动活塞左右往复运动时,经齿条推动齿轮轴往复转动,齿轮便驱动工作部件做周期性的往复旋转运动。齿条缸多用于自动生产线、组合机床等转位或分度机构的液压系统中。

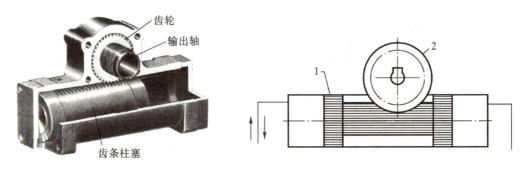

1—柱塞缸;2—齿轮齿条传动机构。

图 2-70 齿轮齿条活塞缸

子任务 2 液压缸的结构

液压缸由后端盖、缸筒、活塞、活塞杆、前端盖等部分组成。为防止油从高压腔向低压腔泄漏,在缸筒与端盖、活塞与活塞杆、活塞与缸筒之间设置有密封装置,在前端盖外侧还装有防尘装置;为防止活塞快速移动时撞端部还设置有缓冲装置;有时还需设置排气装置。

一、双作用单杆活塞式液压缸

图 2-71 为一个较常用的双作用单活塞杆液压缸。它由缸底、缸筒、缸盖兼导向套、活塞和活塞杆组成。缸筒一端与缸底焊接,另一端缸盖(导向套)与缸筒用卡键、套和弹簧挡圈固定,以便拆装检修,两端设有油口 A 和 B。活塞与活塞杆利用卡键、卡键帽和弹簧挡圈连在一起。活塞与缸孔的密封采用的是一对 Y 形聚氨酯密封圈,由于活塞与缸孔有一定间隙,采用由尼龙 1010 制成的耐磨环(又叫支承环)定心导向。杆和活塞的内孔由密封圈密封。较长的导向套则可保证活塞杆不偏离中心,导向套外径由 O 形圈密封,而其内孔则利用 Y 形密封圈和防尘圈防止油外漏和灰尘进入缸内。缸和杆端销孔与外界连接,销孔内有尼龙衬套抗磨。

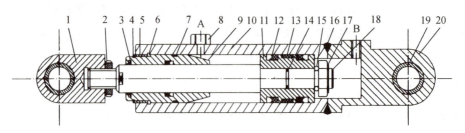

1—耳环;2—螺母;3—防尘圈;4、17—弹簧挡圈;5—套;6、15—卡键;7、14—O 形密封圈;
8、12—Y 形密封圈;9—缸盖兼导向套;10—缸筒;11—活塞;13—耐磨环;16—卡键帽;
18—活塞杆;19—衬套;20—缸底。

图 2-71 双作用单活塞杆液压缸

图2-72为单杆活塞缸的典型结构。当压力油从a孔或b孔进入缸筒时,可使活塞实现往复运动,并利用设在缸两端的缓冲及排气装置,减少冲击和振动。为了防止泄漏,在缸筒与活塞、活塞杆与导向套以及缸筒与缸盖等处均安装了密封圈,并利用拉杆将缸筒、缸盖等连接在一起。

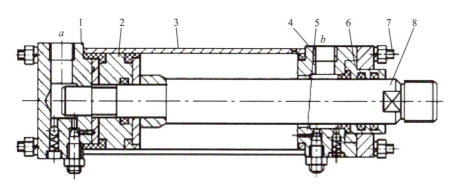

1—前缸盖;2—活塞;3—缸筒;4—后缸盖;5—缸头;6—导向套;7—拉杆;8—活塞杆。

图2-72 单杆活塞缸的典型结构

二、液压缸的组成

液压缸的结构基本上可以分为缸筒和缸盖、活塞和活塞杆、密封装置、缓冲装置和排气装置五个部分。

1. 缸筒和缸盖

缸筒是液压缸的主体,它与端盖、活塞等零件构成密闭的容腔,承受油压,因此要有足够的强度和刚度,以便抵抗油液压力和其他外力的作用。缸筒内孔一般采用镗削、铰孔、滚压或研磨等精密加工工艺制造,要求表面粗糙度 Ra 的值为 $0.1 \sim 0.4\ \mu m$,以使活塞及其密封件、支承件能顺利滑动和保证密封效果,减少磨损。为了防止腐蚀,缸筒内表面有时需镀铬。

端盖装在缸筒两端,与缸筒形成密闭容腔,同样承受很大的液压力,因此它们及其连接部件都应有足够的强度。设计时既要考虑强度,又要选择工艺性较好的结构形式。

一般而言,缸筒和缸盖的结构形式和其使用的材料有关。工作压力 $p<10\ MPa$ 时,使用铸铁;$p<20\ MPa$ 时,使用无缝钢管;$p>20\ MPa$ 时,使用铸钢或锻钢。图2-73为缸筒和缸盖的常见结构形式。

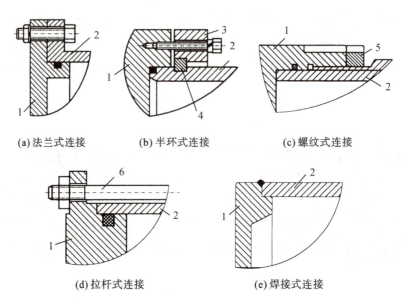

(a) 法兰式连接　　(b) 半环式连接　　(c) 螺纹式连接

(d) 拉杆式连接　　(e) 焊接式连接

1—缸盖；2—缸筒；3—压板；4—半环；5—防松螺帽；6—拉杆。

图 2-73　缸筒和缸盖结构

(1) 法兰式连接如图 2-73(a) 所示，缸筒与端部一般用铸造、镦粗等方法制成法兰盘或焊接法兰盘，采用止口定位，再用螺钉与端盖固定。法兰连接结构简单、易加工、易装卸，因而使用广泛，但重量和外形尺寸大。

(2) 半环式连接如图 2-73(b) 所示。半环式连接将两半环装于缸筒环形槽内，再用套或挡圈压住卡环，以达到连接的目的。它分外半环连接和内半环连接两种。半环式连接结构紧凑、外形尺寸小、质量较轻、易装卸，但缸筒开槽后机械强度削弱，需加厚缸壁。半环式连接应用十分普遍，常用于由无缝钢管制成的缸筒与缸盖之间的连接。

(3) 螺纹式连接如图 2-73(c) 所示。内、外螺纹连接的外形尺寸较小、重量较轻，但缸筒端部结构复杂，装卸时需用专门工具，一般用于外形尺寸小、重量轻的场合。

(4) 拉杆式连接如图 2-73(d) 所示。拉杆式连接结构简单，工艺性好，通用性强，但缸盖的体积和重量较大，拉杆受力后会拉伸变长，影响密封效果，只适用于长度不大的中、低压液压缸。

(5) 焊接式连接如图 2-73(e) 所示。焊接式连接的机械强度高、制造简单，但焊接时易引起缸筒变形。需要注意的是，焊接连接只能用于缸筒的一端，另一端必须采用其他连接形式。

2. 活塞组件

活塞组件由活塞、活塞杆和连接件等组成。根据工作压力、安装方式和工作条件的不同，活塞与活塞杆的连接方式有很多种，常见的有焊接式连接、锥销式连接、螺纹式连接和半环式连接等，如图 2-74 所示。

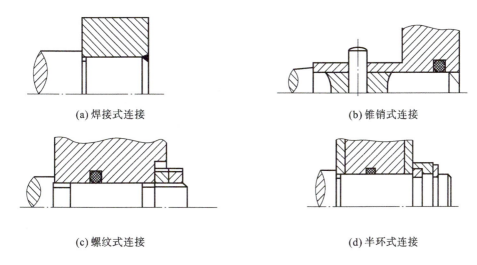

图 2-74 常见的活塞组件结构形式

(1)焊接式连接,如图2-74(a)所示。焊接式连接结构简单、轴向尺寸小,但损坏后需整体更换,常用于小直径液压缸。

(2)锥销式连接,如图2-74(b)所示。锥销连接结构简单、装拆方便,但承载能力小,且需有防止锥销脱落的措施,多用于中、低压轻载液压缸中。

(3)螺纹式连接,如图2-74(c)所示。螺纹连接装卸方便、连接可靠,采用双螺母防松结构,适用尺寸范围广,但因加工了螺纹,削弱了活塞杆的强度,因而不适用于高压系统。

(4)半环式连接,如图2-74(d)所示。半环式连接拆装简单、连接可靠,但结构比较复杂,常用于高压大负载、特别是振动比较大的场合。

活塞受油压的作用在缸筒内做往复运动,因此,活塞必须具备一定的强度和良好的耐磨性。活塞的结构通常分为整体式和组合式两类。活塞杆是连接活塞和工作部件的传力零件,它必须具有足够的强度和刚度。活塞杆无论是实心的还是空心的,通常都用钢料制造。活塞杆在导向套内往复运动,其外圆表面应当耐磨并有防锈能力,故活塞杆外圆表面有时需镀铬。

行程比较短的液压缸往往把活塞杆与活塞做成一体,这是最简单的形式。但当行程较长时,这种整体式活塞组件的加工较费事,所以常把活塞与活塞杆分开制造,然后再连接成一体。

3. 密封装置

液压缸的密封主要指活塞与缸筒、活塞杆与端盖间的动密封和活塞与活塞杆、缸筒与端盖间的静密封,用来防止液压缸内部(活塞与缸筒内孔的配合面)和外部的泄漏。常见的密封方法及密封元件有以下几种。

1)间隙密封

间隙密封:通过精密加工,相对运动零件的配合面之间有极微小的间隙,从而产生液体摩擦阻力防止泄漏,实现密封,如图2-75所示。间隙的大小一般在0.02~0.05 mm,间隙太大,则泄漏量大,工作压力变小,难以保证必要的工作压力;间隙太小,则摩擦阻力增大。

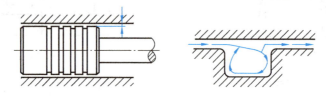

图2-75 间隙密封

间隙密封属于非接触式密封,是一种最简单的密封方法。为增加泄漏油的阻力,常在圆柱面上加工几条环形小槽,槽宽0.3~0.5 mm,深0.5~1 mm。小槽除了可储存油液,起自动润滑的作用外,还会使油在这些槽中形成涡流,减缓漏油速度;同时,还起到使两配合件同轴,降低摩擦阻力和避免因偏心而增加漏油量等作用。因此,这些槽也称为压力平衡槽。

间隙密封结构简单,摩擦阻力小,能耐高温,使用寿命长,但磨损后不能自动补偿,泄漏较大,并且泄漏随着时间的增加而增加,加工时对配合表面的加工精度和表面粗糙度要求较高,不经济。故间隙密封只能应用于低压、小直径、运动速度较快的场合。

2)密封圈密封

密封圈密封是目前使用最为广泛的一种密封形式。它既可以用于静密封,也可以用于动密封。密封圈常以其截面形状命名,有O形、V形、Y形等。

(1)O形密封圈。

O形密封圈的截面形状为圆形,如图2-76(a)所示。它一般用耐油橡胶制成,主要依靠装配后产生的压缩变形来实现密封。

O形密封圈结构简单、密封性能好、动摩擦阻力小、制造容易、成本低、安装沟槽尺寸小、使用方便、应用广泛,既可用作直线往复运动和回转运动的动密封,又可用于静密封;既可用于外径密封,又可用于内径密封和端面密封,如图2-76(b)所示。O形密封圈安装时要有合理的预压缩量δ,如图2-76(c)所示,既保证可靠密封,又不使密封阻力过大。

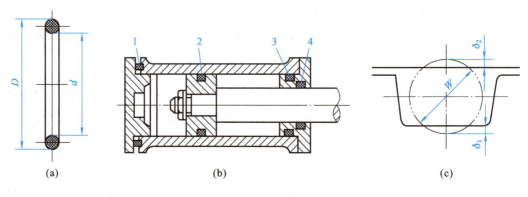

1,2,3,4—O形密封圈。

图2-76 O形密封圈

O形密封圈在沟槽中受到油压作用变形时,会紧贴槽侧及配合件的壁,其密封性能随压力的增加而提高,如图2-77(a)所示;若工作压力大于10 MPa,O形圈可能被压力油挤入配合间隙中而损坏,为此需在密封圈低压侧设置挡圈(由塑料、尼龙制成,厚度为1.2~2.5 mm),如图2-77(b)所示;若其双向受高压,则两侧都要加挡圈,如图2-77(c)所示,此时,工作压力可达70 MPa。O形密封圈及其安装沟槽的尺寸均已标准化,可根据需要从液压设计手册中查取。

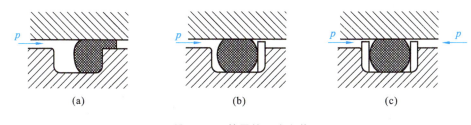

图2-77 挡圈的正确安装

(2) V形密封圈。

V形密封圈的结构形式如图2-78所示,由支承环、V形密封环和压环3部分组成。V形密封圈是利用压环压紧密封环时,支承环使密封环变形而起密封作用的,而压环和支承环是不起密封作用的,所以必须3个环一起使用。当工作压力高于10 MPa时,可增加密封环的数量,以提高密封效果。安装时应将密封环的开口面向压力油腔。调整压环压力时,应以不漏油为限,不能压得过紧,以防密封阻力过大。

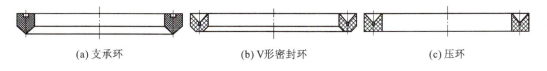

图2-78 V形密封圈

V形密封圈密封接触面长,密封性能好,承受压力可高达50 MPa。但其摩擦阻力大,体积也较大,主要用于高压、大直径、低速的活塞(或柱塞)与其缸筒间的密封等。

(3) Y形密封圈。

普通Y形密封圈的截面形状为Y形,如图2-79(a)所示。它由耐油橡胶制成。它是利用油的压力使两唇边紧压在配合件的两结合面上实现密封的。其密封能力可随压力的升高而提高,并且在磨损后有一定的自动补偿能力。装配时其唇口端应对着压力高的油腔。

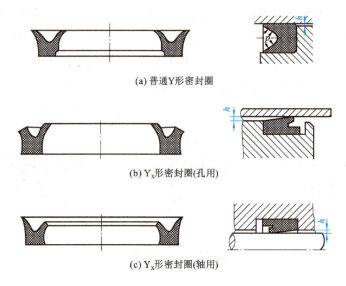

图 2-79 Y 形密封圈

Y 形密封圈主要用于往复运动的密封,是一种密封性、稳定性和耐压性较好、摩擦阻力小、寿命较长的密封圈,故应用也很普遍。它一般适用于工作压力 $p \leqslant 20$ MPa、工作温度为 $-30 \sim 100$ ℃ 的场合。

Y 形圈根据截面长宽比例不同,可分为宽断面和窄断面两种形式。目前液压缸中普遍使用窄断面小 Y 形密封圈(又称 Y_x 形密封圈),它是宽断面的改型产品,其截面的长宽比在 2 以上,因而不易翻转,稳定性好。

Y_x 形密封圈有等高唇 Y 形密封圈和不等高唇 Y 形密封圈两种,不等高唇 Y 形密封圈又有孔用密封圈和轴用密封圈两种。不等高唇 Y 形密封圈的短唇与密封面接触,滑动摩擦阻力小、耐磨性好、寿命长;长唇与非运动表面接触,支承力大、摩擦阻力大,避免了密封圈的翻转、扭曲和窜动,一般适宜在工作压力 $p \leqslant 32$ MPa、使用温度为 $-30 \sim 100$ ℃ 的条件下工作。

当油腔压力变化较大、运动速度较高时,为防止密封圈发生翻转现象,应加用金属制成的支承环,如图 2-80 所示。

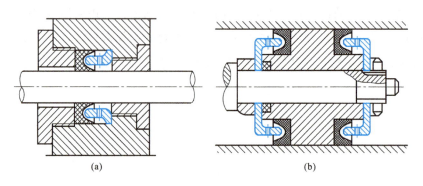

图 2-80 有支承环的 Y 形密封圈

4. 缓冲装置

当液压缸所驱动的工作部件质量较大、速度较高时,一般应在液压缸中设置缓冲装置,必要时还需要在液压系统中设置缓冲回路,以避免在行程终端使活塞与缸盖发生撞击,造成液压冲击和噪声。虽然液压缸中的缓冲装置有多种结构,但是它们的工作原理都是相同的,即当活塞行程到终端而接近缸盖时,增大液压缸的回油阻力,使回油腔中产生足够大的缓冲压力,使活塞减速,从而防止活塞撞击缸盖。液压缸中常见的缓冲装置如图 2-81 所示。

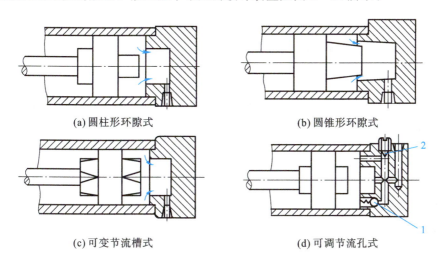

(a) 圆柱形环隙式 (b) 圆锥形环隙式
(c) 可变节流槽式 (d) 可调节流孔式

1—单向阀;2—节流阀。

图 2-81 液压缸的缓冲装置

1) 圆柱形环隙式缓冲装置

圆柱形环隙式缓冲装置如图 2-81(a)所示,活塞端部有圆柱形缓冲柱塞,当柱塞运行至液压缸端盖上的圆柱孔内时,封闭在缸筒内的油液只能从环形间隙中挤压出去(回油)。这样,活塞就受到一个由间隙节流而建立的很大的背压,即受到一个很大的阻力而减速制动,从而达到缓冲的目的。但这种装置在缓冲过程中的节流面积不变,故缓冲过程中的缓冲制动力将逐渐减小,缓冲效果较差。

2) 圆锥形环隙式缓冲装置

圆锥形环隙式缓冲装置如图 2-81(b)所示,其缓冲柱塞加工成圆锥体,即节流面积将随柱塞伸入端盖孔中距离的增长而减小,缓冲压力变化平缓,缓冲效果较好。

3) 可变节流槽式缓冲装置

可变节流槽式缓冲装置如图 2-81(c)所示,其缓冲柱塞上开有几个均匀分布的轴向三角形节流沟槽。随着柱塞的伸入,其节流面积逐渐减小,缓冲压力变化平缓。

4) 可调节流孔式缓冲装置

可调节流孔式缓冲装置如图 2-81(d)所示,其液压缸的端盖上设有单向阀和节流阀。当缓冲柱塞伸入端盖上的内孔后,活塞与端盖间的油液须经节流阀流出。调节节流孔的大小,可控制缓冲腔内缓冲压力的大小,以适应液压缸不同负载和速度对缓冲的要求。因此,能获得最理想的缓冲效果。当活塞反向运动时,压力油可经单向阀进入液压缸,使其迅速启动。

5. 排气装置

在液压系统安装时或停止工作后又重新启动时,液压缸里和管道系统中会渗入空气,为了防止执行元件出现爬行、噪声和发热等不正常现象,必须把液压系统中的空气排出去。对于要求不高的液压缸往往不设专门的排气装置,而是将油口布置在缸筒两端的最高处,通过回油使缸内的空气排往油箱,再从油面逸出,对于对速度稳定性要求较高的液压缸或大型液压缸,常在液压缸两侧的最高位置处(该处往往是空气聚积的地方)设置专门的排气装置。

常用的排气装置有两种形式,一是排气孔和排气阀,二是排气塞。当使用前一种方式排气时,排气孔开在液压缸的最高部位处,并用长管道通向远处的排气阀排气,如图 2-82 和图 2-83 所示。机床上大多采用这种形式。排气塞排气则是在缸盖的最高部位处直接安装排气塞,如图 2-84 所示。在液压系统正式工作前,松开排气阀或排气塞的螺钉,并让液压缸全行程空载往复运动 8～10 次,缸中的空气即可排出。排气完毕后关闭排气阀或排气塞,液压缸便可进入正常工作。

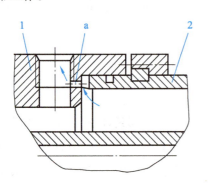

1—缸盖;2—缸筒;a—排气孔。

图 2-82 排气孔

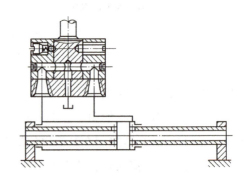

图 2-83 排气阀

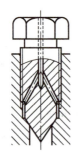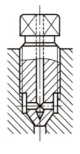

图 2-84 排气塞

子任务 3　液压缸的安装、调整、常见故障和排除方法

一、液压缸的装配与安装

液压缸装配和安装合理与否，对系统工作性能有很大影响。在装配和安装时，应注意以下几点：

(1) 装配前应清洗零件和去除毛刺。

(2) 活塞与活塞杆组装好后，应检测两者的同轴度（一般应小于 0.04 mm）和活塞杆的直线度（一般应小于 0.1/1000）。

(2) 缸盖装上后，应调整活塞与缸体内孔、缸盖导孔的同轴度，均匀紧固螺钉，以使活塞在全行程内移动轻重一致。

(4) 液压缸装配符合要求，在机床上安装好后，必须检测液压缸轴线对机床导轨面的平行度。同时还应保证轴线与负载作用轴线的同轴度，以免因存在侧向力而导致密封件、活塞和缸体内孔过早磨损。

(5) 对于较长的液压缸，应考虑热变形和受力变形对液压缸工作性能的影响。

(6) 液压缸的密封圈不应调得过紧（特别是 V 形密封圈）。若过紧，活塞运动阻力会增大，同时因密封圈工作面无油润滑也会导致其严重磨损（伸出的活塞杆上能见到油膜，但无泄漏，即认为密封圈松紧合适）。

二、液压缸的调整

液压缸安装完毕应进行整个液压装置的试运行。在检查液压缸各个部位无泄漏及其他异常之后，应排除液压缸内的空气。有排气塞（阀）的液压缸，先将排气塞（阀）打开，对压力高的液压系统应适当降低压力（一般为 0.5～1.0 MPa），让液压缸空载全程快速往复运动，使缸内（包括管道内）空气排尽后，再将排气塞（阀）关闭。对于有可调式缓冲装置的液压缸，还需调整起缓冲作用的节流阀，以便获得满意的缓冲效果。调整时，先将节流阀通流面积调至较小，然后慢慢地调大，调整合适后再锁紧。在试运行中，应检查进、回油口配管部位和密封部位有无漏油，以及各连接处是否牢固可靠，以防事故发生。

三、液压缸的选用与设计原则

选用液压缸主要考虑以下几点要求：
① 行程；
② 工作压力；
③ 结构形式；
④ 液压缸和活塞杆的直径；

⑤液压缸作用力；

⑥密封装置；

⑦运动速度；

⑧其他附属装置（缓冲器、排气装置）；

⑨安装方式；

⑩工作温度和周围环境。

液压缸的设计原则：

①液压缸应尽量避免承受侧向载荷；

②当液压缸活塞杆伸出时，应尽量避免下垂；

③液压缸各部位的密封要可靠，泄漏少，摩擦力小；

④最好使活塞杆在工作时受拉力作用，以免产生纵向弯曲；

⑤保证液压缸能获得所要求的往复运动的速度、行程和作用力；

⑥液压缸轴线应与被拖动机构的运动方向一致；

⑦在合理选择液压泵供油压力和流量的条件下，应尽量减小液压缸的尺寸；

⑧保证液压缸每个零件都有足够的强度、刚度和耐用性；

⑨液压缸的结构设计，应充分注意零件加工和装配的工艺性；

⑩根据机械设备的要求，选择合适的缓冲、防尘和排气装置；

⑪由于温度变化而引起伸长时，液压缸不能因受约束而产生弯曲；

⑫要求做到成本低、制造容易、维修方便；

⑬各零件的结构形式和尺寸应尽量采用标准形式和尺寸系列，尽量选用标准件。

四、液压缸的常见故障及排除方法

液压缸的故障有很多种，除泄漏现象能在试运行时发现外，其余故障多在液压系统工作时才能暴露出来。现将液压缸的常见故障和排除方法列于表 2-12。

表 2-12 液压缸的常见故障及排除方法

故障现象	产生原因	排除方法
爬行	①空气混入； ②活塞杆的密封圈压得太紧； ③活塞杆与活塞同轴度过低； ④活塞杆弯曲变形； ⑤安装精度破坏；	①空载大行程往复运动，直到把空气排完； ②先用油脂封住结合面和接头处，若吸空情况有好转，则把紧固螺钉和接头拧紧； ③可在靠近液压缸的管道中取高处加排气阀。拧开排气阀，活塞在全行程情况下运动多次，把气排完后再把排气阀关闭；

续表

故障现象	产生原因	排除方法
爬行	⑥缸体内孔圆柱度超差； ⑦活塞杆两端螺母太紧，导致活塞与缸体内孔同轴度降低； ⑧采用间隙密封的活塞，其压力平衡槽局部被磨损掉，不能保证活塞与缸体孔同轴； ⑨导轨润滑不良	④检查和调整液压缸轴线对导轨面的平行度及与负载作用线的同轴性； ⑤镗磨缸体内孔，然后配制活塞（或增装O形密封圈）； ⑥活塞杆两端的螺母不宜太紧，一般应保证在液压缸未工作时活塞杆处于自然状态； ⑦更换活塞； ⑧适当增加导轨的润滑油量（或采用具有防爬性能的L-HG液压油）
推力不足或速度逐渐下降甚至停止	①缸体内孔和活塞的配合隙太小，或活塞上装O形密封圈的槽与活塞不同轴； ②缸体内孔和活塞配合间隙太大或O形密封圈磨损严重； ③工作时经常用某一段，造成缸体内孔圆柱度误差增大； ④活塞杆弯曲，造成偏心环状间隙； ⑤活塞杆的密封圈压得太紧； ⑥油温太高，油液黏度降低太大； ⑦导轨润滑不良	①单配活塞保证间隙，或修正活塞密封圈槽使之与活塞外圆同轴； ②单配活塞保证间隙，或更换O形密封圈； ③镗磨缸体内孔，单配活塞； ④校直（或更换）活塞杆； ⑤调整密封圈压紧力，以不漏油为限（允许微量渗油）； ⑥分析油温太高的原因，消除温升太高的根源； ⑦调整润滑油量

子任务4 液压马达

一、液压马达的作用

由前述可知，液压泵是液压系统中的动力装置，是能量转换元件。它由原动机（电动机或内燃机）驱动，将输入的机械能转换为工作液体（液压油）的压力能输出到系统中去，为执行元件提供动力。而液压马达（简称马达）则是液压系统的执行元件，它把输入油液的压力能转换为输出轴转动的机械能，用来推动负载做功。它常置于液压系统的输出端，直接或间接驱动负载转动而做功。液压马达与液压泵的结构基本相同，也可分为齿轮马达、叶片马达、柱塞马达和螺杆马达等。在工程应用中，根据液压马达的输出功用将其分为高速液压马达和低速液压马达两大类。通常，将额定转速高于500 r/min的液压马达称为高速马达；而将额定转低于500 r/min的称为低速马达。液压马达的图形符号如图2-85所示。

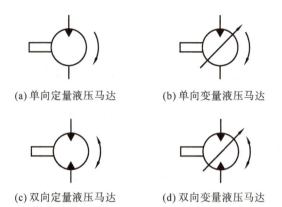

图 2-85 液压马达的图形符号

无论液压泵还是液压马达,都要求具备以下特点。

(1) 节能:系统在不需要高压流体时,应卸载或采用其他的节能措施。

(2) 工作平稳:振动小、噪声低,符合有关规定。

(3) 美观协调等。

二、液压马达的性能参数

从液压马达的功用来看,其主要性能参数为转速 n、转矩 T 和效率 η。

1. 液压马达的转速和容积效率

若液压马达的排量为 V,以转速 n 旋转时,在理想状态下,液压马达需要的理论流量为 Vn。但由于液压马达存在泄漏,故实际所需流量应大于理论流量。假设液压马达的泄漏量为 Δq,则实际供给液压马达的流量为

$$q = Vn + \Delta q \tag{2-67}$$

液压马达的容积效率定义为理论流量 Vn 与实际流量 q 之比,即

$$\eta_V = \frac{Vn}{q} \tag{2-68}$$

则液压马达的转速为

$$n = \frac{q}{V}\eta_V \tag{2-69}$$

2. 液压马达的转矩和机械效率

设马达的进、出口压力差为 Δp,排量为 V。不考虑功率损失,则液压马达的输入液压功率等于输出机械功率,即

$$\Delta p q_t = T_t \omega_t$$

因为 $q_t = Vn_t$, $\omega_t = 2\pi n_t$,所以马达的理论转矩 T_t 为

$$T_{t}=\frac{\Delta p V}{2\pi} \tag{2-70}$$

式(2-70)称为液压转矩公式。显然,根据液压马达排量 V 的大小可以计算在给定压力下马达理论转矩的大小,也可以计算在给定负载转矩下马达工作压力的大小。

由于马达实际工作时存在机械摩擦损失,计算实际输出转矩 T 时,必须考虑马达的机械效率 η_m。当液压马达的转矩损失为 ΔT 时,马达的实际输出转矩为 $T=T_t-\Delta T$。液压马达的机械效率定义为实际输出转矩 T 与理论转矩 T_t 之比,即

$$\eta_m=\frac{T}{T_t}=\frac{T_t-\Delta T}{T_t}=1-\frac{\Delta T}{T_t} \tag{2-71}$$

3. 液压马达的功率与总效率

1) 输入功率 P_i

液压马达的输入功率为液压功率,为进入液压马达的流量 q 与液压马达进口压力 p 的乘积,即

$$P_i=pq \tag{2-72}$$

2) 输出功率 P_o

液压马达的输出功率等于液压马达的实际输出转矩 T 与输出角速度 ω 的乘积,即

$$P_o=T\omega \tag{2-73}$$

3) 液压马达的总效率

液压马达的总效率 η 为

$$\eta=\frac{P_o}{P_i}=\eta_m\eta_v \tag{2-74}$$

由上式可知,液压马达的总效率等于机械效率与容积效率的乘积,这一点与液压泵相同。但必须注意,液压马达的机械效率、容积效率的定义与液压泵的机械效率、容积效率的定义是有区别的。

三、齿轮液压马达

外啮合齿轮液压马达的工作原理如图 2-86 所示。油液注入进油口,充满行腔,对于两个齿轮分别产生作用力,对于 1 齿来讲,3 齿处于行腔之内,其中 1 齿半齿受力,方向为顺时针,2 齿全齿双向受力,合力平衡,3 齿全齿受力,方向为逆时针,由此得知,Ⅰ 齿轮合力方向为逆时针;Ⅱ 齿轮受力分析,2′ 齿处于行腔之内,2′ 齿合力半齿受力,方向为逆时针,3′ 齿全齿受力,方向为顺时针,由此得知,Ⅱ 齿轮合力方向为顺时针。在这两个力的作用下,齿轮便产生了一定的转矩,随着齿轮的旋转,油液被带入低压腔并排出。其中齿轮液压马达的排量公式与齿轮泵相同。

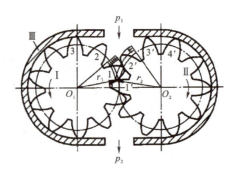

图 2-86　外啮合齿轮液压马达的工作原理

对于齿轮马达,在结构上为了适应正反转的要求,其进出油口的大小相等,且保持对称,具有单独的外泄油口可将轴承部分的泄漏油引出壳体外;为了减少起动时产生的摩擦力矩,通常情况下,齿轮马达采用滚动轴承;为了减小转矩脉动变化,齿轮液压马达的齿数比泵的齿数要多。

由于齿轮液压马达密封性差、容积效率较低、输入压力不能过高、不能产生较大转矩,而且瞬间转速和转矩随着啮合点的位置变化而变化,因此,齿轮液压马达适用于高速小转矩场合。一般用于工程机械、农业机械及转矩均匀性要求不高的机械设备上。

四、叶片式液压马达

叶片式液压马达一般为双作用式,其工作原理如图 2-87 所示。当液压泵来油进入高压油口(高压腔)后,叶片 1、5 和叶片 3、7 的一侧同时均受高压油的作用,另一侧处于排油腔,受低压油作用,因此叶片的两侧受力不平衡。但因叶片 1、5 位于大半径圆弧段,叶片 3、7 位于小半径圆弧段,因此作用在叶片上的液压力对转子轴产生一顺时针方向的转矩,驱动转子旋转。与此同时,由叶片 3 和 5、叶片 7 和 1 所围成的密封容积减小,油液经排油口排回油箱。若排油腔存在回油背压,则对转子形成一逆时针方向的转矩。两转矩之差即为马达理论上的输出转矩。双作用叶片马达的排量计算式与双作用叶片泵相同,不同的是叶片马达的叶片为径向放置($\theta=0°$),因此 $\cos\theta=1$。

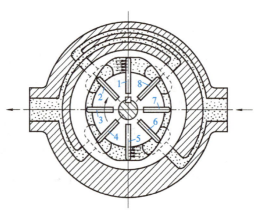

图 2-87　叶片式液压马达的工作原理

五、径向柱塞式液压马达

径向柱塞式液压马达的工作原理图如图 2-88 所示。

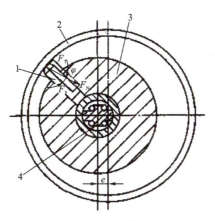

1—柱塞；2—马达；3—缸体；4—配油轴。

图 2-88 径向柱塞马达的工作原理

当压力油经固定的配油轴的窗口进入缸体内柱塞的底部时，柱塞向外伸出，紧紧顶住定子的内壁。由于定子与缸体存在一偏心距 e，在柱塞与定子接触处，定子对柱塞的反作用力可分解为两个分力 F_T 和 F_F。当作用在柱塞底部的油液压力为 F_T，柱塞直径为 d，力 F_N 和 F_T 之间的夹角为 φ 时，对缸体产生一转矩，使缸体旋转。缸体再通过端面连接的传动轴向外输出转矩和转速。

上面分析的是一个柱塞产生转矩的情况，由于在压油区有好几个柱塞，在这些柱塞上所产生的转矩都使缸体旋转，并输出转矩。径向柱塞液压马达多用于低速、大转矩的情况下。

六、轴向柱塞马达

轴向柱塞马达的结构形式基本上与轴向柱塞泵一样，故其种类与轴向柱塞泵相同，也分为直轴式轴向柱塞马达和斜轴式轴向柱塞马达两类。轴向柱塞马达的工作原理如图 2-89 所示。

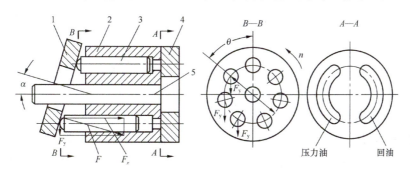

1—斜盘；2—缸体；3—柱塞；4—配油盘；5—轴。

图 2-89 轴向柱塞马达的工作原理

工作时,压力油经配油盘进入柱塞底部,柱塞受压力油作用外伸,并紧压在斜盘上,这时在斜盘上产生一反作用力 F,F 可分解成轴向分力 F_x 和径向分力 F_y,轴向分力 F_x 与作用在柱塞上的液压力相平衡,而径向分力 F_y 使转子产生转矩,缸体旋转,从而带动液压马达的传动轴转动。

七、液压马达的特点

同类型液压马达与液压泵虽然在结构上非常相似,但由于作用过程相反,而导致二者在某些结构上有所不同。了解这两种液压元件的相同点和不同点,有助于学习和掌握它们的工作原理和功用。

1. 液压马达与液压泵的相同点

(1)液压马达和液压泵都是利用密封容积周期性变化来进行工作的,除去齿轮马达和泵以外,它们都需要有相应的配流装置,须在工作容腔内部将高、低压油液分隔开。

(2)液压马达和液压泵最重要的工作性能参数都是排量,排量的大小直接反映了这两种液压元件的性能。

(3)由于二者均属于容积式液压元件,因而都存在困油、泄漏、输出脉动及工作径向力不平衡等结构缺陷。

(4)液压泵将机械能转换成液体的压力和流量输出,液压马达将液体的压力能转换为扭矩和转速输出,因此,二者都存在容积效率、机械效率和总效率问题。虽然容积效率和机械效率对于马达和泵的性能影响程度不同,但这三个效率之间的关系和计算方法基本相同。

2. 液压马达和液压泵的不同点

(1)液压马达靠输入压力油来启动工作,输入参数是油液的压力和流量,输出参数则是转矩和转速;液压泵由电动机带动工作,输入参数是电动机的转矩和转速,而输出参数则是油液的压力和流量。

(2)液压马达没有自吸性要求,因有正反转要求,液压马达的配流机构要求对称,进出口大小一致;液压泵必须具有相应的自吸能力,工作时一般都是单向旋转,因此,配流机构及工艺卸荷槽等不对称设置,而且通常进油口应大于出油口。

(3)液压泵产生的流量脉动可直接引起后续执行元件的速度脉动,即引起速度不均匀;即使输入液压马达的流量没有脉动现象,在一转内不同角度上也会产生时快时慢的转速变化。

(4)液压马达要求具有较大的启动扭矩,以克服在静止状态下启动时产生的较大静摩擦力。为了使启动扭矩尽可能接近工作状态下的扭矩,要求马达扭矩的脉动要小,因而齿轮马达的齿数就不能像齿轮泵的齿数那样少;而对于液压泵来说,相匹配的电动机应具有足够的功率克服泵内运动副之间的静摩擦力。

思考与练习

(1) 液压泵完成吸油和压油必须具备什么条件？

(2) 液压泵的排量、流量各取决于哪些参数？流量的理论值和实际值有什么区别？

(3) 分析叶片泵的工作原理。双作用叶片泵和单作用叶片泵各有什么优缺点？

(4) 为什么轴向柱塞泵适用于高压？

(5) 在各类液压泵中，哪些能实现单向变量或双向变量？画出定量泵和变量泵的图形符号。

(6) 液压缸和液压马达的区别是什么？

(7) 活塞式、柱塞式和摆动液压缸各有什么特点？

(8) 已知单杆活塞式液压缸的内径 $D=100$ mm,活塞杆直径 $d=63$ mm,输入工作压力 $p_1=2.5$ MPa,流量 $q=15$ L/min,回油腔压力 $p_2=0.6$ MPa,试求活塞往返运动时的推力及运动速度。

(9) 某单杆液压缸的活塞直径为 100 mm,活塞杆的直径为 63 mm,现用流量 $q=35$ L/min,压力 $p=6.3$ MPa 的液压泵提供油驱动,试求:

① 液压缸能推动的最大负载。

② 差动工作时,液压缸的速度。

(10) 如图 2-90 所示,两个结构尺寸相同的液压缸串联,其有效作用面积 $A_1=125$ cm^2,$A_2=100$ cm^2,两液压缸的外负载分别为 $F_1=25$ kN,$F_2=18$ kN,液压泵的输入流量 $q_1=20$ L/min,$p_3=0.5$ MPa。若不计摩擦损失和泄漏,试求:

① 液压缸 1 的工作压力 p_1。

② 液压缸 2 的运动速度 v_2。

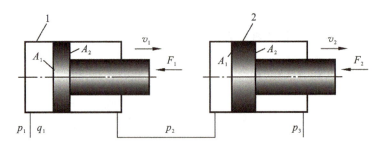

图 2-90 第 10 题图

任务9 组合机床动力滑台系统的控制部分——液压阀

任务目标

- 掌握液压阀的分类。
- 掌握各种阀的工作原理、作用及应用场合。
- 能识别各类阀的图形符号和工作方式。

重点难点

- 三位四通电磁换向阀和电液换向阀的工作原理。
- 溢流阀的工作原理、压力流量特性及其应用。
- 液量阀、调速阀的工作原理。
- 换向阀的中位机能。
- 先导式溢流阀的工作原理和压力流量特性。
- 减压阀的工作原理。

子任务1 液压控制元件概述

液压控制阀,简称液压阀,它是液压系统中的控制元件,其作用是控制和调节液压系统中液压油的流动方向、压力的高低和流量的大小,以满足执行元件的启动、停止、运动方向、运动速度、动作顺序等要求,使整个液压系统能按要求协调地进行工作。由于调节的工作介质是液体,所以统称为液压阀或阀。

尽管液压阀存在着各种各样不同的类型,它们之间都有一些基本的共同之处。首先,在结构上,所有的阀都由阀体、阀芯(滑阀或转阀)和驱使阀芯动作的元部件(如弹簧、电磁铁)组成;其次在工作原理上,所有阀的开口大小,阀进、出口间的压力差及流过阀的流量之间的关系都符合孔口流量公式 $q=KA_T\Delta p^m$,仅是各种阀控制的参数各不相同而已。如方向阀控制的是执行元件的运动方向,压力阀控制的是液压传动系统的压力,而流量阀控制的是执行元件的运动速度。在工作原理上,液压阀利用阀芯在阀体内的相对运动来控制阀口的通断及开口的大小,以实现压力、流量和方向的控制。

一、液压阀的分类

(1)根据用途和工作特点不同,液压控制阀一般可以分为三大类:①方向控制阀——用来控制液压系统中油液流动的方向以满足执行元件运动方向的要求,例如单向阀、换向阀等。

②压力控制阀——用于控制液压系统中的工作压力或压力信号,例如溢流阀、减压阀、顺序阀等。

③流量控制阀——用来控制液压系统中油液的流量,以满足执行元件调速的要求,例如节流阀、调速阀等。

(2)根据阀的结构形式不同,分为滑阀式、锥阀式、球阀式,如图2-91所示。

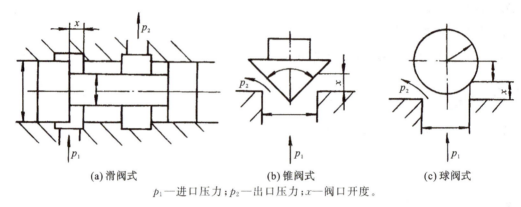

(a) 滑阀式　　　　　(b) 锥阀式　　　　　(c) 球阀式

p_1—进口压力；p_2—出口压力；x—阀口开度。

图 2-91　阀的结构形式

(3)按阀的连接方式分为管式连接阀、板式连接阀、法兰式连接阀,目前还出现了叠加式连接阀、插装式连接阀。按组合程度可分为单一阀和组合阀等,组合阀就是根据需要将各类阀相互组合装在一个阀体内成为组合阀,以减少管路连接,使结构更为紧凑,提高系统效率,如单向节流阀、单向顺序阀、单向行程阀和电磁卸荷阀等。

(4)根据阀的控制方式不同分为开关阀、比例阀、伺服阀和数字阀。

①定值或开关控制阀——被控制量为定值或阀口启闭控制液流通路的阀类,包括普通控制阀、插装阀、叠加阀。

②电液比例控制阀——被控制量与输入电信号成比例连续变化的阀类,包括普通比例阀和带内反馈的电液比例阀。

③伺服控制阀——被控制量与输入信号及反馈量成比例连续变化的阀类,包括机液伺服阀和电液伺服阀。

④数字控制阀——用数字信息直接控制阀口的启闭来控制液流的压力、流量、方向的阀类。

二、液压阀的性能参数

各种不同的液压阀有不同的规格参数和性能参数,一般标注在出厂标牌上,是选用液压阀的基本依据。

阀的规格参数表示阀的大小,规定其适用范围。阀的规格参数一般用阀的进、出油口名义

通径 D_g 表示,单位为 mm。名义通径 D_g 代表阀通流能力的大小,对应于阀的额定流量。D_g 相同的阀,其阀口的实际尺寸不一定完全相同。与阀进出油口相连接的油管规格应与阀的通径相一致。阀工作时的实际流量应小于或等于其额定流量,最大不得大于额定流量的 1.1 倍。

阀的性能参数表示了阀的工作特性。阀的性能参数一般有最大工作压力、开启压力、压力调整范围、允许背压、最大流量、额定压力损失、最小稳定流量等。必要时,还应给出若干条特性曲线,使参数间的对应关系更加直观,供使用者确定不同状态下的性能参数值。

三、对液压阀的基本要求

(1) 动作灵敏、使用可靠、工作时冲击和振动小,噪声低。
(2) 阀口开启时,作为方向阀,液流的压力损失小;作为压力阀,阀芯工作的稳定性好。
(3) 所控制的参量(压力或流量)稳定,受外干扰时变化量小。
(4) 结构紧凑,安装、调试、维护方便,通用性好。

子任务 2　方向控制阀

方向控制阀是利用阀芯和阀体间的相对运动,来控制液压系统中油液的流动方向或油路的通与断,从而控制液压执行元件的启动或停止,以及改变其运动方向的阀类。它可分为单向阀和换向阀两类。

一、单向阀

单向阀的作用是控制油液的单向流动。液压系统对单向阀的主要性能要求是正向流动时压力损失小,反向时密封性能好,动作灵敏。单向阀按油口通断的方式可分为普通单向阀和液控单向阀两种,如图 2-92 所示。

图 2-92　单向阀

1. 普通单向阀

普通单向阀一般简称单向阀,其符号如图 2-93 所示,它的作用是仅允许油液在油路中按一个方向流动,不允许油液倒流,故又称为止回阀或逆止阀。单向阀有直通式和直角式两种。

管式连接的锥阀式直通单向阀如图2-93(a)所示,其结构由阀体、阀芯、弹簧组成。该阀进口和出口流道在同一轴线上,液流从P_1口流入,克服弹簧力而将阀芯顶开,再从P_2口流出。当液流反向流入时,由于阀芯被压紧在阀座密封面上,所以液流被截止。图2-93(b)为板式连接的直角式单向阀,在该阀中,液流从P_1口流入,顶开阀芯后,直接经阀体的铸造流道从P_2口流出,压力损失小,而且只要打开端部螺塞即可对内部进行维修,十分方便。

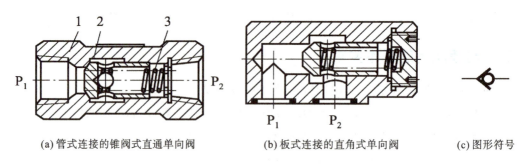

(a)管式连接的锥阀式直通单向阀　　(b)板式连接的直角式单向阀　　(c)图形符号

1—阀体;2—阀芯;3—弹簧。

图2-93　单向阀及其图形符号

单向阀中的弹簧主要用来克服摩擦力、阀芯的重力和惯性力,以及使阀芯在反向流动时能迅速关闭。为了避免液流通过时产生过大的压力损失,弹簧刚度较小,仅用于将阀芯顶压在阀座上。单向阀的开启压力一般为0.03~0.05 MPa,并可根据需要更换弹簧。如果将单向阀中的软弹簧更换成合适的硬弹簧,就成为背压阀,这种阀通常安装在液压系统的回油路上,用以产生0.3~0.5 MPa的背压。

※提示:背压是作用在液压回路的回油侧或压力作用面相反方向的压力,俗称回油压力。

单向阀常被安装在泵的出口,一方面防止系统的压力冲击影响泵的正常工作;另一方面在泵不工作时防止系统的油液倒流进泵回油箱;单向阀还被用来分隔油路以防止干扰,并与其他阀并联组成复合阀,如单向顺序阀、单向节流阀等。

2. 液控单向阀

液控单向阀是可以实现逆向流动的单向阀,如图2-94所示。液控单向阀与普通单向阀相比,在结构上增加了控制油腔a、控制活塞及控制油口K。图2-94(a)为一种液控单向阀的结构,当控制口K处无液压油通入时,它的工作原理和普通单向阀一样,液压油只能从进油口P_1流向出油口P_2,不能反向流动;当控制口K处有液压油通入时,控制活塞右侧a腔通泄油口(图中未画出),在液压力作用下活塞向右移动,推动顶杆顶开阀芯,使油口P_1和P_2接通,油液就可以从P_2口流向P_1口。在图示形式的液控单向阀结构中,K处通入的控制压力最小须为主油路压力的30%~50%。图2-94(b)为液控单向阀的图形符号。

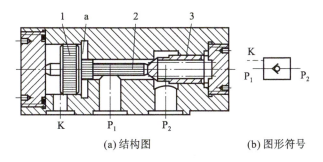

(a) 结构图　　　　　　(b) 图形符号

1—控制活塞；2—顶杆；3—阀芯。

图 2-94　液控单向阀及其图形符号

※液控单向阀的应用——液压锁

在实际工程中，由于液控单向阀具有良好的单向密封性，常常需要采用液控单向阀在进行执行机构的进、回油路的同时锁紧控制，用于防止立式液压缸停止运动时因自重而下滑，保证系统的安全；如工程车的支腿油路系统。如图 2-95(a)所示，两个液控单向阀共用一个阀体和控制活塞，这样组合的结构称为液压锁。当从 A_1 通入压力油时，在导通 A_1 与 A_2 油路的同时推动活塞右移，顶开右侧的单向阀，解除 B_2 到 B_1 的反向截止作用；当 B_1 通入压力油时，在导通 B_1 与 B_2 油路的同时推动活塞左移，顶开左侧的单向阀，解除 A_2 到 A_1 的反向截止作用；而当 A_1 与 B_1 口没有压力油作用时，两个液控单向阀都为关闭状态，锁紧油路。图 2-95(b)为液压锁的图形符号。

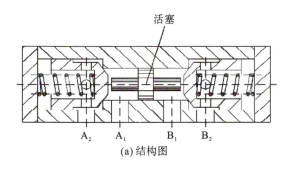
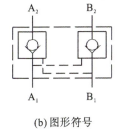

(a) 结构图　　　　　　　　　　(b) 图形符号

图 2-95　液压锁

二、换向阀

换向阀是借助于阀芯与阀体之间的相对运动，控制与阀体相连的各油路实现通、断或改变压力油方向的元件。换向阀既可用来使执行元件换向，也可用来切换油路。对换向阀的基本要求：①压力油通过阀时压力损失小；②互不相通的油口间泄漏小；③换向可靠、迅速且平稳无冲击。

1. 换向阀的结构和工作原理

如图 2-96 所示的两位四通电磁换向阀由阀体、复位弹簧、阀芯、电磁铁和衔铁组成。阀芯能在阀体孔内自由滑动,阀芯和阀体孔都开有若干段环形槽,阀体孔内的每段环形槽都有孔道与外部的相应阀口相通。

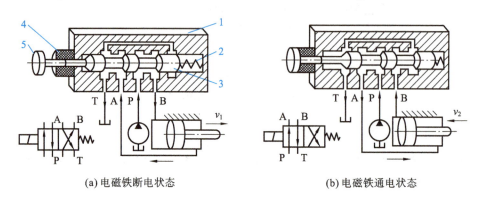

(a) 电磁铁断电状态　　　　　(b) 电磁铁通电状态

1—阀体;2—复位弹簧;3—阀芯;4—电磁铁;5—衔铁。

图 2-96　换向阀的结构和工作原理图

电磁铁断电状态如图 2-96(a)所示,换向阀在复位弹簧作用下处于常态位,换向阀的右位接入系统,通口 P、B 和通口 A、T 分别相通,液压泵输出的压力油经通口 P、B 进入活塞缸的左腔,推动活塞以速度 v_1 向右移动;缸右腔中的油液经另外两个通口 A、T 流回油箱。

电磁铁通电状态如图 2-97(b)所示,衔铁被吸合并将阀芯推至右端,换向阀的左位接入系统,通口 P、A 和通口 B、T 分别相通,液压泵输出的压力油经通口 P、A 进入活塞缸的右腔,推动活塞以速度 v_2 向左移动;缸左腔中的油液经另外两个通口 B、T 流回油箱。

2. 换向阀的分类

(1) 按位置分类:二位、三位、多位换向阀。

(2) 按通道分类:二通、三通、四通、五通换向阀等。

(3) 按操纵方式分类:手动、机动、电动、液动、电液换向阀。

(4) 按安装方式分类:管式、板式、法兰式换向阀。

(5) 按阀芯结构分类:滑阀、转阀。

3. 换向阀的工作位置数、通路数及机能

1) 位置数

位置数(位)是指阀芯在阀体孔中的位置,有几个位置就称为几位;比如有两个位置即称为"两位",有三个位置就称为"三位",依次类推。职能符号图中"位"用粗实线方格(或长方格)表示,有几位即画几个方格来表示。

三位换向阀的中格和二位换向阀靠近弹簧的一格为常态位置(静止位置或零位置),即阀芯未受到控制力作用时所处的位置;靠近控制符号的一格为控制力作用下所处的位置。

2)通路数

通路数(通)是指换向阀控制的外连工作油口的数目。一个阀体上有几个进、出油口就是几通。将位和通的符号组合在一起就形成了阀体的整体符号。在图形符号中,用"⊤"和"⊥"表示油路被阀芯封闭,用"丨"或"/"表示油路连通,方格内的箭头表示两油口相通,但不表示液流方向。一个方格内油路与方格的交点数即为通路数,几个交点就是几通。

二位二通阀相当于一个开关,用于控制油口 P、A 的通断;二位三通阀有三个油口,一个位置上 P 与 A 相通,另一个位置上 A 与 T 相通,用于油路切换;二位四通、三位四通、二位五通和三位五通阀用于控制执行元件换向。二位阀与三位阀的区别在于,三位阀有中间位置而二位阀无中间位置。四通阀和五通阀的区别在于,五通阀具有 P、A、B、T_1 和 T_2 五个油口,而四通阀的 T_1 和 T_2 油口在阀体内连通,故对外只有 P、A、B 和 T 四个油口。

3)控制符号

常见的滑阀操纵方式的控制符号如图 2-97 所示。

(a)手动式　(b)机动式　(c)电磁式　(d)弹簧控制式　(e)液动式　(f)液压先导控制式　(g)电液控制式

图 2-97　滑阀操纵方式

4)常态位

换向阀都有两个或两个以上工作位置,其中未受到外部操纵作用时所处的位置为常态位。在液压原理图中,一般按换向阀图形符号的常态位置绘制(对于三位阀,图形符号的中间位置为常态位)。

5)油口标示

因为液压阀是连接动力元件和执行元件的,一般情况下,换向阀的入口接液压泵,出口接液压马达或液压缸。各油口的表示符号是统一的,P 表示进油口,T、O 表示出油口,L 表示泄油口,A、B 表示与执行元件连接的油口。

换向阀的阀体一般设计成通用件,对同规格的阀体配以不同台肩结构、轴向尺寸及内部通孔等的阀芯可实现常态位各油口的不同中位机能。表 2-13 列举了几种常用换向阀的结构原理图和图形符号。

表 2-13 换向阀的结构原理图和图形符号

名称	结构原理	图形符号
二位二通	(A B)	A / P
二位三通	(A P B)	A B / P
二位四通	(B P A T)	A B / P T
三位四通	(A P B T)	A B / P T

4. 三位换向阀的中位机能

三位换向阀的左、右位是用于切换油液的流动方向,以改变执行元件运动方向的。其中位为常态位置。

利用中位 P、A、B、T 间通路的不同连接,可获得不同的中位机能以适应不同的工作要求。表 2-14 列举了三位换向阀的各种中位机能及它们的作用、特点。

表 2-14 三位换向阀常见的中位机能型号、图形符号及其特点

机能代号	结构原理图	中位图形符号		机能特点与作用
		三位四通	三位五通	
O	(T(T₁) A P B T(T₂))	A B / P T	A B / T₁ P T₂	各油口全部封闭,缸两腔封闭,系统不卸载。液压缸充满油,从静止到启动平稳;制动时运动惯性引起液压冲击大;换向位置精度高
P	(T(T₁) A P B T(T₂))	A B / P T	A B / T₁ P T₂	压力油 P 与缸两腔相连通,可形成差动回路,回油口封闭,从静止到启动较平稳;制动时缸两腔均通压力油,故制动平稳;换向位置变动比 H 型的小,应用广泛

续表

机能代号	结构原理图	中位图形符号 三位四通	中位图形符号 三位五通	机能特点与作用
H	T(T₁) A P B T(T₂)	A B / P T	A B / T₁ P T₂	各油口全部连通，系统卸载，缸成浮动状态。液压缸两腔接油箱，从静止到启动有冲击，制动时油口互通，故制动较O型平稳，但换向位置变动大
Y	T(T₁) A P B T(T₂)	A B / P T	A B / T₁ P T₂	油泵不卸载，缸两腔通回油，缸成浮动状态；液压缸两腔接油箱，从静止到启动有冲击，制动性能介于O型与H型之间
K	T(T₁) A P B T(T₂)	A B / P T	A B / T₁ P T₂	油泵卸载，液压缸一腔封闭，一腔接回油，两个方向换向时性能不同
M	T(T₁) A P B T(T₂)	A B / P T	A B / T₁ P T₂	油泵卸载，缸两腔封闭，从静止到启动较平稳，制动性能与O型相同，可用于油泵卸载液压缸锁紧的液压回路中

从表2-14中可以看出，不同的中位机能具有不同的特点。分析液压阀在中位时或与其他工作位置转换时对液压泵和液压执行元件工作性能的影响，通常考虑以下几个因素。

(1)系统保压与卸荷。P口被堵塞时，系统保压，此时的液压泵可以用于多缸系统。如果P口与T口相通，此时液压泵输出的油液直接流回油箱，没有压力，称为系统卸荷。

(2)换向精度与平稳性。如果A、B油口封闭，当液压阀从其他位置转换到中位时，执行元件立即停止，换向位置精度高，但液压冲击大，换向不平稳；如果A、B油口都与T相通，当液压阀从其他位置转换到中位时，执行元件不易制动，换向位置精度低，但液压冲击小。

(3)启动平稳性。如果A、B油口封闭，液压执行元件停止工作后，阀后的元件及管路充满油液，重新启动时较平稳；如果A、B油口与T相通，液压执行元件停止工作后，元件及管路中油液泄漏回油箱，执行元件重新启动时不平稳。

(4)液压执行元件"浮动"。液压阀在中位时，靠外力可以使执行元件运动来调节其位置，称为"浮动"，如A、B油口互通时的双出杆液压缸或A、B、T口连通时等情况。

5.几种常见的滑阀式换向阀

常用的滑阀式换向阀有手动换向阀、机动换向阀、电磁换向阀、液动换向阀和电液换向阀等。

1)手动换向阀

手动换向阀是利用操纵手柄来改变阀芯位置实现换向的。按结构类型不同,手动换向阀可分为弹簧复位式和钢球定位式两种,如图 2-98 所示。

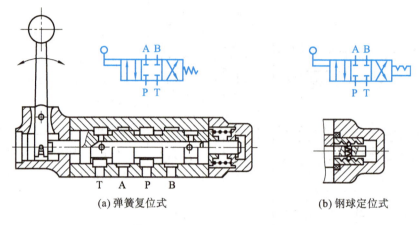

(a)弹簧复位式　　(b)钢球定位式

图 2-98　三位四通手动换向阀

弹簧复位式手动换向阀如图 2-98(a)所示,当用手向右推动手柄,使阀芯左移至左位时,P 口与 A 口相通,B 口经阀芯轴向孔与 T 口相通;反之,当向左拉动手柄时,阀芯向右移至右位,则 P 口与 B 口相通,A 口与 T 口相通,液流实现换向。松开手柄时,阀芯便在两端弹簧力作用下自动恢复至中位,此时 P、A、B、T 口全部封闭,停止工作。因而适用于动作频繁、工作持续时间短、必须由人操作的场合,如工程机械的液压系统。

钢球定位式手动换向阀如图 2-98(b)所示,其阀芯端部的钢球定位装置可使阀芯分别停止在左、中、右三个不同的位置上,使执行机构工作或停止工作,因而可用于工作持续时间较长的场合。

2)机动换向阀

机动换向阀又称行程阀。它利用安装在运动部件上的液压行程挡块或凸轮,以及压阀芯端部的滚轮使阀芯移动,从而使油路换向。这种阀通常为二位阀,分常闭和常开两种,并且用弹簧复位。二位二通机动换向阀如图 2-99 所示。在图示位置,阀芯在弹簧的作用下处于左位,P 口与 A 口不连通;当运动部件上的液压挡块压住滚轮使阀芯移至右位时,油口 P 与 A 连通。

机动换向阀结构简单,换向时阀口逐渐关闭或打开,故换向平稳,动作可靠,换向位置精度高,常用于控制运动部件的行程,或快、慢速度的转换;其缺点是它必须安装在运动部件附近,与其他液压元件安装距离较远,不易集成化。

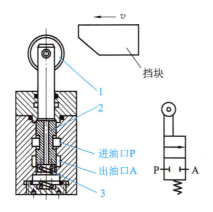

1—滚轮；2—阀芯；3—弹簧。

图 2-99　二位二通机动换向阀

3）电磁换向阀

电磁换向阀是利用电磁铁的推力控制阀芯改变工作位置，实现换向的。电磁铁因其所用电源不同而分为交流电磁铁和直流电磁铁。

交流电磁换向阀不需要特殊电源，电磁推力大，换向时间短，但换向冲击大，噪声大，换向频率不能太高（每分钟 30 次左右）。若阀芯被卡住或电压降低，电磁吸引力太小，衔铁未动作，其线圈很容易烧坏。因而常用于换向平稳性要求不高、换向频率不高的液压系统。

直流电磁换向阀换向平稳，工作可靠，噪声小，允许使用的换向频率高；但启动力小，换向时间较长，且需要专门的直流电源。因而常用于换向性能要求较高的液压系统。现代液压传动系统一般都采用直流电磁铁驱动的换向阀，以提高系统的可靠性。

电磁换向阀按电磁铁的铁心是否浸在油里又可分干式和湿式两种，如图 2-100 所示。干式电磁铁不允许油液进入电磁铁内部，因此在推动阀芯的推杆处要有可靠的密封，而密封圈所产生的摩擦力要消耗一部分电磁推力，会影响电磁铁的使用寿命；湿式电磁铁可以浸在油液里工作，取消了推杆处的密封，减小了推杆运动阻力，提高了换向可靠性，同时电磁铁的使用寿命也大大提高了。干式电磁铁结构简单，成本低，应用广泛；湿式电磁铁性能好，但价格较高。

二位三通干式交流电磁换向阀如图 2-100（a）所示。其左边为一交流电磁铁，右边为滑阀。电磁铁不通电时（图示位置），油口 P 通 A；当电磁铁通电时，衔铁右移，通过推杆使阀芯推压弹簧并向右移至端部，油口 P 通 B，同时 P 与 A 断开。

三位四通湿式直流电磁换向阀如图 2-100（b）所示。阀左右各有一个电磁铁和一个对中弹簧。不通电时，阀芯在对中弹簧作用下处于中位。当右端电磁铁通电时，右衔铁通过推杆将阀芯推至左端，阀右位工作，使油口 P 通 B，A 通 T；当左端电磁铁通电时，其阀芯移至右端，阀左位工作，油口 P 通 A，B 通 T。

电磁换向阀控制方便，布局灵活，有利于提高设备的自动化程度，因而应用十分广泛。但它受电磁铁尺寸限制,难以用于切换大流量油路。当阀的通径大于 10 mm 时,常用压力油操纵阀芯换位。

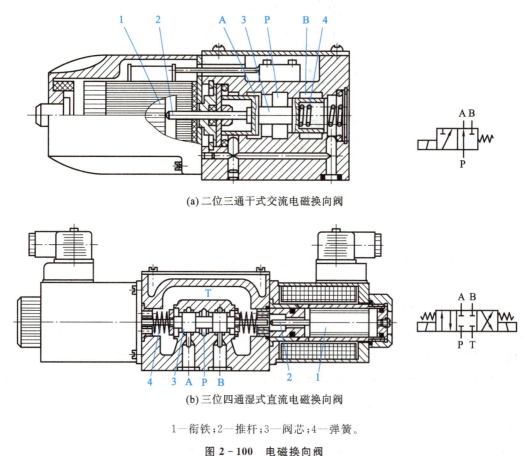

(a)二位三通干式交流电磁换向阀

(b)三位四通湿式直流电磁换向阀

1—衔铁;2—推杆;3—阀芯;4—弹簧。

图 2-100 电磁换向阀

4)液动换向阀

液动换向阀是利用控制油液的作用力控制阀芯改变工作位置来实现换向的。它适用于大流量回路。

图 2-101 为三位四通液动换向阀结构原理图。当其两端控制油口 K_1 和 K_2 均不通入控制压力油时,阀芯在复位弹簧的作用下处于中位;当 K_1 进压力油,T 接油箱时,阀芯右移,使 P 通 A,B 通 T;反之,K_2 进压力油,T 接油箱时,阀芯左移,使 P 通 B,A 通 T。

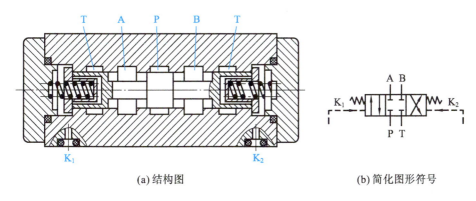

(a) 结构图　　　　　　　　(b) 简化图形符号

图 2-101　三位四通液动换向阀的结构原理图

5) 电液换向阀

电液换向阀由电磁换向阀和液动换向阀组合而成。其中，电磁换向阀为先导阀，用以改变控制油路的方向；液动换向阀为主阀，用以改变主油路的方向。电液换向阀可用反应灵敏的小规格电磁阀方便地控制大流量的液动阀换向，因而控制方便，通过流量大。

三位四通电液换向阀的结构原理图如图 2-102 所示。当先导阀的两电磁铁均不通电时（图示位置），电磁阀阀芯在两端弹簧力的作用下处于中位。控制油液被切断，这时主阀阀芯两端的油液经两个节流阀及先导阀的通路与油箱连通，因而它也在两端弹簧的作用下处于中位，油口 A、B、P、T 均不相通。

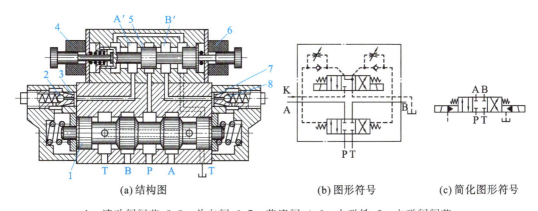

(a) 结构图　　　　　　(b) 图形符号　　　(c) 简化图形符号

1—液动阀阀芯；2,8—单向阀；3,7—节流阀；4,6—电磁铁；5—电磁阀阀芯。

图 2-102　三位四通电液换向阀的结构原理图

当左端电磁铁通电时，电磁阀阀芯移至右端，来自主阀口 P 或外接油口 K 的压力油经先导阀油路及左端单向阀进入主阀的左端油腔，而主阀右端油腔的油则可经节流阀及先导阀上的通道与油箱连通，主阀阀芯即在左端液压推力的作用下移至右端，即主阀左位工作。其主油路的通油状态为 P 通 A，B 通 T。反之，当右端电磁铁通电时，电磁阀阀芯移至左端，主阀右端进压力油，左端经节流阀通油箱,阀芯移至左端,即主阀右位工作。其通油状态为 P 通 B,A 通 T。

调节节流阀阀口开度的大小,可以改变主阀芯的移动速度,从而调整主阀换向时间,可使换向平稳,无冲击。

6. 方向控制阀的常见故障和排除方法

1)液控单向阀的常见故障和排除方法

当控制活塞上无压力油作用时,其工作状况就是普通的单向阀;当有压力油控制时,其正反方向的油液应该均能进行流动。在实际工作中,它可能会产生无法实现正反方向的油液流动故障,即常见的液控失灵;针对此类故障的排除,一般都采取更换、清洗、疏通、研配等针对性修理方法来解决。常见故障的主要原因及排除方法见表 2-15。

表 2-15 液控单向阀的常见故障和排除方法

故障现象		故障原因	排除方法
反向不密封有泄漏	单向阀不密封	(1)单向阀卡死: ①阀芯与阀孔配合过紧; ②弹簧侧弯、变形,弹簧力太弱	①修配,使阀芯移动灵活; ②更换弹簧
		(2)锥面与阀座锥面接触不均匀: ①阀芯锥面与阀座同轴度差; ②阀芯/阀座外径与锥面不同心; ③油液过脏	①检修或更换; ②检修或更换; ③过滤油液或更换
反向打不开	单向阀打不开	①控制压力过低; ②控制管路接头漏油严重或油路不畅通; ③控制阀芯卡死(如加工精度低、油液过脏); ④控制阀端盖处漏油; ⑤单向阀卡死(弹簧弯曲、加工精度低、油液过脏)	①提高控制压力,使之达到要求值; ②紧固接头,消除漏油或更换油管; ③清洗、修配,使阀芯移动灵活; ④使用均匀力矩紧固端盖螺钉; ⑤更换弹簧,过滤或更换油液

2)电(液、磁)换向阀的常见故障和排除方法

电(液、磁)换向阀作为结构复杂的方向控制阀,在实际工作过程中的常见故障有主阀工作不良、电磁铁吸力不足,以及电磁线圈故障、压降过大、流量不够、换向冲击和噪声等。电(液、磁)换向阀常见故障的主要原因及排除方法见表 2-16。

表 2-16　电(液、磁)控单向阀的常见故障和排除方法

故障现象	故障原因		排除方法
主阀芯不运动	电磁铁故障	①电气线路出故障； ②电磁铁铁芯卡死	①检查后加上控制信号； ②检查或更换
	先导电磁阀故障	①阀芯与阀体孔卡死； ②弹簧侧弯,使滑阀卡死	①修理间隙,过滤或更换油液； ②更换弹簧
	主阀芯卡死	①阀芯与阀体几何精度差； ②阀芯与阀孔配合太紧； ③阀芯表面有毛刺	①修理配研间隙达到要求； ②修理配研间隙达到要求； ③去毛刺,冲洗干净
	液控油路故障	(1)控制油路无油： ①控制油路电磁阀未换向； ②控制油路被堵塞	①检查原因并消除； ②检查清洗,并使控制油路畅通
		(2)控制油路压力不足	拧紧端盖螺钉,清洗调整节流阀
	油液变质或油温过高	①油液过脏使阀芯卡死； ②油液中产生胶质,导致阀芯粘着卡死； ③油液黏度太高,使阀芯移动困难； ④油温过高,使零件产生热变形,产生卡死	①过滤或更换； ②清洗、消除油温过高； ③更换合适的油液； ④检查油温过高的原因并消除
	安装不良	①安装螺钉拧紧力矩不均匀； ②阀体上连接的油管不合理	①重新紧固螺钉,受力均匀； ②重新安装
	复位弹簧故障	①弹簧力过大或断裂； ②弹簧侧弯变形,阀芯卡死	①更换弹簧； ②更换弹簧
阀芯换向后通过的流量不足	阀开口量不足	①电磁阀中推杆过短； ②阀芯移动时有卡死现象,不到位； ③弹簧太弱,推力不足,使阀芯行程不到位	①更换适宜长度的推杆； ②配研达到要求； ③更换适宜的弹簧
压降过大	阀参数选择不当	实际通过流量大于额定流量	应在额定范围内使用
液控换向阀阀芯换向速度不易调节	调整装置故障	①单向阀封闭性差； ②节流阀加工精度差,不能调节最小流量； ③排油腔阀盖处漏油； ④针形节流阀调节性能差	①修理或更换； ②修理或更换； ③更换密封件,拧紧螺钉； ④改用三角槽节流阀

续表

故障现象		故障原因	排除方法
电磁铁过热或线圈烧坏	电磁铁故障	①线圈绝缘不好； ②电磁铁铁芯不合适,吸不住； ③电压太低或不稳定	①更换； ②更换； ③电压的变化值应在额定电压的10%以内
	负荷变化	①换向压力过大； ②换向流量过大； ③回油口背压过高	①降低压力； ②更换规格合适的电液换向阀； ③调整背压使其在规定值内
	装配不良	铁芯与阀芯轴线同轴度不良	重新装配
电磁铁吸力不够	装配不良	①推杆过长； ②电磁铁铁芯接触不良	①修磨推杆； ②消除故障,重新装配达到要求
冲击与振动	换向冲击	①电磁铁规格过大,吸合速度快而产生冲击； ②液动换向阀控制流量过大,阀芯移动速度太快而产生冲击； ③单向节流阀中的单向阀钢球漏装或钢球破碎,不起阻尼作用	①需要采用大通径换向阀时,应优先选用电液换向阀； ②调小节流阀节流口,减慢阀芯移动速度； ③检修单向节流阀
	振动	固定电磁铁的螺钉松动	紧固螺钉,并加防松垫圈

子任务3 压力控制阀

压力控制阀是指控制油液压力高低或利用压力变化来实现某种动作的阀,简称压力阀。压力阀利用液体压力对阀芯产生的液压作用力与弹簧力相平衡的原理,自动调节阀开口的大小,从而实现控制系统压力的目的。

压力控制阀按用途分为溢流阀、顺序阀、减压阀、平衡阀和压力继电器；按阀芯结构分为滑阀、球阀和锥阀；按工作原理分为直动阀和先导阀。

一、溢流阀

液压系统工作时,液压泵必须向系统提供与负载相适应的压力油,为使系统压力保持稳定或限制系统压力不超过某个调定值,应在系统中设置溢流阀。通过溢流阀对油液的溢流,液压系统的压力维持恒定,从而实现系统的稳压、调压、限压。根据结构的不同,液压系统中常用的溢流阀可分为直动式和先导式两种。

1. 直动式溢流阀

直动式溢流阀是依靠系统中的压力油直接作用在阀芯上与弹簧力相平衡，以控制阀芯的启闭动作的溢流阀。如图2-103所示的直动溢流阀由调节杆、调节螺帽、调压弹簧、锁紧螺母、阀盖、阀体、阀芯、底盖等组成。其进油口P与系统相连，油液溢出口T通油箱。进油口P到回油口T的油路为主油路，溢流阀不工作时，主油路是不通的。直动式溢流阀的图形符号如图2-103(c)所示。

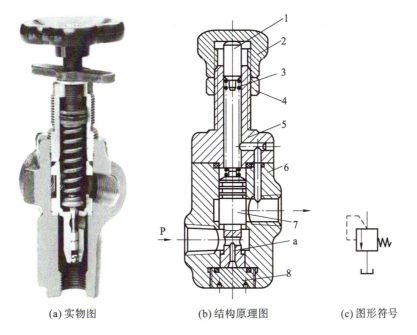

(a) 实物图　　　　(b) 结构原理图　　　　(c) 图形符号

1—调节杆；2—调节螺帽；3—调压弹簧；4—锁紧螺母；5—阀盖；6—阀体；7—阀芯；8—底盖。

图2-103　直动式溢流阀

直动式溢流阀的工作原理：当进口压力不足以克服弹簧的预紧力时，阀芯处于最下端位置，将P和T两油口隔开，阀处于关闭状态；当进油压力升高，阀芯下端所受的油压推力超过弹簧的预紧力时，阀芯上移，阀口被打开，主油口P和T连通，将多余的油液由P口经T口溢流回油箱。此时，被控制的油液压力就不会再升高，因为油液的压力已经能克服油液流动所受到的阻力，阀芯处于受力平衡状态。旋动调压螺杆可调节调压弹簧的预紧力，可以改变溢流阀的调定压力。

溢流阀工作时，阀芯随着系统压力的变化而上下移动，以此维持系统压力的基本恒定，并对系统起安全保护作用。

2. 先导式溢流阀

如图2-104所示，先导式溢流阀主要由先导阀和主阀两部分组成。先导阀实际是一个锥阀形的直动式溢流阀，用于调节主阀上腔的压力；主阀用于控制主油路的溢流，其中的弹簧为平衡弹簧，刚度较小，只是为了克服摩擦力使主阀阀芯及时复位。先导式溢流阀和直动式溢流阀的作用是相同的，即在溢流的同时定压和稳压。

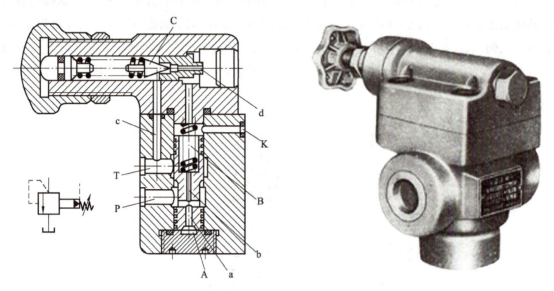

图 2-104　先导式溢流阀

压力油从进油口 P 进入后，经主阀芯的 a 孔流入主阀芯的下腔 A，并对阀芯产生向上的液压作用力。同时，压力油还通过阻尼孔 b 流入并充满主阀芯的上腔 B，然后流入先导阀阀芯右腔，并作用在主阀芯的上端和先导阀阀芯 C 的锥面上。当压力较低时，作用在先导阀锥阀上的压力不足以克服调压弹簧力，先导阀处于关闭状态，此时没有压力油通过主阀芯上的阻尼孔流动，故主阀芯上、下两腔压力相等。主阀芯在弹簧力的作用下轻轻地顶在阀座上，压力油进油口 P 和溢流口 T 不通。

当压力口压力升高到超过先导阀开启压力时，先导阀打开，压力油经主阀阀芯上的阻尼孔 b、孔 d、先导阀阀口及孔 c 从回油口（溢流口）T 流回油箱。由于压力油通过阻尼孔流动时会产生压降，因此主阀阀芯的上腔油压力小于下腔油压力，使主阀芯上、下两腔的压力差对主阀形成向上的液压作用力，但由于先导阀泄漏量小，该向上的液压作用力仍小于弹簧的作用力。

当进油压力继续升高时，先导阀阀口的开度加大，泄油量增多，通过阻尼孔 b 的流量增加，阻尼孔压降增大，致使主阀芯上、下两腔的油压力差所形成的向上液压力升高到超过弹簧的预紧力时，主阀阀芯上移，使压力油进口 P 和溢流口 T 相通，大量压力油便由溢流口 T 流回油箱。

此后，溢流阀进油口压力不再升高，主阀芯处于某一平衡位置，并维持压力恒定。此时溢流阀的进油口压力 p 即为主阀的开启压力。如果调节螺母，改变调压弹簧的预紧力，溢流阀进油口压力（即调定压力）也随之变化。更换不同刚度的调压弹簧，便能得到不同的调压范围。

先导式溢流阀调节压力较大，稳压性能优于直动式溢流阀，但其灵敏度要低于直动式溢流阀。

在先导式溢流阀的主阀阀体上有一个遥控口（又称远程调压口）K，采用不同的控制方式可以使先导式溢流阀实现不同的功能。例如,将远程调压口 K 通过管道接到一个远程调压阀上,并且远程调压阀的调整压力小于先导阀的调整压力,则溢流阀的进口压力就由远程调压阀决定,从而可以通过使用远程调压阀实现对液压系统的远程调压。

当溢流阀起溢流恒压作用时,不计阀芯自重和摩擦力,作用于主阀芯上的力平衡方程为
$$pA_V = p_1 A_V + F_s$$
即
$$p = p_1 + \frac{F_s}{A_V} \tag{2-75}$$

式中,A_V——主阀芯的端面积。

从式(2-75)可知,先导式溢流阀是利用主阀阀芯上下两端的压力差所形成的作用力和弹簧力相平衡的原理进行压力控制的。由于主阀上腔存在有压力 p_1,所以平衡弹簧的刚度可以较小,F_s 的变化也较小,当先导阀的调压弹簧调整好以后,p_1 基本恒定,因此溢流阀的进口压力基本恒定。

调节先导阀的手轮,便可调节调压弹簧的预紧力,从而调定系统的工作压力。更换先导阀的弹簧(刚度不同的弹簧),便可得到不同的调压范围。先导阀的承压面积一般较小,调压弹簧的刚度也不大,因此调压比较轻便。

先导式溢流阀工作时振动小,噪声低,压力稳定,但其灵敏度不如直动式溢流阀。先导式溢流阀适用于中、高压系统。

3. 溢流阀的应用

溢流阀在液压系统中能起到溢流稳压、限压保护、使泵卸荷、调整压力和行程背压等多种作用。

1)溢流稳压

系统采用定量泵供油时,常在其进油路或回油路上设置节流阀或调速阀,并在泵的出口处接溢流阀与泵并联,如图 2-105 所示。泵供油的一部分进入液压缸工作,而多余的油须经溢流阀 1 流回油箱,调节弹簧的压紧力,也就调节了系统的工作压力。因此在这种情况下,溢流阀的作用即为调压、溢流稳压,这是溢流阀最基本的作用。

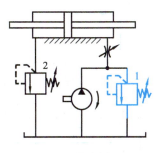

1,2—溢流阀。

图 2-105 用溢流阀的溢流稳压回路

2) 限压保护

系统采用变量泵供油时,执行元件的运动速度由变量泵自身调节,系统内没有多余的油需溢流;泵的供油压力由负载决定,也不需要进行稳压。这时在变量泵出口处常并接一溢流阀,其调定压力约为系统最大工作压力的1.1倍。在系统正常工作时溢流阀常闭,但液压系统一旦过载,溢流阀便立即打开,从而保障系统的安全。因此,这种系统中的溢流阀又称作安全阀,如图2-106所示。

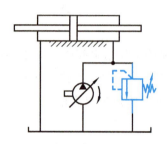

图2-106 用溢流阀的安全保护回路

3) 使泵卸荷

液压系统工作时,由于各种原因常需要执行元件短时间停止工作,此时不需要泵供油,但也不宜关闭电动机,因为频繁启停将大大缩短电动机和液压泵的寿命。而宜采用使泵卸荷的方法,即在液压泵不停止转动的情况下,使泵在零压或在很低的压力下运转,以减少功率损耗和噪声,降低系统发热,延长泵和电动机的寿命。此时所构成的回路称为卸荷回路。

用先导式溢流阀的卸荷回路如图2-107所示。用二位二通电磁换向阀与先导式溢流阀的远控口K相连,当电磁铁通电时,换向阀左位工作,溢流阀远控口K与油箱连通,此时主阀芯上腔压力接近于0,由于主阀弹簧很软,因此,主阀芯在进口压力很低时即可迅速抬起,使溢流阀阀口全开,泵输出的油液便在此低压下经溢流阀全部流回油箱。此时,泵接近于空载运转,功耗很小,即处于卸荷状态。由于在实际中经常采用这种卸荷方法,因此,便产生了将溢流阀和微型电磁阀组合在一起的阀,称为电磁溢流阀。

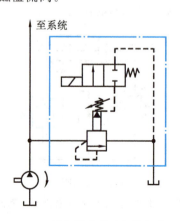

图2-107 用先导式溢流阀的卸荷回路

4) 调整压力

当系统需要随时调整压力时,可采用调压回路,如图 2-108 所示。调压回路可实现两种不同的系统压力控制:由先导式溢流阀和直动式溢流阀各调一级(直动式溢流阀调定压力低于先导式溢流阀的调定压力)。当电磁铁不通电即右位工作时,系统压力由直动式溢流阀调定;当电磁阀通电即左位工作时,系统压力由先导式溢流阀调定。

实际使用时,先导式溢流阀安装在最靠近液压泵的出口,起安全保护作用;而远程调压阀(直动式溢流阀)则安装在操作台上,起调压作用。无论是哪个溢流阀起作用,溢流流量始终经主阀阀口流回油箱。

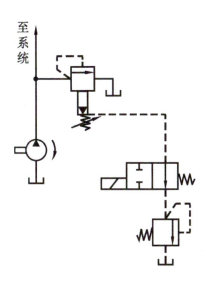

图 2-108 用溢流阀的调压回路

5) 形成背压

如图 2-105 所示,将溢流阀 2 设置在液压缸的回油路上,可使缸的回油腔形成背压,用以消除负载突然减小或变为零时液压缸产生的前冲现象,提高运动部件运动的平稳性,因此这种用途的阀也称背压阀。

二、减压阀

减压阀是利用油液通过缝隙时产生压降的原理,使系统中某一支路获得较液压泵供油压力低的稳定压力的压力控制阀。缝隙愈小,压力损失愈大,减压作用就愈强。减压阀在液压系统中的作用是降低系统某一支路的油液压力,使同一系统有两个或多个不同的压力。

按调节要求不同,减压阀有 3 种:用于保持出口压力为定值的定值减压阀,用于保持进、出口压力差不变的定差减压阀,用于保持进、出口压力成比例的定比减压阀。其中,定值减压阀应用最广,如不指明,通常所称的减压阀即是指定值减压阀。定值减压阀也有直动式和先导式两种。因先导式减压阀性能优于直动式减压阀,故先导式减压阀应用更为广泛。

1. 先导式减压阀的结构和工作原理

先导式减压阀的实物图、结构原理图和图形符号如图 2-109 所示,它由主阀与先导阀两部分组成。压力为 p_1 的液压油,从阀的进油口 A 流入,经减压口 f 减压后,压力降为 p_2,再由出油口 B 流出。同时,出口液压油经主阀芯内的径向孔和轴向孔引入主阀芯的左腔和右腔,并以出口压力作用在先导锥阀上。

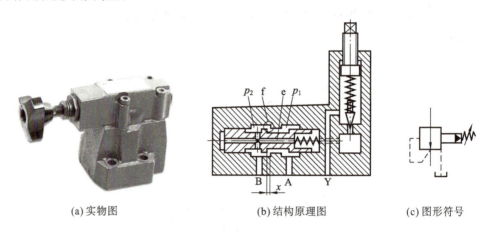

图 2-109 先导式减压阀

当出口压力未达到先导阀的调定值时,先导阀关闭,主阀芯左右两腔压力相等,主阀芯在弱弹簧作用下处于最左端,减压口开度 x 为最大值,压降最小,阀处于非工作状态。当出口压力升高并超过先导阀的调定值时,先导阀被打开,主阀弹簧腔的油便由泄油口 Y 流回油箱。由于主阀芯的阻尼孔 e 会产生压力差,主阀芯便在此压力差作用下克服弹簧阻力右移,使减压口开度 x 值减小,压降增大,使出口压力降低,直至达到先导阀调定的数值为止。

反之,当出口压力减小时,主阀芯左移,减压口开大,压降减小,使出口压力回升到调定值。可见,减压阀进口压力受其他因素影响而变化时,它会自动调整减压口开度,从而保持调定的出口压力值不变。减压阀出口压力的大小,可通过调压弹簧进行调节。

减压阀的阀口为常开型,其泄油口必须由单独设置的油管通往油箱,且泄油管不能插入油箱液面以下,以免造成背压,使泄油不畅,影响阀的正常工作。

2. 减压阀的应用

如图 2-110 所示,液压泵的供油压力根据主系统的负载要求由溢流阀调定,回路中串联一个减压阀,使夹紧缸能获得较低而又稳定的夹紧力。减压阀的出口压力可以在 0.5 MPa 至溢流阀的调定压力范围内调节,当系统压力有波动时,减压阀出口压力可稳定不变。

图 2-110 中单向阀的作用是当主油路压力低于减压阀的调定值时,使夹紧油路和主油路隔开,防止油倒流,起到短时保压作用,从而使夹紧缸的夹紧力在短时间内保持不变。为了确保

安全,夹紧回路中常采用带定位的二位四通电磁换向阀,或采用失电夹紧的二位四通电磁换向阀换向,防止在电路出现故障时松开工件出事故。

将减压阀应用在液压系统中可获得压力低于系统压力的二次油路,如夹紧油路、润滑油路和控制油路。必须说明的是,减压阀出口压力的大小还与出口处负载的大小有关,若因负载建立的压力低于调定压力,则出口压力由负载决定,此时减压阀不起减压作用,进、出口压力相等,即减压阀保证出口压力恒定的条件是先导阀开启。

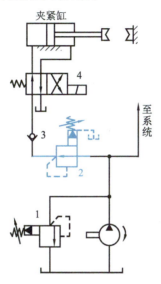

1—溢流阀;2—减压阀;3—单向阀;4—电磁换向阀。

图 2-110 减压阀的应用

3. 减压阀与溢流阀的区别

(1)减压阀的实质为出口压力控制,以保证出口压力为定值;溢流阀的实质为进口压力控制,以保证进口压力恒定。

(2)减压阀阀口常开,进、出油口互通;溢流阀阀口常闭,进、出油口不通。

(3)减压阀出口处液压油可用于工作,压力不等于零,先导阀弹簧腔的泄漏油需单独引回油箱;溢流阀的出口直接接回油箱,因此先导阀弹簧腔的泄漏油经阀体内流道内泄至出口。

与溢流阀相同的是,减压阀亦可以在先导阀的远程调压口接远程调压阀实现远控或多级调压。

三、顺序阀

在液压系统中,除了需要进行压力的调控外,还常常需要根据油路压力的变化来控制执行元件之间的动作顺序,这时可以使用顺序阀。顺序阀是利用油路中压力的变化控制阀口启闭,以实现执行元件顺序动作的液压控制元件,它类似一个压力开关。

顺序阀按控制方式不同,可分为内控式顺序阀(简称顺序阀)和外控式顺序阀(又称液控顺序阀);按结构形式不同,可分为直动式顺序阀和先导式顺序阀。其中,直动式顺序阀用于低压系统,先导式顺序阀用于中、高压系统。

顺序阀的工作原理和溢流阀相似,其主要区别为溢流阀的出油口接油箱,而顺序阀的出油口接执行元件,即顺序阀的进、出油口均通压力油,因此它的泄油口要单独接油箱。顺序阀阀芯和阀体孔的封油长度较溢流阀长,而且阀芯上不开轴向三角槽。

1. 直动式顺序阀

直动式顺序阀的工作结构原理图如图 2-111(a)所示,压力油自进油口 P_1 经阀芯内部小孔作用于阀芯底部,对阀芯产生一个向上的作用力。当油液压力较低时,阀芯在弹簧力的作用下处于下端位置,此时进油口 P_1 与出油口 P_2 不相通;当进口油液压力达到或超过调定值时,阀就打开,此时进油口 P_1 与出油口 P_2 相通。顺序阀的调定压力可以用调压螺母来调节。直动式顺序阀的图形符号如图 2-111(b)所示。

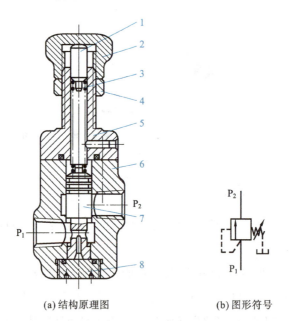

(a) 结构原理图　　(b) 图形符号

1—调节杆;2—调节螺帽;3—调压弹簧;4—锁紧螺母;5—阀盖;6—阀体;7—阀芯;8—底盖。

图 2-111　直动式顺序阀

在顺序阀结构中,当控制液压油直接引自进油口时,这种控制方式称为内控;若控制液压油不是来自进油口,而是从外部油路引入,这种控制方式则称为外控;当阀的泄油从泄油口流回油箱时,这种泄油方式称为外泄;当阀用于出口接油箱的场合,泄油可经内部通道进入阀的出油口,以简化管路连接,这种泄油方式则称为内泄。顺序阀的图形符号如图 2-112 所示。实际应用中,不同的控制、泄油方式可通过变换阀的下盖或上盖的安装方位来获得。

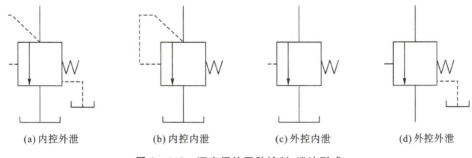

图 2-112　顺序阀的四种控制、泄油形式

顺序阀的特点如下所示。

(1) 内控外泄顺序阀与溢流阀的相同点是阀口常闭,由进口压力控制阀口的开启。它们之间的区别是内控外泄顺序阀靠出口液压油来工作,当因负载建立的出口压力高于阀的调定压力时,阀的进口压力等于出口压力,作用在阀芯上的液压力大于弹簧力和液动力,阀口全开;当负载所建立的出口压力低于阀的调定压力时,阀的进口压力等于调定压力,作用在阀芯上的液压力、弹簧力、液动力保持平衡,阀开口的大小一定,满足压力流量方程。因阀的出口压力不等于0,故弹簧腔的泄漏油需单独引回油箱。

(2) 内控内泄顺序阀的图形符号和动作原理与溢流阀相同,但实际使用时,内控内泄顺序阀串联在液压系统的回油路中使回油具有一定的压力,而溢流阀则旁接在主油路中,如泵的出口、液压缸的进口。因为它们在性能要求上存在一定的差异,所以二者不能混用。

(3) 外控内泄顺序阀在功能上等同于液动二位二通阀,其出口接回油箱,因作用在阀芯上的液压力为外力,而且大于阀芯的弹簧力,因此工作时阀口处于全开状态,用于双泵供油回路时可使大泵卸载。

(4) 外控外泄顺序阀除可作为液动开关阀外,还可用于变重力负载系统中,称为限速锁。

2. 先导式顺序阀

先导式顺序阀的工作结构原理图如图 2-113(b) 所示,P_1 为进油口,P_2 为出油口,其主阀弹簧的刚度可以很小,故可省去阀芯下面的控制柱塞,这样不仅启闭特性好,而且工作压力也可大大提高。其工作原理与先导式溢流阀相似,所不同的是顺序阀的出油口不接回油箱,而通向某一压力油路,因而其泄油口必须单独接回油箱,将先导阀处溢出的油液输出阀外。先导式顺序阀的阀芯启闭原理与先导式溢流阀相同。先导式顺序阀的图形符号如图 2-113(c) 所示。

先导式顺序阀的最大缺点是外泄漏量过大。因先导阀是按顺序动作需要的压力调整的,当执行元件完成顺序动作后,压力将继续升高,使先导阀阀口开得很大,导致油液从先导阀处大量外泄,因此在小流量液压系统中不宜使用这种结构的顺序阀。

顺序阀常与单向阀组合成单向顺序阀、液控单向顺序阀等。

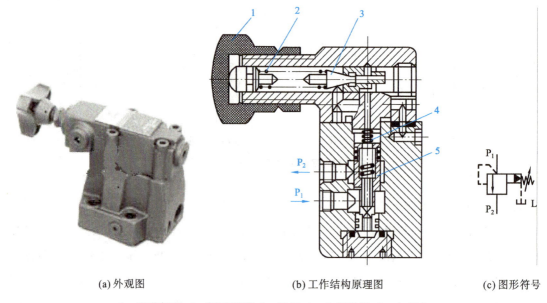

(a) 外观图　　　　　　(b) 工作结构原理图　　　　　(c) 图形符号

1—调节螺母；2—调压弹簧；3—锥阀；4—主阀弹簧；5—主阀芯。

图 2-113　先导式顺序阀

3. 顺序阀与溢流阀的主要区别

(1)顺序阀的出油口与负载油路相连接,而溢流阀的出油口连通油箱。

(2)溢流阀打开时,进油口的油液压力基本上保持在调定压力值附近,顺序阀打开后,进油口的油液压力可以继续升高。

(3)顺序阀的泄油口单独接回油箱,而溢流阀的泄油则通过阀体内部孔道与阀的出口相通流回油箱。

4. 顺序阀的应用

(1)顺序阀用于控制顺序动作如图 2-114(a)所示,若要求 A 缸先动作,B 缸后动作,则通过顺序阀的控制可以实现这一过程。顺序阀在 A 缸进行动作时处于关闭状态,当 A 缸到位后,油液压力升高,达到顺序阀的调定压力后,打开通向 B 缸的油路,从而实现 B 缸动作。

(2)平衡阀为了保持垂直放置的液压缸不因自重而自行下落,可将单向阀与顺序阀并联构成的单向顺序阀接入油路,如图 2-114(b)所示。此单向顺序阀又称为平衡阀。这里,顺序阀的开启压力要足以支撑运动部件的自重。当换向阀处于中位时,液压缸即可悬停。

(3)双泵供油回路使大泵卸载,如图 2-114(c)所示,泵 1 为大流量泵,泵 2 为小流量泵,两泵并联。在液压缸快速进退阶段,泵 1 输出的油经单向阀后与泵 2 输出的油汇合在一起流往液压缸,使缸获得高速;当液压缸转变为慢速工进时,缸的进油路压力升高,外控式顺序阀被打开,泵 1 开始卸荷,由泵 2 单独向系统供油以满足工进时所需的流量要求。

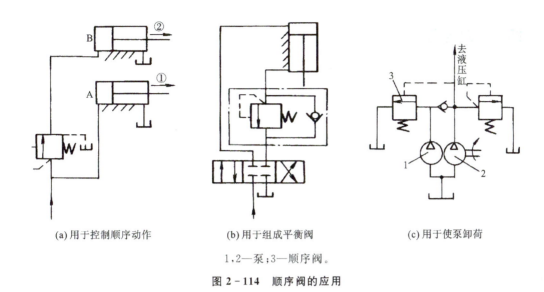

(a) 用于控制顺序动作　　(b) 用于组成平衡阀　　(c) 用于使泵卸荷

1,2—泵；3—顺序阀。

图 2-114　顺序阀的应用

5. 溢流阀、减压阀和顺序阀的区别（表 2-17）

表 2-17　溢流阀、减压阀和顺序阀的区别

溢流阀	减压阀	顺序阀
溢流	减压	顺序
阀口常闭（箭头错开）	阀口常开（箭头连通）	阀口常闭（箭头错开）
控制油来自进油口	控制油来自出油口	控制油来自进油口
出口通油箱	出口通系统	出口通系统
进口压力 p_1 基本稳定	进口压力 p_2 基本稳定	无稳压要求，只起通断作用
采用内泄	采用外泄	采用外泄
在系统中起定压溢流或安全作用	在系统中起减压和稳压作用	在系统中是一个压力控制开关

四、压力继电器

压力继电器是一种将油液的压力信号转换成电信号的电液控制元件,当油液压力达到压力继电器的调定压力时,即发出电信号,以控制电磁铁、电磁离合器、继电器等元件动作,或关闭电动机,使系统停止工作,起安全保护作用等。

压力继电器按结构特点可分为柱塞式、弹簧管式和膜片式等。

1. 压力继电器的结构和工作原理

1)单柱塞式压力继电器结构原理分析

单柱塞式压力继电器的工作原理图和图形符号如图 2-115 所示。液压油从油口 P 通入后作用在柱塞的底部,若其压力已达到弹簧的调定值,它便克服弹簧的阻力和柱塞表面的摩擦力推动柱塞上升,通过顶杆触动微动开关发出电信号。

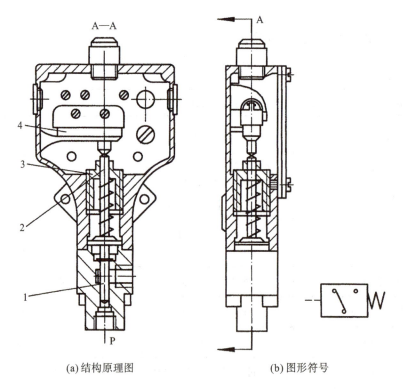

(a) 结构原理图　　　　(b) 图形符号

1—柱塞;2—顶杆;3—调节螺钉;4—微动开关。

图 2-115　单柱塞式压力继电器

2)膜片式压力继电器结构原理分析

如图 2-116 所示,当进口 K 的压力达到弹簧的调定值时,膜片在液压力的作用下产生中凸变形,使柱塞向上移动。柱塞上的圆锥面使钢球做径向移动,钢球推动杠杆绕销轴逆时针偏转,致使其端部压下微动开关发出电信号,接通或断开某一电路。当进口压力因漏油或其他原因下降到一定值时,弹簧使柱塞下移,钢球回落到柱塞的锥面槽内,微动开关复位,切断电信号,并将杠杆推回,断开或接通电路。

膜片式压力继电器的优点是膜片位移小、反应快、重复精度高。其缺点是易受压力波动的影响,不宜用于高压系统,常用于中、低压液压系统中。高压系统中常使用单触点柱塞式压力继电器。

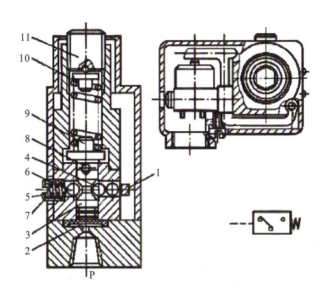

1—膜片;2—柱塞;3—弹簧;4—调节螺钉;5,6—钢球;7—二弹簧;
8—调压螺钉;9—销轴;10—杠杆;11—微动开关。

图 2-116 膜片式压力继电器

2. 压力继电器的性能指标

(1) 调压范围。压力继电器发出电信号的最低压力和最高压力之间的范围称为调压范围。打开面盖,拧动调压螺钉即可调整其工作压力。

(2) 通断调节区间。压力继电器发出电信号时的压力,称为开启压力;切断电信号时的压力称为闭合压力。由于开启时摩擦力的方向与油压作用力的方向相反,闭合时则相同,故开启压力大于闭合压力。两者之差称为压力继电器通断返回区间,它应有足够大的数值。否则,系统压力脉动时,压力继电器发出的电信号会时断时续。返回区间可用螺钉调节弹簧对钢球的压力来调整。如中压系统中使用的压力继电器返回区间一般为 0.35~0.8 MPa。

3. 压力继电器的应用

1) 实现保压-卸荷

如图 2-117(a)所示,当 1YA 通电时,液压泵向蓄能器和夹紧缸左腔供油,活塞向右移动,当夹头接触工件时,液压缸左腔油压开始上升,当达到压力继电器的开启压力时,表示工件已被夹紧,蓄能器已储备了足够的压力油,这时压力继电器发出信号,使3YA通电,控制溢流阀使泵卸荷。如果液压缸有泄漏,油压下降,则可由蓄能器补油保压。当系统压力下降到压力继电器的闭合压力时,压力继电器自动复位,使3YA断电,液压泵重新向液压缸和蓄能器供油。该回路用于夹紧工件持续时间较长的情况,可明显地减少功率损耗。

2)实现顺序动作

如图2-117(b)所示,当图中电磁铁左位工作时,液压缸左腔进油,活塞右移实现慢速工进;当活塞行至终点停止时,缸左腔油压升高,当油压达到压力继电器的开启压力时,压力继电器发出电信号,使换向阀右端电磁铁通电,换向阀右位工作。这时压力油进入缸右腔,左腔经单向阀回油,活塞快速向左退回,实现了由工进到快退的转换。

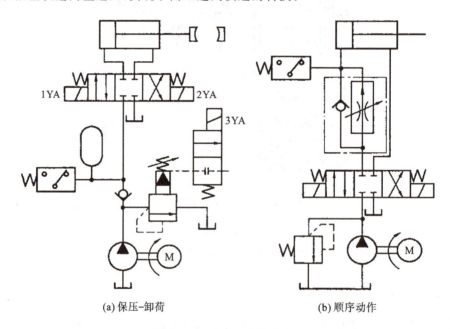

(a) 保压-卸荷 (b) 顺序动作

图 2-117 压力继电器的应用

五、各类压力控制阀常见故障和排除方法

1. 溢流阀常见故障和排除方法

溢流阀在使用中的主要故障有压力波动不稳定、压力调整无效、振动与噪声等,一般采取更换、清洗、疏通、研配等针对性修理方法来进行解决。溢流阀常见故障的主要原因及排除方法如表2-18所示。

表 2-18　溢流阀常见故障的主要原因及排除方法

故障现象	产生原因	排除方法
系统压力波动	①调节压力的螺钉由于震动而使锁紧螺母松动造成压力波动； ②液压油有微小灰尘存在，使主阀芯滑动不灵活，因而产生不规则的压力变化，有时还会将阀卡住； ③主阀芯滑动不畅造成阻尼孔时堵时通； ④主阀芯圆锥面与阀座的锥面接触不良，没有经过良好的磨合； ⑤主阀芯的阻尼孔太大，没有起到阻尼作用； ⑥先导阀调正弹簧弯曲，造成阀芯与锥阀座接触不好，磨损不均	①定时清理油箱、管路，过滤进入油箱、管路系统的液压油； ②如管路中已有过滤器，则应增加二次过滤元件或更换二次元件的过滤精度，并对阀类元件拆卸清洗，更换清洁的液压油； ③修配或更换不合格的零件； ④适当缩小阻尼孔径
系统压力完全加不上去	①主阀芯阻尼孔被堵死，如主阀芯未清洗干净，油液过脏或装配时带入杂物； ②装配质量差，在装配时装配精度差，阀间间隙调整不好，主阀芯在开启位置时卡住，装配质量差； ③主阀芯复位弹簧折断或弯曲，使主阀芯不能复位	①拆开主阀清洗阻尼孔并重新装配； ②过滤或更换油液； ③拧紧阀盖紧固螺钉，更换折断的弹簧。
	先导阀故障： ①调正弹簧折断或未装入； ②未装锥阀或钢球； ③锥阀碎裂	更换破损件或补装零件，使先导阀恢复正常工作
	远控口电磁阀未通电（常开型）或滑阀卡死	检查电源线路，查看电源是否接通，如正常，说明可能是滑阀卡死，应检修或更换失效零件
	液压泵故障： ①液压泵连接键脱落或滚动； ②滑动表面间隙过大； ③叶片泵的叶片在转子槽内卡死； ④叶片和转子方向装反； ⑤叶片中的弹簧因受高频周期负载作用，而疲劳变形或折断	①更换或重新调正连接键，并修配键槽； ②修配滑动表面间隙； ③拆卸清洗叶片泵； ④纠正装错方向； ⑤更换折断弹簧
	进出油口装反	调正过来

续表

故障现象	产生原因	排除方法
系统压力升不高	①主阀芯锥面磨损或不圆,阀座锥面磨损或不圆; ②锥面处有脏物粘住; ③机械加工误差导致锥面与阀座不同心; ④主阀芯与阀座配合不好,主阀芯有损坏,使阀芯与阀座配合不严密; ⑤主阀压盖处有泄漏,如密封垫损坏,装配不良,压盖螺钉有松动等	①更换或修配溢流阀体或主阀芯及阀座; ②清洗溢流阀使之配合良好或更换不合格元件; ③拆卸主阀调正阀芯,更换破损密封垫,消除泄漏使密封良好
	先导阀调正弹簧弯曲或太短、太软,致使锥阀与阀座结合处封闭性差,如锥阀与阀座磨损,锥阀接触面不圆,接触面太宽,阀进入脏物,或被胶质粘住	更换不合格件或检修先导阀,使之达到使用要求
	①远控口在电磁阀常闭位置时内漏严重; ②阀口处阀体与滑阀严重磨损; ③滑阀换向未达到正确位置,造成油封长度不足; ④远控口管路有泄漏	①检修更换失效件,使之达到要求; ②检查管路消除泄漏
压力突然升高	①由于主阀芯零件工作不灵敏,在关闭状态时突然被卡死; ②加工的液压元件精度低,装配质量差,油液过脏等; ③先导阀阀芯与阀座结合面粘住脱不开,造成系统不能实现正常卸荷;调正弹簧弯曲"别劲"	清洗主阀阀体,修配更换失效零件
压力突然下降	①主阀芯阻尼孔突然被堵; ②主阀盖处密封垫突然破损; ③主阀芯工作不灵敏,在开启状态突然卡死,如,零件加工精度低,装配质量差,油液过脏等; ④先导阀芯突然破裂;调正弹簧突然折断; ⑤远控口电磁阀电磁铁突然断电使溢流阀卸荷; ⑥远控口管接头突然脱口或管子突然破裂	①清洗液压阀类元件,如果是阀类元件被堵,则还应过滤油液; ②更换破损元件,检修失效零件; ③消除电气故障

2. 减压阀常见故障和排除方法

减压阀在使用中的主要故障有不起减压作用和二次压力不稳定等,减压阀常见故障的主要原因及排除方法见表 2-19。

表 2-19 减压阀常见故障的主要原因及排除方法

故障现象		故障原因	排除方法
无二次压力	主阀故障	①主阀芯在全闭位置卡死； ②主阀弹簧折断，弯曲变形； ③阻尼孔堵塞	①修理、更换零件； ②修理、更换弹簧； ③检修、过滤或更换油液
	无油源	未向减压阀供油	检查油路，消除故障
不起减压作用	使用错误	泄油通道堵塞、不通	清洗或重新布置泄油管道
	主阀故障	主阀芯在全开位置时卡死	修理、更换零件，检查油质，更换油液
	锥阀故障	调压弹簧太硬，弯曲并卡住	更换弹簧
二次压力不稳定	主阀故障	①主阀芯与阀体几何精度差； ②弹簧太弱，变形或将主阀芯卡住； ③阻尼孔时堵时通	①检修，使其动作灵活； ②更换弹簧； ③清洗阻尼孔
二次压力升不高	外泄漏	①顶盖结合面漏油：密封件老化失效，螺钉松动或拧紧力矩不均； ②各丝堵处有漏油	①更换密封件，紧固螺钉，并保证力矩均匀； ②紧固并消除外漏
	锥阀故障	①锥阀与阀座接触不良； ②调压弹簧太弱	①修理或更换零件； ②更换弹簧

3. 顺序阀常见故障和排除方法

顺序阀在使用中的主要故障是出油腔压力和进油腔压力总是同时上升或同时下降、出口腔无油流等。顺序阀常见故障的主要原因及排除方法见表 2-20。

表 2-20 顺序阀常见故障的主要原因及排除方法

故障现象	故障原因	排除方法
始终出油，不起顺序阀作用	①阀芯在打开位置上卡死； ②单向阀在打开位置上卡死或密封不良； ③调压弹簧断裂或漏装； ④未装锥阀或钢球	①修理，使配合间隙达到要求，并使阀芯移动灵活；检查油质，过滤或更换；更换弹簧； ②修理，使单向阀的密封良好； ③更换/补装弹簧； ④补装锥阀及钢球

续表

故障现象	故障原因	排除方法
始终不出油,不起顺序阀作用	①阀芯在关闭位置上卡死; ②控制油液流动不畅通; ③远控压力不足,或下端盖结合处漏油严重; ④通向调压阀油路上的阻尼孔被堵死; ⑤泄油管道中背压太高,使滑阀不能移动; ⑥调节弹簧太硬,或压力调得太高	①修理,使滑阀移动灵活,更换弹簧;过滤或更换油液; ②清洗或更换管道,过滤或更换油液; ③提高控制压力,拧紧端盖螺钉并使之受力均匀; ④清洗; ⑤泄油管道不能接在回油管道上,应单独接回油箱; ⑥更换弹簧,适当调整压力
调定压力值不符合要求	①调压弹簧调整不当; ②调压弹簧侧向变形; ③滑阀卡死	①重新调整所需要的压力; ②更换弹簧; ③检查滑阀的配合间隙,修配,使滑阀移动灵活;过滤或更换油液
振动与噪声	①回油阻力(背压太高); ②油温过高	①降低回油阻力; ②控制油温在规定范围内
单向顺序阀反向不能回油	单向阀卡死	检修单向阀

4.压力继电器(压力开关)常见故障和排除方法(表2-21)

表2-21 压力继电器常见故障和排除方法

故障现象	故障原因	排除方法
无输出信号	①微动开关损坏; ②电气线路故障; ③阀芯卡死或阻尼孔堵死; ④进油管路弯曲、变形,油液流动不畅; ⑤调节弹簧太硬或压力调得过高; ⑥与微动开关相接的触头未调整好; ⑦弹簧和顶杆装配不良,有卡滞现象	①更换微动开关; ②检查原因,排除故障; ③清洗,修配,达到要求; ④更换管子,使油液流动畅通; ⑤更换弹簧或按要求调节压力值; ⑥精心调整,使触头接触良好; ⑦重新装配,使动作灵敏

续表

故障现象	故障原因	排除方法
灵敏度太差	①顶杆柱销处摩擦力过大,或钢球与柱塞接触处摩擦力过大； ②装配不良,动作不灵活； ③微动开关接触行程太长； ④调整螺钉、顶杆等调节不当； ⑤钢球不圆； ⑥阀芯移动不灵活； ⑦安装不当	①重新装配,使动作灵敏； ②合理调整位置； ③合理调整位置； ④合理调整螺钉和顶杆位置； ⑤更换钢球； ⑥清洗、修理,达到灵活； ⑦改为垂直或水平安装
发信号太快	①阻尼孔过大； ②膜片碎裂； ③系统冲击压力太大； ④电气系统设计有误	①阻尼孔适当改小,或在控制管路上增设阻尼管（蛇形管）； ②更换膜片； ③在控制管路上增设阻尼管,以减弱冲击压力； ④按工艺要求设计电气系统

子任务 4 流量控制阀

液压系统中执行元件运动速度的大小,由输入执行元件的油液流量的大小决定。流量控制阀用来控制液压系统中油液的流量,以满足执行元件调速的要求,简称流量阀。流量控制阀是通过改变阀口（节流口）的通流面积或通流通道的长短来调节其流量,以控制执行元件运动速度的液压元件,通常与溢流阀并联使用。常用的流量控制阀有节流阀、调速阀两种。

对流量控制阀的主要要求：①足够的流量调节范围；②能保证的最小稳定流量值小；③温度与压力对流量的影响小及调节方便等。

一、节流阀

1. 节流口形式

流量控制阀有多种节流口形式,图 2-118 是几种常用的节流口结构形式。

图 2-118(a)为针阀式节流口,针阀移动,则可改变环状通流面积,从而调节流量。其特点是结构简单,但水力直径较小,流量不稳定,易堵塞,一般用于对节流性能要求不高的场合。

图 2-118(b)为偏心式节流口,在阀芯上开有一个截面为三角形（或矩形）的偏心槽,转动阀芯就可改变通流面积。它结构简单,节流口通流截面呈三角形,水力直径较大,可得到较小的稳定流量,阀芯承受径向不平衡力,适用于压力较低的场合。

图 2-118(c)为轴向三角槽式节流口,阀芯做轴向移动就可调节通流面积。它结构简单,节流口通流截面呈三角形,水力直径较大,可得到较小的稳定流量。L 形节流阀和 Q 形调速阀采用这种节流孔口。

图 2-118(d)为周向缝隙式节流口,阀芯沿圆周开有一段窄缝,旋转阀芯就可改变通流面积。阀芯承受径向不平衡力,适用于低压场合。

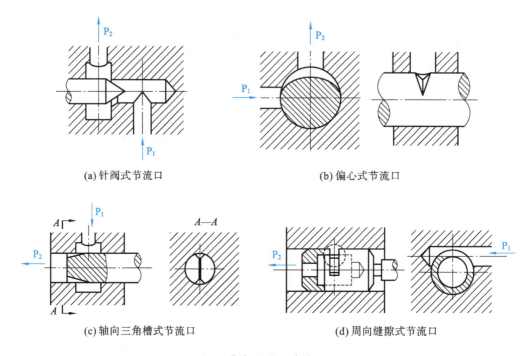

(a) 针阀式节流口　　(b) 偏心式节流口

(c) 轴向三角槽式节流口　　(d) 周向缝隙式节流口

P_1—进油口;P_2—出油口。

图 2-118　节流阀常用节流口形式

2. 节流阀结构及工作原理

如图 2-119 所示的节流阀的节流通道呈轴向三角沟槽式。液压油从进油口 P_1 流入,经节流口从出油口 P_2 流出。阀芯在弹簧的作用下始终贴紧在推杆上。调节手柄,借助推杆可使阀芯做轴向移动,改变节流口节流面积的大小,从而改变流量大小以达到调速的目的。油压平衡用孔道用于减小作用于手柄上的力,使滑轴上、下油压平衡。

节流阀结构简单,制造容易,体积小,使用方便,造价低,常与定量泵、溢流阀一起组成节流调速回路。但由于负载和温度的变化对流量稳定性的影响较大,因此只适用于负载和温度变化不大或速度稳定性要求不高的液压系统。

对于执行元件负载变化大、对速度稳定性要求高的节流调速系统,必须对节流阀进行压力补偿来保持节流阀前后压差不变,从而保证流量稳定。

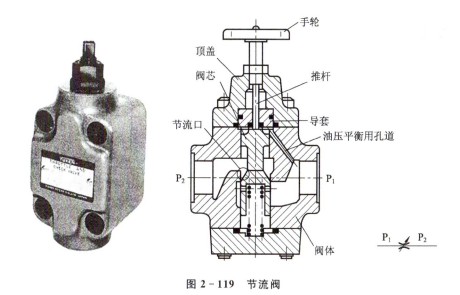

图 2-119 节流阀

3. 节流阀的流量特性

节流阀的输出流量与节流口的结构形式有关，实用的节流口都介于理想薄壁孔和细长孔之间，故其流量特性可用小孔流量通用公式来描述：

$$q_V = C A_T \Delta p^{\varphi} \tag{2-76}$$

理论上希望节流阀的阀口面积 A_T 一经调定，通过流量 q_V 即不再发生变化，以使执行元件的速度保持稳定，但实际上是做不到的，其主要原因是液压系统负载一般情况下不为定值，负载变化后，执行元件的工作压力也随之变化；与执行元件相连的节流阀，其前后压力差 Δp 发生变化后，流量也就随之变化。另外，油温变化时引起油的黏度发生变化，小孔流量通用公式中的系数 C 值就发生变化，从而使流量发生变化。

4. 最小稳定流量

实验表明，当节流阀在小开口面积下工作时，虽然阀的前后压力差 Δp 和油液黏度 μ 均保持不变，但流经阀的流量 q_V 会出现时多时少的周期性脉动现象，随着开口的逐渐减小，流量脉动变化加剧，甚至出现间歇式断流，使节流阀完全丧失工作能力。上述这种现象称为节流阀的堵塞现象。造成堵塞现象的主要原因是油液中的污物堵塞节流口，即污物时堵时不堵而造成流量脉动变化；另一个原因是油液中的极化分子和金属表面的吸附作用导致节流缝隙表面形成吸附层，使节流口的大小和形状发生改变。

节流阀的堵塞现象使节流阀在工作流量很小时流量不稳定，以致执行元件出现爬行现象。因此，对节流阀应有一个能正常工作的最小流量限制。这个限制值称为节流阀的最小稳定流量，用于系统则限制了执行元件的最低稳定速度。

二、调速阀

调速阀是由节流阀与定差减压阀串联而成的组合阀。节流阀用来调节通过的流量,定差减压阀则自动补偿负载变化的影响,始终保持节流阀前后的压差为定值,消除了负载变化对流量的影响。

调速阀的实物图、结构原理图及图形符号如图 2-120 所示。调速阀进油口压力 p_1 由泵出口处的溢流阀调定,基本保持恒定。压力油进入调速阀,先经过定差减压阀的阀口 x(压力由 p_1 降至 p_2),然后经过节流阀阀口 y 流出,出口压力为 p_3。从图中可以看到,节流阀进、出口压力 p_2 和 p_3 经过阀体上的流道分别被引到定差减压阀阀芯的两端(p_3 引到阀芯弹簧端,p_2 引到阀芯无弹簧端),作用在定差减压阀阀芯上的力包括液压力和弹簧力 F_s。则调速阀工作活塞处于平衡状态时的方程为

$$F_s + p_3 A_3 = (A_1 + A_2)p_2 \tag{2-77}$$

在设计时规定:$A_3 = A_1 + A_2$,则 $p_2 - p_3 = \Delta p = F_s/A_3$。

因为弹簧刚度较低,且工作过程中减压阀阀芯位移很小,所以可以认为 F_s 基本保持不变。因而节流阀两端压力差 $p_2 - p_3$ 也基本保持不变,这就保证了通过节流阀的流量稳定。

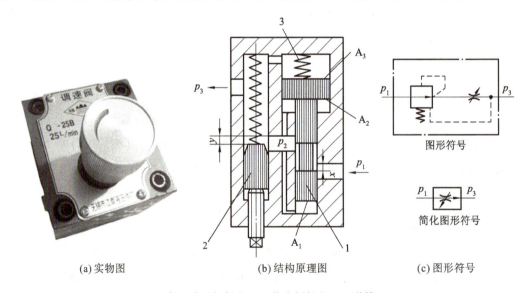

(a) 实物图　　(b) 结构原理图　　(c) 图形符号

1—定差减压阀阀芯;2—节流阀阀芯;3—弹簧。

图 2-120　调速阀的结构原理图

调速阀与节流阀的流量特性曲线如图 2-121 所示。节流阀的流量随阀进、出口压力差 Δp 变化较大。当压力差很小时,定差减压阀阀芯位于最下端,减压阀阀口 x 全开,不起减压作用,与节流阀作用相同;当压力差大于一定值时,流量基本不变。因此调速阀适用于负载变化较大、速度控制精度高、速度平稳性要求较高的液压系统。例如,各类组合机床、车床、铣床等设备的液压系统常用调速阀调速。

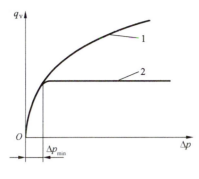

1—节流阀；2—调速阀。

图 2-121　流量阀的流量特性曲线

三、流量控制阀常见故障和排除方法

流量阀在使用中的常见故障有流量调整失灵、流量不稳定、压力补偿装置失灵、内泄漏量增大等。流量阀常见故障原因及排除方法如表 2-22 所示。

表 2-22　流量阀常见故障原因及排除方法

故障现象	故障原因		排除方法
调整节流阀手柄无流量变化	压力补偿阀不工作	压力补偿阀芯在关闭位置上卡死	检查修配间隙，更换弹簧
	节流阀故障	①油液过脏，节流口堵死； ②手柄与节流阀芯装配不当； ③节流阀阀芯无连接； ④节流阀阀芯配合间隙过小或变形； ⑤调节杆螺纹被堵	①检查油质，过滤油液； ②检查原因，重新装配； ③更换键或补装键； ④清洗，修配间隙或更换零件； ⑤拆开清洗
	系统未供油	换向阀阀芯未换向	检查原因并消除
执行元件运动速度不稳定（流量不稳定）	压力补偿阀故障	①压力补偿阀阀芯工作不灵敏； ②压力补偿阀阀芯在全开位置上卡死	①检查修配间隙，更换弹簧，保证阀芯移动灵活； ②清洗阻尼孔，油液过脏应更换
	节流阀故障	①节流口处积有污物，时堵时通； ②外载荷变化引起流量变化	①清洗检查油质，过滤或更换； ②对外载荷变化大的或要求执行元件运动速度非常平稳的系统，应改用调速阀

续表

故障现象	故障原因		排除方法
执行元件运动速度不稳定（流量不稳定）	油液品质劣化	①油温过高； ②温度补偿杆性能差； ③油液过脏	①检查原因，降温； ②更换温度补偿杆； ③清洗，检查油质，不合格的应更换
单向阀故障	单向阀的密封不良		研磨单向阀，提高密封性
振动	①系统中有空气； ②调定位置发生变化		①应将空气排净； ②调整后用锁紧装置锁住
泄漏	内泄和外泄使流量不稳定		消除泄漏，或更换元件

＊子任务5　其他阀

随着液压技术的发展出现了一些新型结构的液压控制阀，如插装阀、比例阀、叠加阀、数字控制阀等。它们的出现扩大了液压系统的使用范围，与普通液压阀相比，它们具有许多显著的优点。

一、插装阀

插装阀是将其基本组件插入特定的阀体内，配以盖板、先导阀等组成的一种多功能复合阀。因其基本组件只有两个主油口，阀的开启闭合完全像一个受操纵的逻辑元件，故又称为逻辑阀。插装阀不仅能满足各种动作要求，而且与普通液压阀相比，具有流通能力大、密封性好、泄漏小、功率损失小、阀芯动作灵敏、抗污染能力强、结构简单、易于实现集成等优点，特别适用于大流量液压系统。

1. 插装阀的基本结构

插装阀的结构如图 2-122 所示，通常由先导阀、控制盖板、插装阀组件和插装阀体组成。

先导阀安装在控制盖板上，是用来控制逻辑阀单元工作状态的液压阀。先导控制阀也可以安装在阀体上。

控制盖板用来固定和密封主阀组件（盖板可以内嵌具有各种控制机能的微型先导控制元件，如节流螺塞、梭阀、单向阀等），安装先导控制阀、位移传感器、行程开关等电器附件，可以建立或改变控制油路与主阀控制腔的连接关系。

插装阀组件（又称主阀组件）为插装式结构，由阀芯、阀套、弹簧和密封件等组成，它插装在插装阀体中，通过它的开启、关闭动作和开启量的大小来控制主油路的液流方向、压力和流量。

插装阀体用来安装插装件、控制盖板和其他控制阀，连接主油路和控制油路。由于插装阀主要采用集成式连接形式，一般没有独立的阀体，在一个阀体中往往插装有多个插装阀，所以也称为集成块体。

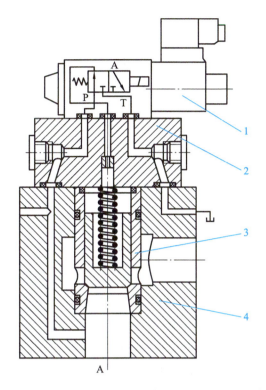

1—先导阀；2—控制盖板；3—插装阀组件；4—插装阀体。

图 2-122　插装阀的基本组成

2. 插装阀组件的工作原理

插装阀组件有锥阀和滑阀两种结构。插装阀组件的基本结构及图形符号如图 2-123 所示。A、B 为主油路连接口，K 是控制油口。锥阀的启、闭与控制压力 p_K 及工作压力 p_A 和 p_B 的大小有关，同时还与弹簧力 F_t、液动力 F_W 的大小有关。

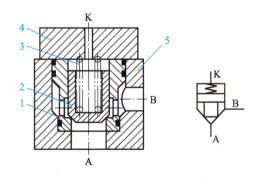

1—阀套；2—阀芯；3—弹簧；4—控制盖板；5—阀体。

图 2-123　插装阀组件的基本结构及图形符号

当锥阀开启时,油流的方向根据 p_A 与 p_B 的具体情况而定。当控制口 K 与油箱连通时,$p_K=0$,则阀开启。此时,如果 $p_B > p_A$,油液从 B 口流向 A 口;如果 $p_A > p_B$,油液从 A 口流向 B 口。当 K 口有控制油液,其压力大于或等于 B 口(或 A 口)油压,即 $p_K \geqslant p_B$(或 $p_K \geqslant p_A$)时,则阀关闭,B 口与 A 口隔断。由此可见,插装阀连通和切断油路的作用相当于一个液控的二位二通换向阀,可以利用控制口 K 压力 p_K 的大小来控制锥阀的启、闭及开口的大小。

3. 插装阀的应用

插装阀具有结构简单、制造容易、一阀多能等特点,在制造业、工程机械等领域的大流量液压系统中有着广泛的应用。

1)方向控制插装阀

插装阀用作二位四通换向阀的示意图如图 2-124 所示。它是将四个插装阀按图结合起来构成的一个方向控制阀。当油路中的二位四通电磁阀断电时,锥阀(即插装阀)2、4 的控制口通入控制油液,两阀关闭;锥阀 1、3 的控制口和油箱相通,压力油顶开阀 3 从油口 B 流出,并推动活塞向左运动,液压缸左腔的排油进入油口 A,顶开阀 1 流回油箱。当二位四通电磁阀通电时,P 和 A 通,B 和 T 通,压力油推动液压缸活塞向右运动。

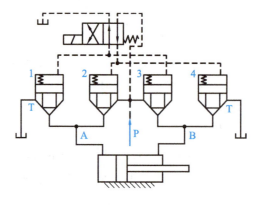

1,2,3,4—插装阀。

图 2-124 插装阀用作二位四通换向阀

2)压力控制插装阀

如图 2-125(a)所示,当 B 口通油箱时,A 口的压力油经节流小孔(此节流小孔也可直接放在锥阀阀芯内部)进入控制腔 k,并与压力阀相通,此时插装阀用作溢流阀;当图中的 B 口不接油箱而接负载时,插装阀用作顺序阀。

如图 2-125(b)所示,在插装溢流阀的控制腔 k 再接一个二位二通电磁换向阀,当电磁铁断电时,插装阀用作溢流阀;当电磁铁通电时,插装阀用作卸荷阀。

如图 2-125(c)所示,减压阀中的插装阀组件为常开式滑阀结构,B 为一次压力进口,A 为出口,A 腔的压力油经节流小孔与控制腔 k 相通,并与先导阀进口相通。由于控制油来自 A

口,因而能得到恒定的二次压力 p_2,相当于定压输出减压阀。

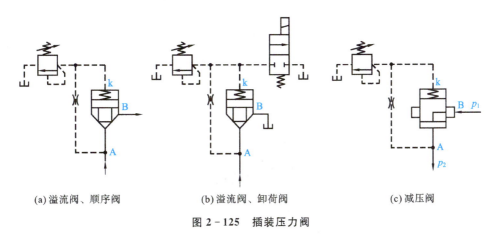

(a) 溢流阀、顺序阀　　(b) 溢流阀、卸荷阀　　(c) 减压阀

图 2-125　插装压力阀

3) 流量控制插装阀

插装阀用作节流阀的示意图如图 2-126 所示。插装阀组件尾部带节流窗口(部分阀组不带节流窗口)。调节行程调节器(如调节螺杆)便可改变锥阀的开启高度,从而达到控制流量的目的。

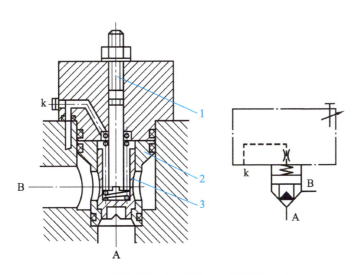

1—调节螺杆;2—阀套;3—锥阀芯。

图 2-126　插装节流阀

二、叠加阀

1. 叠加阀的工作原理

叠加式液压阀简称叠加阀,是在板式液压阀集成化基础上发展起来的一种新型的控制元件。每个叠加阀不仅起控制阀的作用,而且还起连接块和通道的作用。每个叠加阀的阀体

均有上下两个安装平面和四到五个公共通道,每个叠加阀的进出油口与公共通道并联或串联,同一通径的叠加阀的上下安装面的油口相对位置与标准的板式液压阀的油口位置一致。

叠加阀的分类与一般液压阀相同,也分为压力控制阀、流量控制阀和方向控制阀三大类。其中方向控制阀仅有单向阀类,所采用的主换向阀采用标准板式换向阀。

一组叠加阀的结构和图形符号图如图 2-127 所示。

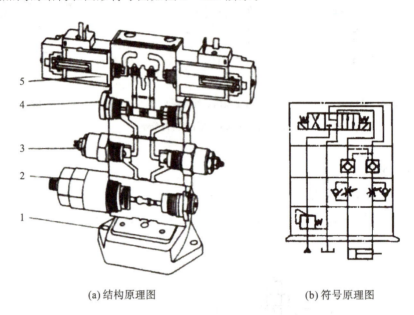

(a) 结构原理图　　　　　　(b) 符号原理图

1—底板;2—叠加式减压阀;3—叠加式单向节流阀;
4—叠加式双向液压锁;5—三位四通电磁换向阀。

图 2-127　叠加阀

2. 叠加阀的特点

(1) 标准化、通用化、集成化程度高,设计、加工、装配周期短。

(2) 用叠加阀组成的液压系统结构紧凑、体积小、质量轻、外形整齐美观。

(3) 叠加阀可集中配置在液压站上,也可分散安装在设备上,配置形式灵活。系统变化时,元件重新组合,叠装方便、迅速。

(4) 不用油管连接,压力损失小、漏油少、振动小、噪声小、动作平稳、使用安全可靠、维修容易。

(5) 回路形式较少,通径较小,品种规格尚不能满足较复杂的和大功率的液压系统的需要。

三、电液比例控制阀

电液比例控制阀简称比例阀,是一种输出量与输入信号成比例的液压阀。它可以按给定的输入电信号连续地、按比例地控制液流的压力、流量和方向。

比例阀的构成通常是在普通压力阀、流量阀或方向阀的基础上,安装一个比例电磁铁代替原来的控制部分。由于比例阀中的比例元件制造成本低廉、能量损耗少、性能可靠,因而在工业上获得了广泛的应用。

根据用途和工作特点的不同,比例阀可分为比例压力阀、比例流量阀、比例方向流量阀。

1. 比例压力阀

比例压力阀按用途不同,可分为比例溢流阀、比例减压阀和比例顺序阀;按控制功率的大小不同,可分为直动式与先导式。下面主要介绍直动锥阀式比例溢流阀和先导锥阀式比例溢流阀。

1) 直动锥阀式比例溢流阀

直动锥阀式比例溢流阀的结构简图如图 2-128 所示。用比例电磁铁取代直动式溢流阀的手动调压装置,便成为直动锥阀式比例溢流阀。比例电磁铁通电后产生吸力经推杆和传力弹簧作用在锥阀芯上,当锥阀芯左端的液压力大于电磁吸力时,锥阀芯被顶开溢流。连续地改变控制电流的大小,即可连续地按比例控制锥阀的开启压力。

直动锥阀式比例溢流阀的控制功率较小,通常控制流量为 1~3 L/min,低压力等级的流量最大可达 10 L/min。该阀主要是作为先导阀,控制功率放大级主阀,构成先导式溢流阀;同时,它也可在小流量系统用作溢流阀或安全阀。

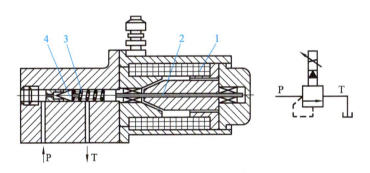

1—比例电磁铁;2—推杆;3—传力弹簧;4—锥阀芯。

图 2-128 直动锥阀式比例溢流阀的结构原理

2) 先导锥阀式比例溢流阀

将直动锥阀式比例溢流阀作为先导阀与普通压力阀的主阀相结合,便可组成先导式比例溢流阀、比例顺序阀和比例减压阀。这些阀能随电流的变化连续地或按比例地控制输出油的压力。

先导锥阀式比例溢流阀如图 2-129 所示,其下部是与普通先导式溢流阀相同的主阀,上部是比例先导压力阀。它的工作原理与普通先导式溢流阀相同。但普通阀的调压多是手调的,而比例溢流阀的压力是由电流(电信号)输入电磁铁后,产生与电流成比例的电磁力推动推杆来调节的。顶开锥阀的压力 p 就是调节压力。该阀还附有一个手动调节的先导阀,用以限制比例溢流阀的最高压力,避免因电子仪器发生故障时控制电流过大而导致系统过载。

采用比例溢流阀可以显著地提高控制性能,使原来溢流阀控制的压力调整由阶跃式变为比例阀控制的缓变式,避免了压力调整引起的液压冲击和振动。

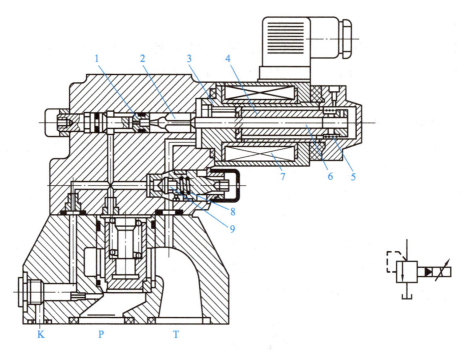

1—先导阀阀座;2—先导锥阀;3—轭铁;4—衔铁;5—弹簧;6—推杆;7—线圈;8—弹簧;9—先导阀。

图 2-129　先导锥阀式比例溢流阀

图 2-130 为采用比例溢流阀调压的多级调压回路。改变输入电流 I,即可控制系统的工作压力。它比利用普通溢流阀的多级调压回路所用的液压元件数量少,且其回路简单,能对系统压力进行连续控制。电液比例溢流阀目前多用于液压压力机、注射机、轧板机等的液压系统。图 2-131 为采用比例减压阀的减压回路。它可通过改变输入电流的大小来改变减压阀出口的压力,即改变夹紧缸的工作压力,从而得到最佳的夹紧效果。

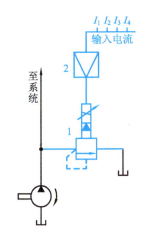

1—比例溢流阀；2—电子放大器。

图 2-130　采用比例溢流阀调压的多级调压回路

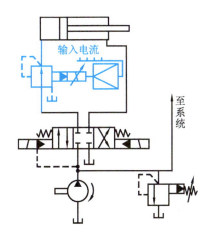

图 2-131　采用比例减压阀的减压回路

2. 比例流量阀

在普通流量阀的基础上，用比例电磁铁取代节流阀或调速阀的手动调速装置，便为比例节流阀或比例调速阀。它能用电信号控制阀口开度，从而控制油液流量，使其与压力和温度的变化无关。若输入的电流是连续地或按一定程序地变化，则比例调速阀所控制的流量也按比例或按一定程序变化。

比例流量阀也分为直动式和先导式两种。受比例电磁铁推力的限制，直动式比例流量阀适用于通径不大于 10 mm 的小规格阀；当通径大于 10 mm 时，常采用先导式比例流量阀。

比例调速阀主要用于各类液压系统连续变速与多速控制。改变比例调速阀的输入电流，便可使液压缸获得所需要的运动速度。与使用手动控制的普通调速阀的调速回路相比，采用比例调速阀的调速回路不但减少了元件的数量，还可大大改善回路性能，使液压缸的工作速度更符合加工工艺或设备工况要求，如图 2-132 所示。

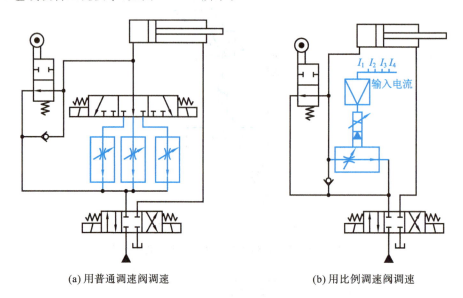

(a) 用普通调速阀调速　　　　(b) 用比例调速阀调速

图 2-132　采用比例调速阀的调速回路

3. 比例方向流量阀

用比例电磁铁取代电磁换向阀中的普通电磁铁，并在制造时严格控制阀芯和阀体上轴肩与凸肩的轴向尺寸，便可构成直动式比例方向流量阀，如图 2-133 所示。其阀芯的行程可以随输入电流连续地或按比例地改变，且其阀芯上的凸肩是三角形阀口，因而能通过控制换向阀的阀芯位置来调节阀口的开度，从而控制流量。因此，它同时兼有方向控制和流量控制两种功能，是一种复合控制阀。当流量较大时（阀的通径大于 10 mm），需采用先导式比例方向阀，如压力控制型先导比例方向阀、电反馈型先导比例方向阀等。

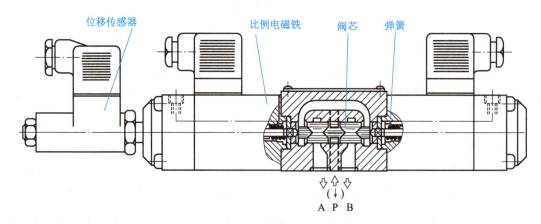

图 2-133　直动式比例方向流量阀

四、数字阀

用计算机的数字信息直接控制的液压阀,称为电液数字阀,简称数字阀。数字阀可直接与计算机连接,不需要数/模转换器。这种阀具有结构简单、工艺性好、制造成本低廉、输出量准确、重复精度高、抗干扰能力强、工作稳定可靠,以及对油液清洁度的要求比比例阀低等特点。由于它将计算机与液压技术紧密结合,因而其应用前景十分广阔。

用数字量进行控制的方法很多,目前常用的是增量控制法和脉宽调制(PWM)控制法两种。相应地,按控制方式可将数字阀分为增量式数字阀和脉宽调制式数字阀两种。下面主要介绍增量式数字阀。

增量式数字阀由步进电机(作为电-机械转换器)来驱动液压阀芯工作。步进电机直接用数字量控制,它每得到一个脉冲信号,便沿着控制信号给定的方向转动一个固定的步距角。显然,步进电机的转角与输入脉冲数成正比,而转速将随着输入脉冲频率的变化而变化。当输入脉冲反向时,步进电机就反向转动。步进电机在脉冲数字信号的基础上,使每个采样周期的步数在前一采样周期的基础上,增加或减少一些步数,而达到需要的幅值。这就是所谓的增量控制方式。由于步进电机采用这种控制方式工作,所以它所控制的阀称为增量式数字阀。按用途,增量式数字阀分为数字流量阀、数字压力阀和数字方向流量阀。

图2-134为增量式数字阀控制系统组成及工作原理框图。计算机发出需要的控制脉冲序列,经驱动电源放大后使步进电机工作。步进电机的转角通过凸轮或螺纹等机械式转换器转换成直线运动,以控制液压阀阀口开度,从而得到与输入脉冲数成比例的压力和流量值。

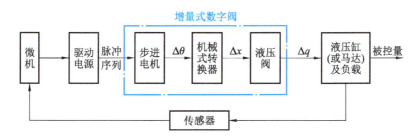

图2-134 增量式数字阀控制系统组成及工作原理框图

增量式数字阀的重复精度和控制精度高,但响应速度较慢,不宜在要求快速响应的高精度系统中使用。

增量式数字阀按用途不同,可分为数字流量阀、数字压力阀和数字方向流量阀。直控式数字节流阀如图2-135所示。步进电机按计算机的指令转动,滚珠丝杠变为轴向位移,使节流阀阀芯移动。当节流阀阀芯移动时,先打开节流口b,此时流量较小;继续移动,则打开节流口a,流量增大。控制阀口的开度,实现流量调节。这种阀的控制流量可达3600 L/min。

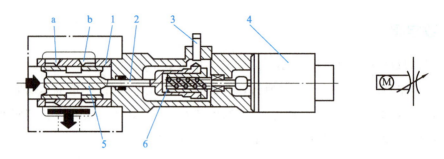

1—阀套；2—连杆；3—零位移传感器；4—步进电机；5—节流阀阀芯；

6—滚珠丝杠；a—全周向开口；b—非全周向开口。

图 2-135 直控式数字节流阀

例 2-7 如图 2-136 所示的液压回路，两液压缸结构完全相同，$A_1 = 20 \text{ cm}^2$，$A_2 = 10 \text{ cm}^2$，Ⅰ 缸、Ⅱ 缸负载分别为 $F_1 = 8 \times 10^3 \text{ N}$ 和 $F_2 = 3 \times 10^3 \text{ N}$，顺序阀、减压阀和溢流阀的调定压力分别为 3.5 MPa、1.5 MPa 和 5 MPa，不考虑压力损失，求：

(1) 1YA，3YA 通电，两缸向前运动中，A、B、C 三点的压力各是多少？

(2) 两缸向前运动到达终点后，A、B、C 三点的压力又各是多少？

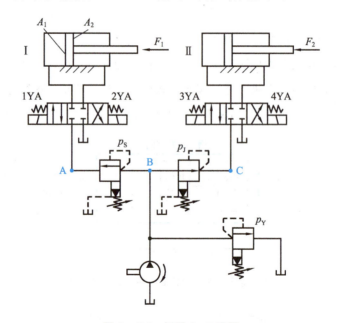

图 2-136 例题 2-7 配图

解：(1) 缸 Ⅰ 右移所需压力为

$$p_A = \frac{F_1}{A_1} = \frac{8 \times 10^3}{20 \times 10^{-4}} (\text{Pa}) = 4 \times 10^6 (\text{Pa}) = 4 (\text{MPa})$$

溢流阀调定压力大于顺序阀调定压力，顺序阀开启时进出口两侧压力相等，其值由负载决定，故 A、B 两点的压力均为 4 MPa；此时，溢流阀关闭。

缸Ⅱ右移所需压力为

$$p_C = \frac{F_2}{A_1} = \frac{3 \times 10^3}{20 \times 10^{-4}}(\text{Pa}) = 1.5 \times 10^6(\text{Pa}) = 1.5(\text{MPa})$$

因 $p_C = p_J$,减压阀始终处于减压、减压后稳压的工作状态,所以 C 点的压力为 1.5 MPa。

(2)两缸运动到终点后,负载相当于无穷大,两缸不能进油,迫使压力上升。当压力上升到溢流阀调定压力,溢流阀开启,液压泵输出的流量通过溢流阀溢流回油箱,因此,A、B 两点的压力均为 5 MPa;而减压阀由出油口控制,当缸Ⅱ压力上升到其调定压力,减压阀工作,就恒定其出口压力不变,故 C 点的压力仍为 1.5 MPa。

例 2-8 如图 2-137 所示的夹紧回路,已知液压缸的有效工作面积为 $A_1 = 100\text{ cm}^2$、$A_2 = 50\text{ cm}^2$,负载 $F_1 = 1.4 \times 10^4\text{ N}$,负载 $F_2 = 4250\text{ N}$,背压 $p = 0.15\text{ MPa}$,节流阀的压差 $\Delta p = 0.2\text{ MPa}$,不计管路损失,试求 A、B、C 各点的压力各是多少?

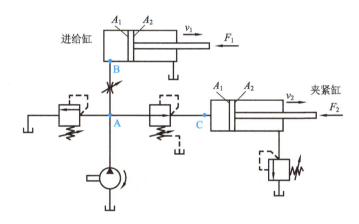

图 2-137 例题 2-8 配图

解:
$$p_B = \frac{F_1}{A_1} = \frac{1.4 \times 10^4}{100 \times 10^{-4}}(\text{Pa}) = 1.4 \times 10^6(\text{Pa}) = 1.4(\text{MPa})$$

$$p_A = p_B + \Delta p = 1.4 \times 10^6 + 2 \times 10^5(\text{Pa}) = 1.6 \times 10^6(\text{Pa}) = 1.6(\text{MPa})$$

$$p_C = \frac{F_2 + A_2 \times p}{A_1} = \frac{4250 + 50 \times 10^{-4} \times 1.5 \times 10^5}{100 \times 10^{-4}}(\text{Pa}) = 5 \times 10^5(\text{Pa}) = 0.5(\text{MPa})$$

夹紧缸运动时,进给缸应不动,这时 A、B、C 各点的压力均为 0.5 MPa。

当进给缸工作时,夹紧缸必须将工件夹紧,这时 C 点的压力为减压阀的调整压力,显然,减压阀的调整压力应大于等于 0.5 MPa。

子任务 6 液压阀的选用

对任何液压系统而言,正确选用液压阀,是使得液压系统设计合理、性能优良、安装简便、维护容易,同时保证系统正常工作的重要条件。下面从选择的一般原则、连接方式、额定压力、流量规格、控制方式及经济等方面来简述如何合理地选用液压阀。

1. 选择的一般原则

首先，根据系统的功能要求确定液压阀的类型。应尽量选择标准系列的通用产品。根据实际安装情况，选择不同的连接方式，如管式或板式连接等。然后，根据系统设计的最高工作压力选择液压阀的额定压力，根据通过液压阀的最大流量选择液压阀的流量规格，如溢流阀应按液压泵的最大流量选取；流量阀应按回路控制的流量范围选取，其最小稳定流量应小于调速范围所要求的最小稳定流量。

2. 液压阀连接方式的选择

液压阀的连接方式对液压元件的结构形式有决定性的影响，因此，要根据具体情况来选择合适的连接方式。一般来说，在选择液压阀连接方式的时候，应根据所选择液压阀的规格大小、系统的复杂程度及布置特点来定。

(1) 螺纹连接：适合系统较简单，元件数目较少，连接位置比较宽敞的场合。

(2) 板式连接：适合系统较复杂，元件数目较多，连接位置比较紧凑的场合。连接板内可以钻孔以连通油路，将多个液压元件固定在连接板上，可减少液压阀之间的连接管道，减少泄漏点，使得安装、维护更方便。

(3) 法兰连接：一般用于大口径的阀。

3. 液压阀额定压力的选择

液压阀的额定压力是液压阀的基本性能参数，标志着液压阀承压能力的大小，是液压阀在额定工作状态下的名义压力。应根据液压系统设计的工作压力选择相应压力级的液压阀，一般来说，应使液压阀上标明的额定压力值适当大于系统的工作压力。

4. 液压阀流量规格的选择

液压阀的额定流量是指液压阀在额定工况下通过的名义流量。选择液压阀的流量规格时，阀的额定流量与系统的工作流量相接近时，是最经济的。若选择阀的额定流量比工作流量小，则容易引起液压卡紧和液压冲击，并可能对阀的工作品质产生不良影响。

另外，也不能单纯地根据液压泵的额定输出流量来选择阀的流量，因为对一个液压系统而言，每个回路通过的流量不可能都是相同的。因此在选用液压阀时，应考虑液压阀所在回路可能通过的最大流量。

5. 液压阀控制方式的选择

液压阀的控制方式有多种，一般是根据系统的操纵需要与电气系统的配置能力来进行选择的。对于自动化程度要求较低、小型或不常调节的液压系统，则可选用手动控制方式；而对于自动化程度或控制性能要求较高的液压系统则可选用电动、液动等控制方式。

思考与练习

(1) 选择换向阀时应考虑哪些问题?

(2) 说明三位换向阀中位机能的特点及其适用场合。

(3) 先导式溢流阀的阻尼小孔起什么作用?若将其堵塞或加大会出现什么情况?

(4) 溢流阀、顺序阀和减压阀各起什么作用?它们在原理、结构和图形符号上有何异同?

(5) 在系统中有足够负载的情况下,先导式溢流阀、减压阀及调速阀的进、出油口压接会出现什么现象?

(6) 如图 2-138 所示,油路中各溢流阀的调定压力分别为 $p_A=5$ MPa,$p_B=4$ MPa,$p_C=2$ MPa。在外负载趋于无限大时,如图 2-138(a)和图 2-138(b)所示油路的供油压力各为多少?

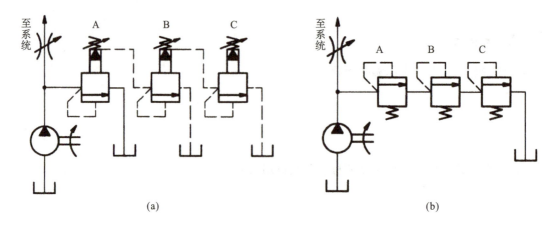

图 2-138 题 6 图

(7)如图 2-139 所示,两个减压阀的调定压力不同。当两阀串联时,如图 2-139(a)所示,出油口压力取决于哪个减压阀?当两阀并联时,如图 2-139(b)所示,出油口压力取决于哪个减压阀?为什么?

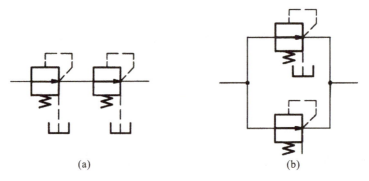

图 2-139 题 7 图

(8)在如图 2-140 所示的液压回路中,溢流阀的调整压力为 5 MPa,减压阀的调整压力为 2.5 MPa。试分析活塞运动时和碰到挡铁后 A、B 处的压力值(主油路截止,运动时液压缸的负载为零)。

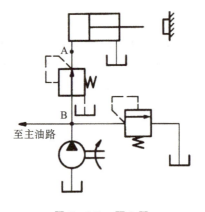

图 2-140 题 8 图

(9)三个溢流阀的调整压力各如图 2-141 所示。试问泵的供油压力有几级,数值各为多少?

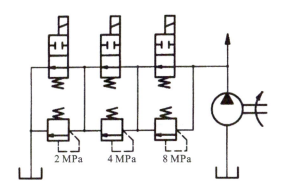

图 2-141 题 9 图

(10)在如图 2-142 所示的液压回路中,已知液压缸有效工作面积 $A_1=A_3=100$ cm^2,$A_2=A_4=50$ cm^2,当最大负载 $F_1=14$ kN,$F_2=4.25$ kN,背压力 $p=0.15$ MPa,节流阀 2 的压差 $\Delta p=0.2$ MPa 时,问:

① 不计管路损失,A、B、C 各点的压力是多少?
② 阀 1、2、3 至少应选用多大的额定压力?
③ 快速进给运动速度 $v_1=200$ cm/min,$v_2=240$ cm/min,各阀应选用多大的流量?

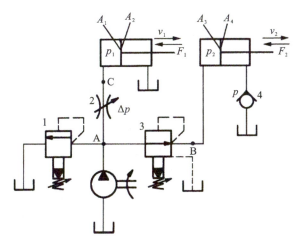

图 2-142 题 10 图

(11) 在如图 2-143 所示的液压回路中,顺序阀的调整压力 $p_X=3$ MPa,溢流阀的调整压力 $p_Y=5$ MPa,问在下列情况下,A、B 点的压力各为多少?

① 液压缸运动时,负载压力 $p_L=4$ MPa;

② 负载压力 p_L 变为 1 MPa;

③ 活塞运动到右端。

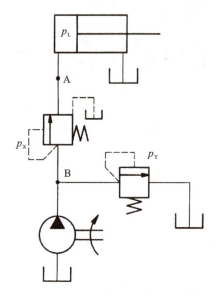

图 2-143 题 11 图

(12) 在如图 2-144 所示的液压回路中,顺序阀和溢流阀串联,它们的调整压力分别为 p_X 和 p_Y,当系统的外负载趋于无限大时,泵出口处的压力是多少?若把两阀的位置互换一下,泵出口处的压力是多少?

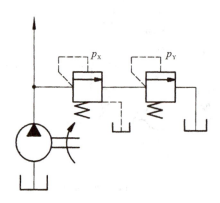

图 2-144 题 12 图

(13) 节流阀的最小稳定流量有什么意义，影响最小稳定流量的因素主要有哪些？方向控制阀在液压系统中起什么作用，常见的类型有哪些？

(14) 单向阀对开启压力有什么要求？

(15) 什么是换向阀的"位"和"通"？画出两位两通、两位三通、两位四通、三位四通和三位五通换向阀的图形符号。

(16) 三位换向阀的中位机能有哪些类型，各有什么特点？

(17) 常见的压力控制阀有哪几种？画出它们的图形符号。

(18) 溢流阀与顺序阀有哪些异同点？

(19) 节流阀和调速阀在结构和性能上有什么异同？

任务 10　组合机床动力滑台系统的辅助部分

任务目标

- 了解油箱的作用和基本结构。
- 了解过滤器的种类及选用、安装过滤器时应注意的问题。
- 了解蓄能器的作用。
- 了解密封元件的工作原理及应用。

重点难点

- 各辅助元件的结构及工作原理。

液压辅助元件是液压系统的组成部分之一,指动力元件、执行元件和控制元件以外的其他配件,主要包括蓄能器、热交换器、过滤器、压力表、管件、油箱、密封件等。从液压传动的工作原理来看,这些元件是起辅助作用的,但从保证液压系统正常工作的角度来看,它们却是必不可少的。这些元件对液压系统的性能、效率、温度、噪声和工作寿命都有很大影响。除油箱通常需要自行设计外,其余皆为标准件。因此,在选择和使用液压系统时,对辅助元件必须予以足够的重视。

子任务 1　蓄能器

在液压系统中,蓄能器是用来储存和释放液体压力能的元件。当系统压力高于蓄能器内部压力时,系统中的液体充进蓄能器中,直至蓄能器内部压力和系统压力之间保持平衡;反之,当蓄能器内的压力高于系统压力时,蓄能器中的液体将流到系统中去,直至蓄能器内部的压力和系统压力平衡。

蓄能器常用于间歇需要大流量的系统中,达到节约能量、减少投资的目的;也应用于液压系统中,起吸收脉动及减少液压冲击的作用。

一、蓄能器的用途

1. 作辅助动力源

如图 2-145 所示,在间歇工作或实现周期性动作循环的液压系统中,蓄能器可以把液压泵输出的多余压力油储存起来,当系统需要时,再由蓄能器释放出来。这样可以减少液压泵的额定流量,从而减小电机功率消耗,降低液压系统温升。

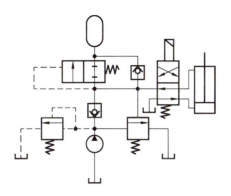

图 2-145 蓄能器用于辅助动力源

2. 维持系统压力或作紧急动力源

对于执行元件长时间不动作,而要保持恒定压力的系统,可用蓄能器来补偿泄漏,从而保持压力恒定。对于某些系统,当泵发生故障或停电时,执行元件应继续完成必要的动作,这时需要有适当容量的蓄能器作紧急动力源。

如图 2-146 所示,液压加紧系统中的二位四通阀左位接入,工件夹紧,油压升高,通过顺序阀、二位二通阀、溢流阀使泵卸荷,利用蓄能器供油,保持恒压。

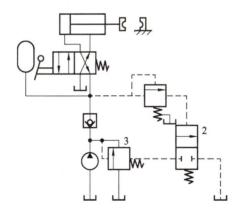

1—顺序阀;2—二位二通阀;3—溢流阀

图 2-146 蓄能器用于系统保压

3. 减小液压冲击或压力脉动

如图 2-147 所示。当阀门突然关闭时,可能在液压系统中产生冲击力。在产生冲击力的部位加装蓄能器,可使冲击力得到缓和;在泵的出口并接蓄能器,可使泵的流量脉动及因其引起的压力脉动减小。

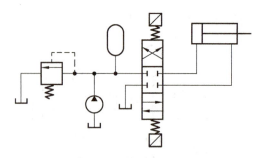

图 2-147 蓄能器用于减小冲击

二、蓄能器的种类

蓄能器主要有弹簧式和充气式两大类。其中,充气式蓄能器应用广泛,包括气瓶式、活塞式和气囊式三种类型,其结构简图和特点如表 2-23 所示。下面主要介绍活塞式和气囊式两种蓄能器。

表 2-23 蓄能器的结构与特点

名称		结构简图	特点和说明
弹簧式			①利用弹簧的压缩和伸长来储存、释放压力能; ②结构简单,反应灵敏,但容量小; ③供小容量、低压($P \leqslant 1$ MPa)回路缓冲之用,不适用于高压或高频的工作场合
充气式	气瓶式		①利用气体的压缩和膨胀来储存、释放压力能(气体和油液在蓄能器中直接接触); ②容量大,惯性小,反应灵敏,轮廓尺寸小,但气体容易混入油内,影响系统工作平稳性; ③只适用于大流量的中、低压系统
	活塞式		①利用气体的压缩和膨胀来储存、释放压力能(气体和油液在蓄能器中由活塞隔开); ②结构简单,工作可靠,安装容易,维护方便,但活塞惯性大,活塞和缸壁之间有摩擦,反应不够灵敏,密封要求较高; ③用来储存能量或供中、高压系统吸收压力脉动
	气囊式		①用气体的压缩和膨胀来储存、释放压力能(气体和油液在蓄能器中由气囊隔开); ②带弹簧的菌状进油阀能使油液进入蓄能器,又能防止皮囊自油口被挤出,充气阀只在蓄能器工作前皮囊充气时打开,蓄能器工作时则关闭; ③尺寸小,重量轻,安装方便,维护容易,皮囊惯性小,反应灵敏,但皮囊和壳体制造都较难; ④折合型皮囊容量较大,可储存能量;波纹型皮囊适用于吸收冲击

1. 活塞式蓄能器

活塞式蓄能器是利用气体的压缩和膨胀来储存和释放压力能的,其结构如图 2-148 所示。活塞的上部为压缩空气,气体由充气阀充入,其下部经油孔通入液压系统中,活塞随下部液压油的储存和释放而在缸筒内滑动。活塞上装有密封圈,活塞的凹面面向气体,以增加气体室的容积。

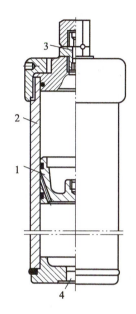

1—活塞;2—缸筒;3—充气阀;4—油孔。

图 2-148 活塞式蓄能器

活塞式蓄能器结构简单,易安装,维修方便。但活塞的密封问题不能完全解决,压力气体容易漏入液压系统中,而且由于活塞的惯性及摩擦力的作用,活塞动作不够灵敏。

2. 气囊式蓄能器

气囊式蓄能器的结构如图 2-149 所示。气囊用耐油橡胶制成,固定在壳体的上部。工作前,从充气阀向气囊内充入惰性气体(一般为氮气)。压力油从壳体底部的提升阀处充入气囊外腔,使气囊受压缩而储存液压能。当系统需要时,气囊膨胀,输出压力油。这种蓄能器的优点是惯性小、反应灵敏、容易维护、结构小、重量轻、充气方便,故应用广泛。

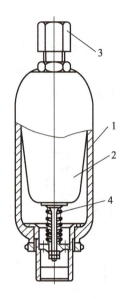

1—壳体；2—气囊；3—充气阀；4—提升阀。

图 2-149 气囊式蓄能器

三、蓄能器的安装

（1）气囊式蓄能器应垂直安装，油口向下，以保证气囊的正常收缩。

（2）蓄能器与管路之间应安装截止阀，以便充气检修；蓄能器与泵之间应安装单向阀。

（3）为防止倒流，安装在管路上的蓄能器必须用支架固定。

（4）吸收冲击和脉动的蓄能器应尽可能安装在振源附近。

子任务 2　滤油器

液压传动系统中所使用的液压油不可避免地含有一定量的某种杂质。例如：有残留在液压系统中的机械杂质；有经过加油口、防尘圈等处进入的灰尘；有工作过程中产生的杂质，如密封件受液压作用形成的碎片，运动件相互摩擦产生的金属粉末，油液氧化变质产生的胶质、沥青质、炭渣等。这些杂质混入液压油后，随着液压油的循环作用，会导致液压元件中相对运动部件之间的间隙、节流孔和缝隙堵塞或运动部件卡死；破坏相对运动部件之间的油膜，划伤间隙表面，增大内部泄漏，降低效率，增加发热，加剧油液的化学作用，使油液变质。据统计，液压系统中 75% 以上的故障是由液压油中混入杂质造成的。因此，保证油液的清洁，防止油液的污染，对液压系统是十分重要的。

一、对滤油器的基本要求

滤油器是由滤芯和壳体组成的，其实物图如图 2-150 所示。滤油器就是靠滤芯上面的小间隙或小孔来阻隔混入油液中的杂质的。

(a) EF、QUQ、QUS液压空气滤清器

(b) WU、XU吸油滤清器

图 2-150　滤油器实物图

对滤油器的基本要求：

(1) 满足液压系统对过滤精度的要求。滤油器的过滤精度是指油液通过过滤器时，滤芯能够滤除的最小杂质颗粒度的大小，以其直径 d 的公称尺寸来表示。一般将滤油器分为 4 类：粗过滤器（$d \geqslant 0.1$ mm）、普通过滤器（$d \geqslant 0.01$ mm）、精过滤器（$d \geqslant 0.005$ mm）、特精过滤器（$d \geqslant 0.001$ mm）。

(2) 满足液压系统对过滤能力的要求。滤油器的过滤能力是指在一定压力差作用下允许通过滤油器的最大流量的大小，一般用滤油器的有效滤油面积来表示。

(3) 滤油器应具有一定的机械强度。制造滤油器所采用的材料应保证在一定的工作压力下不会因液压力的作用而受到破坏。

二、滤油器的类型及特点

滤油器按滤芯的材料和结构形式可分为网式、线隙式、纸芯式、磁性式及烧结式等。按滤油器安放的位置不同，其还可以分为吸滤器、压滤器和回油滤油器，考虑到泵的自吸性能，吸油滤油器多为粗滤器。

1. 网式滤油器

网式过滤器如图 2-151 所示，其滤芯以铜网为过滤材料，在滤芯周围设有带很多孔的塑料或金属筒形骨架，其上包着一层或两层铜丝网。它的过滤精度取决于铜网层数和网孔的大小。这种过滤器结构简单、通流能力大、清洗方便，但过滤精度低，一般用于液压泵的吸油口。我国网式滤油器的过滤精度为 80 μm、100 μm、180 μm，压力损失要求小于 0.01 MPa。

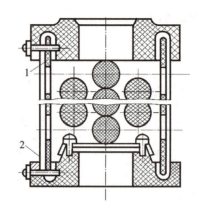

1—骨架；2—铜丝网。

图 2-151　网式滤油器

2. 线隙式滤油器

线隙式滤油器如图 2-152 所示，用钢线或铝线密绕在筒形骨架的外部来组成滤芯，依靠铜丝间的微小间隙滤除混入液体中的杂质。其结构简单、通流能力大、过滤精度比网式滤油器高，过滤精度有 30 μm、50 μm、80 μm，过滤效果比网式过滤器好，但不易清洗，多为回油过滤器。

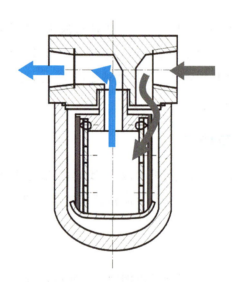

图 2-152　线隙式滤油器

3. 纸芯式滤油器

纸芯式滤油器如图 2-153 所示，其滤芯为平纹（或波纹）的酚醛树脂或木浆微孔滤纸制成的纸芯，将纸芯围绕在带孔的镀锡铁做成的骨架上，以增大强度。为增加过滤面积，纸芯一般做成折叠形。这种滤油器可用于压力管路和回油管路上，过滤精度一般为 10～20 μm，高精度的可达 1 μm 左右,因而额定流量下的压力损失大。它一般用于油液的精过滤,但堵塞后无法清洗,须经常更换滤芯。

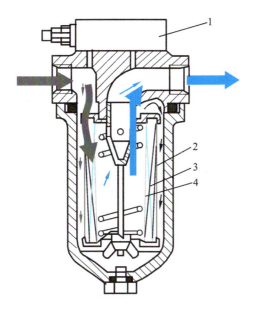

1—堵塞状态发讯装置;2—滤芯外层;3—滤芯中层;4—滤芯内层。

图 2-153　纸芯式滤油器

4. 烧结式滤油器

烧结式滤油器如图 2-154 所示,其滤芯用金属粉末烧结而成,利用颗粒间的微孔来挡住油液中的杂质。金属颗粒直径愈小,过滤精度愈高(可达 $10\sim60$ μm)。其滤芯能承受高压,抗腐蚀性好,过滤效果好,但颗粒易脱落,压力损失大,堵塞后难以清洗。它适用于要求精滤的高压、高温液压系统。

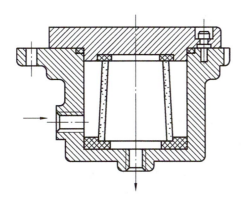

图 2-154　烧结式滤油器

5.磁性式过滤器

如图2-155所示,磁性式过滤器是用来滤除混入油液中的铁磁性杂质的,特别适用于经常加工铸件的机床液压系统。磁性式滤芯还可以与其他过滤材料(如滤纸、铜网等)构成组合滤芯。

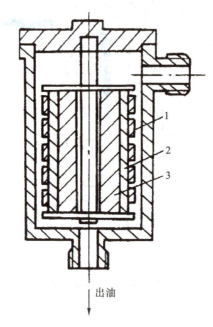

1—铁环;2—罩子;3—永久磁。

图2-155 磁性式过滤器

三、滤油器的安装

1.选用滤油器时的考虑因素

(1)过滤精度应满足预定要求。

(2)能在较长时间内保持足够的通流能力。

(3)滤芯具有足够的强度,不因液压的作用而损坏。

(4)滤芯抗腐蚀性能好,能在规定的温度下持久地工作。

(5)滤芯清洗或更换简便。

因此,滤油器应根据液压系统的技术要求,按过滤精度、通流能力、工作压力、油液黏度、工作温度等条件选定。

2.滤油器的安装位置

滤油器在液压系统中的安装位置如图2-156所示,通常有以下几种。

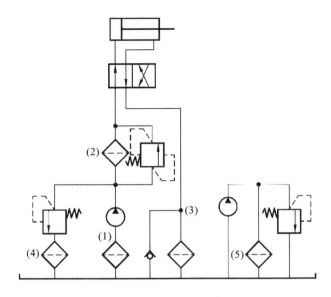

图 2-156　滤油器的安装位置

(1)安装在泵的吸油口处。泵的吸油路上一般都安装有表面型滤油器,目的是滤去较大的杂质微粒以保护液压泵。滤油器的过滤能力应为泵流量的两倍以上,压力损失小于 0.02 MPa。

(2)安装在泵的出口油路上。在出口油路上安装滤油器的目的是用来滤除可能侵入阀类等元件的污染物。其过滤精度应为 10~15 μm,且能承受油路上的工作压力和冲击压力,压力降应小于 0.35 MPa。同时应安装安全阀以防滤油器堵塞。

(3)安装在系统的回油路上。这种安装起间接过滤作用,一般与过滤器并联安装一背压阀,当过滤器堵塞达到一定压力值时,背压阀打开。

(4)安装在系统分支油路上。

(5)单独过滤系统。大型液压系统可专设一液压泵和滤油器组成的独立过滤回路,用以清除系统中的杂质。

子任务 3　热交换器

液压系统的正常工作温度应保持在 40~60 ℃ 的范围内,最低不得低于 15 ℃,最高不超过 65 ℃。油温过高或过低都会影响液压系统的正常工作,此时就必须安装热交换器来控制油液的温度。热交换器的图形符号如图 2-157 所示。

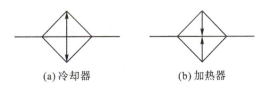

(a) 冷却器　　　　(b) 加热器

图 2-157　热交换器的图形符号

一、冷却器

冷却器除了可以通过管道散热面积直接吸收油液中的热量外,还可以在油液流动出现紊流时,通过破坏边界层来增加油液的传热系数。对冷却器的基本要求:在保证散热面积足够大、散热效率高和压力损失小的前提下,应结构紧凑、坚固、体积小、重量轻,最好有自动控制油温装置,以保证油温控制的准确性。

一般液压系统常用的冷却方式有蛇形管冷却器和对流式多管冷却器等。

1. 蛇形管冷却器

最简单的蛇形管冷却器如图 2-158 所示,它直接安装在油箱内并浸入油液中,管内通冷却水。这种冷却器的冷却效果不好,耗水量大,冷却效率低。

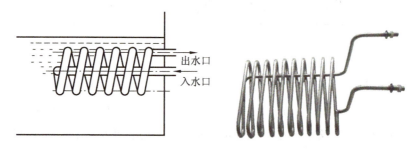

图 2-158 蛇形管冷却器

2. 对流式多管冷却器

液压系统中用得较多的冷却器是强制对流式多管冷却器,如图 2-159 所示。油液从进油口流入,从出油口流出;冷却水从进水口流入,通过多根散热管后由出水口流出。油液在水管外部流动时,它的行进路线因冷却器内设置了隔板而加长,因而增加了散热效果。

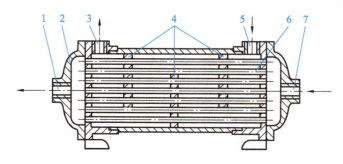

1—出水口;2—壳体;3—出油口;4—隔板;5—进油口;6—散热管;7—进水口。

图 2-159 对流式多管冷却器

近年来出现的一种翅片式多管冷却器,在水管外面增加了许多横向或纵向散热翅片,扩大了散热面积,加强了热交换效果,其散热面积可达光滑管的 8~10 倍。

翅片式多管冷却器的结构如图 2-160 所示。每一根管子有两层,内管中通水,外管中通油。油管外面加装横向或纵向散热翅片,以增加散热面积。这种冷却器冷却效果好,体积小、重量轻,翅片采用铝片,成本低,不易生锈。

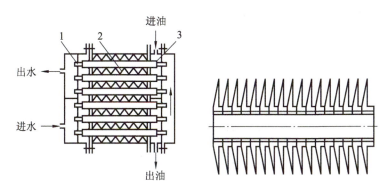

1—水管;2—翅片;3—油管。

图 2-160 翅片式多管冷却器

当液压系统散热量较大时,可使用化工行业中的水冷式板式换热器,它可及时地将油液中的热量散发出去,其参数及使用方法见相应的产品样本。一般冷却器的最高工作压力在 1.6 MPa 以内,使用时应安装在回油管路或低压管路上,它所造成的压力损失一般为 0.01～0.1 MPa。

3. 冷却器的安装

冷却器一般都安装在回油路及低压管路上,冷却器常用的一种连接方式如图 2-161 所示。安全阀对冷却器起保护作用,当系统不需要冷却时,截止阀打开,油液直接流回油箱。

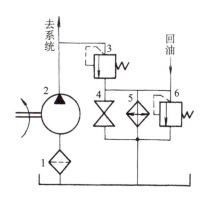

1—油箱;2—电加热器;3,6—安全阀;4—截止阀;5—冷却器。

图 2-161 冷却器的连接方式

二、加热器

电加热器的安装示意图和实物图如图 2-162 所示。一般情况下,电加热器应水平安装,发热部分全部浸入油液;安装位置应使油箱中的油液形成良好的自然对流;单个加热器的功率不能太大,以避免其周围油液过度受热而变质。

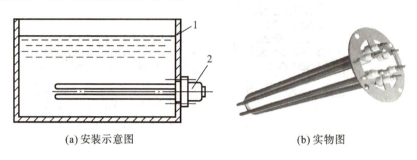

(a) 安装示意图　　　　　(b) 实物图

1—油箱；2—电加热器。

图 2-162　电加热器安装示意图和实物图

子任务 4　油箱

一、油箱的用途及其容积的确定

油箱的主要作用是储存油液,此外还起着散热、杂质沉淀和使油液中的空气逸出等作用。按油箱液面是否与大气相通,油箱可分为开式与闭式两种。开式油箱用于一般的液压系统中;闭式油箱用于水下和对工作稳定性、噪声有严格要求的液压系统中。

油箱的容积必须保证在设备停止运转时,系统中的油液在自重作用下能全部返回液压油油箱。油箱的有效容积(液面高度只占液压油油箱高度 80% 时的油箱容积)一般要大于泵每分钟流量的 3 倍(行走装置为 1.5~2 倍)。通常低压系统中,油箱的有效容积为每分钟流量的 2~4 倍,中高压系统为每分钟流量的 5~7 倍;若是高压闭式循环系统,其油箱的有效容积应由所需外循环油或补充油油量的多少而定;对于工作负载大,并长期连续工作的液压系统,油箱的容量需按液压系统的发热量,通过计算来确定。

二、液压油箱的结构

开式液压油箱的结构图和隔板示意图如图 2-163 所示。油箱内部用隔板将吸油管与回油管隔开。顶部、侧部和底部分别装有过滤网、液位计和排放污油的放油阀。安装液压泵及其驱动电机的安装板则固定在油箱顶面上。

项目二　YT4543组合机床动力滑台系统

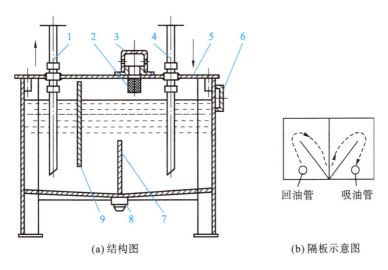

1—吸油管；2—过滤网；3—空气过滤器；4—回油管；
5—安装板；6—液位计；7,9—隔板；8—放油阀。

图2-163　开式液压油箱结构图和隔板示意图

三、油管的设置

液压泵的吸油管与液压系统回油管之间的距离应尽可能远些，管口插至许用的最低油面以下，但离油箱底的距离要大于管径的2倍，以免吸入空气和飞溅起泡。回油管口截成45°斜角且面向箱壁以增大通流截面，有利于散热和沉淀杂质。吸油管端部装有过滤器，并离油箱壁有3倍管径的距离以便四面进油。阀的泄油管口应在液面之上，以免产生背压。液压马达和液压泵的泄油管则应插入液面以下，以免产生气泡。

四、隔板的设置

设置隔板的目的是将吸、回油区分开，迫使油液循环流动，以利散热和杂质沉淀。隔板高度可接近最高液面。如图2-163(b)所示，通过设置隔板可以获得较大的流程，且与四壁保持接触，效果会更佳。

五、空气滤清器与液位计的设置

空气滤清器的作用是使油箱与大气相通，保证液压泵的吸油能力，除去空气中的灰尘并兼作加油口。一般将其布置在顶盖靠近油箱边处。液位计用于监测油的高度，其窗口尺寸应能满足对最高和最低液位的观察。

六、油箱的设计

在初步设计时，油箱的有效容量可按下述经验公式确定

$$V = mq_p \tag{2-78}$$

式中,V——油箱的有效容量;

q_p——液压泵的流量;

m——经验系数,低压系统:$m=2\sim4$;中压系统:$m=5\sim7$;中高压或高压系统:$m=6\sim12$。

对功率较大且连续工作的液压系统,必要时还要进行热平衡计算,以此确定油箱容量。

下面根据如图2-163所示的油箱结构图分述设计要点。

①泵的吸油管与系统回油管之间的距离应尽可能远,管口都应插于最低液面以下,但离油箱底的距离要大于管径的2倍,以免吸空和飞溅起泡,吸油管端部所安装的滤油器,离箱壁要有3倍管径的距离,以便四面进油。回油管口应截成45°斜角,以增大回流截面,并使斜面对着箱壁,以利散热和沉淀杂质。

②在油箱中设置隔板,以便将吸、回油隔开,迫使油液循环流动,利于散热和沉淀。

③设置空气滤清器与液位计。

④设置放油口与清洗窗口。将油箱底面做成斜面,在最低处设放油口,平时用螺塞或放油阀堵住,换油时将其打开放走油污。同时,为了便于换油时清洗油箱,大容量的油箱一般均在侧壁设清洗窗口。

⑤最高油面只允许达到油箱高度的80%,油箱底脚高度应在150 mm以上,以便散热、搬移和放油,油箱四周要有吊耳,以便起吊装运。

⑥油箱的正常工作温度应在15~66 ℃之间,必要时应安装温度控制系统,或设置加热器和冷却器。

子任务5 压力表及压力表开关

液压系统必须设置必要的压力检测和显示装置。在对液压系统调试时,用来调定各有关部位的压力;在液压系统工作时,检查各有关部位压力是否正常。在液压泵的出口、主要执行元件的进油口、安装压力继电器的地方、液压系统中与主油路压力不同的支路及控制油路、蓄能器的进油口处等,均应安装压力检测装置。

压力检测装置通常为压力表及压力传感器。压力表一般通过压力表开关与油路连接。为减少压力表的数量,一些压力表开关上有多个测压点,可与液压系统的不同部位相连。

一、压力表

1. 常见压力表的结构原理

压力表的种类很多,最常用的是弹簧管式压力表,如图2-164所示。油压力传入扁截面金属弹簧管,弹簧管变形使其曲率半径加大,端部的位移通过拉杆使扇形齿轮摆动。于是与扇形齿轮啮合的中心齿轮带动指针转动，这时即可由表盘读出压力值。

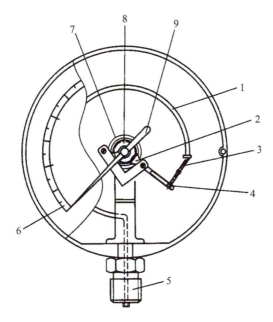

1—弹簧管；2—扇形齿轮；3—拉杆；4—调节钉；
5—接头；6—表盘；7—游丝；8—中心齿轮；9—指针。

图2-164　弹簧管式压力表

2.压力表的选用

选用压力表时应注意的问题：压力测量范围（量程范围）、测量精确度、压力变化情况（静态、慢变、速变和冲击等）、使用场合（有无振动、湿度和温度的高低、周围气体有无爆炸性和可燃性等）、工作介质（有无腐蚀性、易燃性等）、是否具备远距离传输功能及对附加装置的要求等。

1) 量程

在被测压力较稳定的情况下，最大压力值不超过压力表满量程的3/4；在被测压力波动较大的场合，最大压力值不超过压力表满量程的2/3。为提高示值精度，被测压力最小值应不低于全量程的1/3。

2) 测量压力的类型

要按被测压力是绝对压力、表压及差压这三种类型选择相应的测量仪表。

3) 压力的变化情况

要根据被测压力是静压力、缓变压力及动态压力来选择仪表。测量动态压力时，要考虑其频宽的要求。

4)测量精度

应保证测量最小压力值时,所选压力表的精度等级能达到系统所要求的测量精度。

二、压力表开关

压力油路与压力表之间需装压力表开关。压力表开关可看作是一个小型的截止阀,用以接通或断开压力表与油路的通道。压力表开关有一点式、三点式、六点式等。多点压力表开关可使压力表油路分别与几个被测油路相连通,因而用一个压力表可检测多处的压力。六点式压力表开关如图2-165所示,图示位置为非测量位置,此时压力表油路经沟槽a、小孔b与油箱连通。若将手柄向右推进去,沟槽a将使压力表油路与测量点处的油路连通,并将压力表油路与通往油箱的油路断开,这时便可测出该测量点的压力。如将手柄转到另一个测量点位置,则可测出其相应压力。压力表中的过油通道很小,可防止表针剧烈摆动。当不测量液压系统的压力时,应将手柄拉出,使压力表与系统油路断开,以保护压力表并延长其使用寿命。

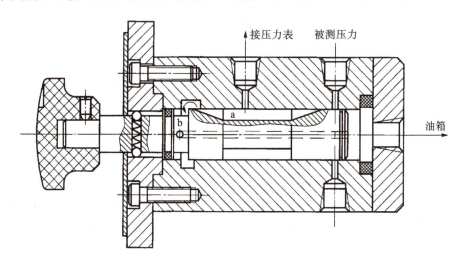

图2-165 六点式压力表开关

子任务6 油管与管接头

液压系统通过油管来传送工作液体,用管接头把油管与油管或油管与元件连接起来。油管和管接头应有足够的强度、良好的密封性能,并且压力损失要小、拆装方便。

一、油管

1.油管的种类

油管的种类和适用场合见表2-24。

表 2-24 油管的种类和适用场合

种类		特点和适用场合
硬管	钢管	价低、耐油、抗腐、刚性好,但装配时不便弯曲。常在装拆方便处用作压力管道。中压以上条件下采用无缝钢管,低压条件下采用焊接钢管
	纯铜管	价高,抗震能力差,易使油液氧化,但易弯曲成形,只用于仪表装配不便处
软管	尼龙管	乳白色半透明,可观察流动情况。加热后可任意弯曲成形和扩口,冷却后即定形。承压能力为 2.5~8 MPa
	塑料管	耐油、价低、装配方便,长期使用易老化,只适用于压力低于 0.5 MPa 的回油管与泄油管
	橡胶管	用于柔性连接,分高压和低压两种。高压胶管由耐油橡胶夹钢丝编织网制成,用于压力管路;低压胶管由耐油橡胶夹帆布制成,用于回油管路

2. 油管的安装要求

(1) 管路应尽量短、布置整齐、转弯少,避免过小的转弯半径,弯曲后管径的圆度不得大于 10%,一般要求弯曲半径大于其直径的 3 倍,管径小时还要加大,并保证管路有必要的伸缩变形余地。液压油管悬伸太长时要有支架支撑。

(2) 管路最好平行布置,且尽量少交叉。平行或交叉的液压油管间至少应留有 10 mm 的间隙,以防接触振动,并给安装管接头留有足够的空间。

(3) 安装前的管子,一般先用 20% 的硫酸或盐酸进行酸洗;酸洗后再用 10% 的苏打水中和;然后用温水洗净后,进行干燥、涂油处理,并作预压试验。

(4) 安装软管时不允许拧扭,直线安装要有余量,软管弯曲半径应不小于软管外径的 9 倍。弯曲处到管接头的距离至少是外径的 6 倍。

二、管接头

在液压系统中,对于金属管之间及金属管件与元件之间的连接,可以采用直接焊接、法兰连接和管接头连接等方式。焊接连接要进行试装、焊、除渣、酸洗等一系列工序,且安装后拆卸不方便,因此很少采用。法兰连接工作可靠,拆装方便,但外形尺寸较大;一般只对直径大于 50 mm 的液压油管采用法兰连接。对小直径的液压油管,普遍采用管接头连接,如焊接式管接头、卡套式管接头、扩口式管接头等。

1. 卡套式管接头

卡套式管接头的一种基本形式如图 2-166 所示,它由接头体、卡套和螺母等零件组成。拧紧螺母时,依靠卡套楔入接头体与接管之间的缝隙而实现连接。接头体的拧入端与焊接式管接头一样,可以是圆柱细牙螺纹,也可以是圆锥螺纹。这种管接头的最高工作压力可达 40 MPa。

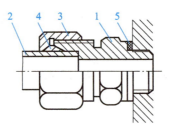

1—接头体；2—接管；3—螺母；4—卡套；5—组合密封圈。

图 2-166　卡套式管接头

2. 扩口式管接头

扩口式管接头如图 2-167 所示。接管（一般为铜管或薄壁钢管）端部扩口角为 74°，管套的内锥孔为 66°。装配时的拧紧力通过接头螺母转换成轴向压紧力，由管套传递给接管的管口部分，使扩口锥面与接头体密封锥面之间获得接触比压，在起刚性密封作用的同时，也起到连接作用并承受由管内流体压力所产生的接头体与接管之间的轴向分力。这种管接头的最高工作压力一般小于 16 MPa。

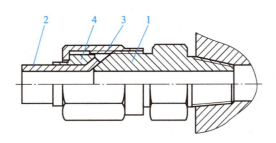

1—接头体；2—接管；3—螺母；4—管套。

图 2-167　扩口式管接头

3. 焊接式管接头

如图 2-168 所示，焊接式管接头是将管子的一端与管接头上的接管焊接起来后，再通过管接头上的螺母、接头体等与其他管子式元件连接起来的一类管接头。

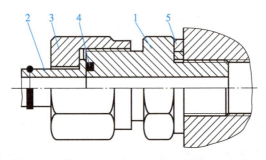

1—接头体；2—接管；3—螺母；4—O 形密封圈；5—组合密封圈。

图 2-168　焊接管接头

思考与练习

(1)蓄能器的功能有哪些?

(2)过滤器的选用和安装要求是什么?

(3)常用的密封装置有哪些?

(4)油箱的功能有哪些?

任务 11 液压系统基本回路

任务目标

- 掌握液压系统基本回路的分类、组成及作用。
- 掌握液压系统基本回路的工作原理及特点。
- 掌握液压系统基本回路中液压元件的工作原理及作用。
- 掌握简单液压系统回路的连接方法。

重点难点

- 压力控制回路的工作原理及应用。
- 节流阀节流调速回路的速度负载特性。
- 快速运动回路和速度换接回路的工作原理及应用。
- 多缸动作回路的实现方式。
- 平衡回路的工作原理及应用。
- 容积调速回路的调节方法及应用。
- 多缸快慢互不干扰回路的工作原理。

液压传动系统无论多么复杂，都是由一些能够完成某种特定控制功能的基本液压回路组成的。基本液压回路按功用可以分为方向控制、压力控制、速度控制和多缸工作控制等四类回路。

子任务 1 方向控制回路

在液压系统中，工作机构的启动、停止或变换运动方向等都是利用控制进入执行元件液流的通、断及改变流动方向来实现的。实现这些功能的回路称为方向控制回路。常见的方向控制回路有换向回路和锁紧回路。

一、换向回路

换向回路用于控制液压系统中的液流方向，从而改变执行元件的运动方向。一般可采用各种换向阀来实现，在闭式容积高速回路中也可利用双向变量泵实现换向过程。用电磁换向阀来实现执行元件的换向最为方便，但因电磁换向阀的动作快，换向时有冲击，故不宜用于频繁换向。采用电液换向阀换向时，虽然其液动换向阀的阀芯移动速度可调节，换向冲击较小，但仍不适用于频繁换向的场合。即使这样，由电磁换向阀构成的换向回路仍是应用最广泛的一种回路,尤其是在自动化程度要求较高的组合液压系统中。机动换向阀可进行频繁换向,且换向可靠性较好(这种换向回路中执行元件的换向过程是通过工作台侧面固定的挡块和杠杆直接作用来实现的,而电磁换向阀换向需要通过电气行程开关、继电器和电磁铁等中间环节),但机动换向阀必须安装在执行元件附近,不如电磁换向阀安装灵活。

利用行程开关控制三位四通电磁换向阀动作的换向回路如图 2-169 所示。按下启动按钮,1YA 通电,阀左位工作,液压缸左腔进油,活塞右移;当触动行程开关 2ST 时,1YA 断电,2YA 通电,阀右位工作,液压缸右腔进油,活塞左移;当触动行程开关 1ST 时,1YA 通电,2YA 断电,阀又左位工作,液压缸又左腔进油,活塞又向右移。这样往复变换换向阀的工作位置,就可自动改变活塞的移动方向。1YA 和 2YA 都断电,活塞停止运动。由二位四通、三位四通、三位五通电磁换向阀组成的换向回路是较常用的。电磁换向阀组成的换向回路操作方便,易于实现自动化,但换向时间短,故换向冲击大(尤以交流电磁阀更甚),适用于小流量、平稳性要求不高的场合。

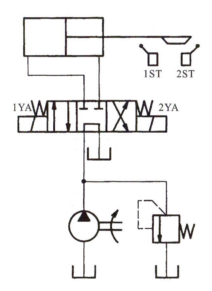

图 2-169 行程开关控制三位四通电磁换向阀动作的换向回路

二、锁紧回路

锁紧回路的功能是使执行元件停止在规定的位置上,且能防止因受外界影响而发生的漂移或窜动。两个液控单向阀组成的锁紧回路如图 2-170 所示。活塞可以在行程中的任何位置停止并锁紧,其锁紧效果只受液压缸泄漏的影响,因此其锁紧效果较好。在液压缸的两油路上串接液控单向阀,它能在液压缸不工作时,使活塞在两个方向的任意位置上迅速、平稳、可靠且长时间地锁紧。由于液控单向阀本身的密封性很好,因而锁紧精度主要取决于液压缸的泄漏量。两个液控单向阀做成一体时,称为双向液压锁。

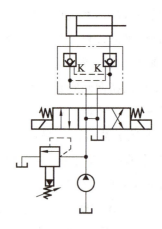

图 2-170　液控单向阀的锁紧回路

采用液压锁的锁紧回路,换向阀的中位机能应使液压锁的控制油液卸压(即换向阀应采用 H 型或 Y 型中位机能),以保证换向阀中位接入回路时,液压锁能立即关闭,活塞停止运动并锁紧。假如采用 O 型中位机能的换向阀,换向阀处于中位时,由于控制油液仍存在一定的压力,液压锁不能立即关闭,直至换向阀泄漏使控制油液压力下降到一定值后,液压锁才能关闭,这种锁紧回路由于受到换向阀泄漏的影响,执行元件仍可能产生一定漂移或窜动,锁紧效果较差。

锁紧回路广泛应用于工程机械、起重运输机械等有较高锁紧要求的场合。

子任务 2　压力控制回路

压力控制回路是利用压力阀对系统整体或系统某一部分的压力进行控制的回路,以满足执行元件对力或转矩的要求。这类回路包括调压、增压、减压、卸荷、保压、平衡、背压等多种回路。

一、调压回路

为使系统的压力与负载相适应并保持稳定,或为了安全而限定系统的最高压力,都要用到调压回路,在工作过程中溢流阀是常开的,液压泵的工作压力决定了溢流阀的调定压力,溢流阀的调定压力必须大于液压缸最大工作压力和油路中各种压力损失的总和,一般为系统工作压力的 1.1 倍。当液压系统在不同的工作阶段需要两种以上不同大小的压力时,可采用多级调压回路。

1. 单级调压回路

单级调压回路如图 2-171 所示,液压泵和溢流阀并联连接即可组成单级调压回路。通过调节溢流阀的压力,可以改变泵的输出压力。当溢流阀的调定压力确定后,液压泵就在溢流阀的调定压力下工作,从而实现了对液压系统进行调压和稳压控制。

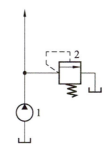

1—液压泵；2—溢流阀。

图 2-171　单级调压回路

2. 二级调压回路

二级调压回路如图 2-172 所示。先导型溢流阀的外控口串接二位二通换向阀和远程调压阀，构成二级调压回路。

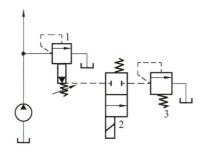

1—先导型溢流阀；2—二位二通电磁换向阀；3—远程调压阀。

图 2-172　二级调压回路

3. 多级调压回路

三级调压回路如图 2-173 所示。主溢流阀的遥控口通过三位四通换向阀分别接具有不同调定压力的远程调压阀 2 和 3。当换向阀左位工作时，压力由阀 2 调定；当换向阀右位工作时，压力由阀 3 调定；当换向阀中位工作时，由主溢流阀来调定系统最高的压力。调压阀 2 和 3 的调定压力值必须小于主溢流阀的调定压力值。

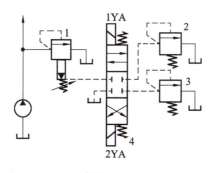

1—先导型溢流阀；2,3—远程调压阀；4—三位四通电磁换向阀。

图 2-173　三级调压回路

二、减压回路

当泵的输出压力是高压而局部回路或支路要求低压时,可以采用减压回路。减压回路较为简单,一般是在需要低压的支路上串接减压阀。图2-174(a)中的单向阀用于当主油路压力低于减压阀的调定压力时,防止油液倒流,起短时保压之用。在减压回路中,也可以采用类似两级或多级调压的方法获得两级或多级减压,如图2-174(b)所示,利用先导型减压阀的远控口接一远程调压阀,则可由阀1、阀2各调定一个低压,当二位二通换向阀处于图示位置时,系统压力由减压阀的调定压力决定;当二位二通换向阀处于右位时,液压缸的压力由远程调压阀2的调定压力决定。远程调压阀的调定压力必须低于减压阀的调定压力。液压泵的最大工作压力由溢流阀调定。

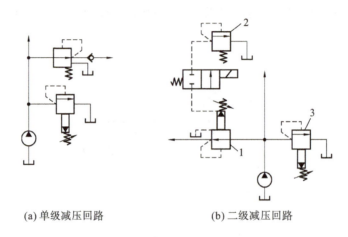

(a) 单级减压回路　　(b) 二级减压回路

1—先导型减压阀;2—远程调压阀;3—溢流阀。

图 2-174　减压回路

为了保证减压回路工作的可靠性,减压阀的最低调整压力应不小于0.5 MPa,最高调整压力至少比系统调整压力小0.5 MPa。由于减压阀工作时存在阀口的压力损失和泄漏口泄漏造成的容积损失,故这种回路不宜用在压降或流量较大的场合。

提示:负载在减压阀出口处所产生的压力应不低于减压阀的调定压力,否则减压阀不能起到减压、稳压作用。

三、增压回路

增压回路的功能是使系统中某一支路获得较系统压力高且流量不大的油液供应。利用增压回路,液压系统可以采用压力较低的液压泵,甚至采用压缩空气动力源来获得较高压力的压力油。增压回路中实现油液压力放大的主要元件是增压器,其增压比为增压器大、小活塞的面积之比。增压回路分单作用增压器的增压回路和双作用增压器的增压回路两种。

1. 单作用增压器的增压回路

单作用增压器的增压回路如图 2-175(a)所示,它适用于单向作用力大、行程小、作业时间短的场合,如制动器、离合器等。当压力为 p_1 的油液进入增压器的大活塞腔时,在小活塞腔即可得到压力为 p_2 的高压油液,增压的倍数等于增压器大、小活塞的工作面积之比。当二位四通电磁换向阀右位接入系统时,增压器的活塞返回,补油箱中的油液经单向阀补入小活塞腔。这种回路只能间断增压。

2. 双作用增压器的增压回路

采用双作用增压器的增压回路如图 2-175(b)所示,它能连续输出高压油,适用于增压行程要求较长的场合。泵输出的压力油经换向阀左位和单向阀 1 进入增压器左端大、小活塞腔,右端大活塞腔的回油通油箱,右端小活塞腔增压后的高压油经单向阀 3 输出,此时单向阀 2 和 4 被关闭;当活塞移到右端时,换向阀得电换向,活塞向左移动,左端小活塞腔输出的高压液体经单向阀 2 输出。这样增压缸的活塞不断往复运动,两端便交替输出高压液体,实现了连续增压。

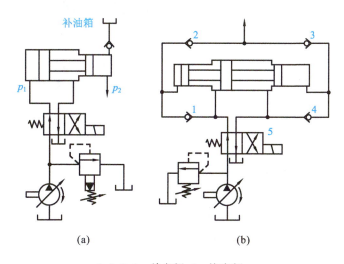

1,2,3,4—单向阀;5—换向阀。

图 2-175 增压回路

四、卸荷回路

在液压设备短时间停止工作期间,一般不宜关闭电动机,这是因为频繁开关对电动机和泵的寿命有严重影响。但若让泵在溢流阀调定压力下回油,又会造成很大的能量浪费,使油温升高,系统性能下降,为此常设置卸荷回路解决上述矛盾。

卸荷是指泵的功率损耗接近于零的运转状态。功率为流量与压力的乘积,两者任一近似为零,功率损耗即近似为零,故卸荷有流量卸荷和压力卸荷两种方法。流量卸荷法用于变量泵,此法简单,但泵处于高压状态,磨损比较严重;压力卸荷法是使泵在接近零压下工作。

1. 采用换向阀中位机能的卸荷回路

定量泵利用二位换向阀或三位换向阀的 M 型、H 型等中位机能,可构成卸荷回路。采用二位二通阀旁路卸荷的回路如图 2-176(a)所示,当二位二通电磁换向阀右位工作时,泵输出的液压油以接近零压状态流回油箱,这样既节省了动力又避免了油温上升。图中二位二通阀系为电磁操作,亦可使用手动操作。

采用 M 型中位机能电磁换向阀的卸荷回路如图 2-176(b)所示。当执行元件停止工作时,换向阀处于中位,液压泵与油箱连通实现卸荷。这种卸荷回路的卸荷效果较好,一般用于液压泵流量小于 63 L/min 的系统。需注意的是,换向阀的规格应与泵的额定流量相适应。

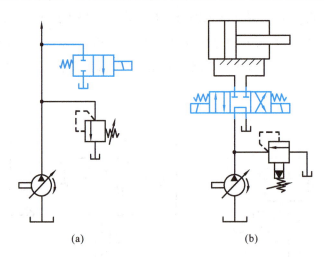

图 2-176 采用换向阀中位机能的卸荷回路

2. 采用先导式溢流阀的卸荷回路

最常用的采用先导式溢流阀的卸荷回路如图 2-177 所示。图中,先导式溢流阀的外控口处接一个二位二通常闭型电磁换向阀。当二位二通电磁换向阀通电时,溢流阀的外控口通过二位二通电磁换向阀与油箱相通,即先导式溢流阀主阀上腔直通油箱,液压泵输出的液压油将以很低的压力开启溢流阀的溢流口而流回油箱,实现卸荷。此时,溢流阀处于全开状态。显然,卸荷压力的高低取决于溢流阀主阀弹簧刚度的大小。

卸荷时,通过换向阀的流量只是溢流阀控制油路中的流量,只需采用小流量阀来进行控制。因此当停止卸荷,系统重新开始工作时,不会产生压力冲击现象。这种卸荷方式适用于高压大流量系统。但电磁阀连接溢流阀的外控口后,溢流阀上腔的控制容积增大,使溢流阀的动态性能下降,易出现不稳定现象。为此,需要在两阀间的连接油路上设置阻尼装置,以改善溢流阀的动态性能。

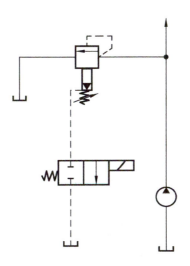

图 2-177 采用先导式溢流阀的卸荷回路

3. 采用顺序阀的卸荷回路

把外控顺序阀的出油口接通油箱,将外泄改为内泄,即可构成卸荷阀,如图 2-178 所示。当系统压力低于顺序阀的调定压力时,顺序阀不打开;当系统压力升高超过顺序阀的调定压力时,顺序阀打开,泵 1 中的压力油通过顺序阀卸荷。

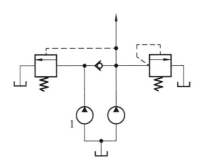

2-178 采用顺序阀的卸荷回路

五、保压回路

在压铸机、注塑机和油压机等液压设备上,当液压缸行至工作行程末端后,要求在工作压力下停留并保压一段时间(视需要而定,从几秒到数十分钟),然后换向返回。在起重运输设备等一些工程机械上,为安全起见,其回路的压力也常需要保持一段时间而不被卸掉,此时需用到保压回路。

保压回路的作用是使系统在液压缸不动或仅有工件变形所产生的微小位移的情况下,稳定地维持住压力。常见的保压回路有利用蓄能器的保压回路、利用液压泵的保压回路和利用液控单向阀的保压回路等。

1. 利用蓄能器的保压回路

蓄能器保压是当压力达到一定时,油泵停止供油,由蓄能器来补充泄漏的保压方法。利用蓄能器的保压回路如图 2-179 所示。系统工作时,电磁换向阀的左位通电,液压泵向蓄能器和液压缸左腔供油,并推动活塞右移;压紧工件后,进油路压力升高,升至压力继电器的调定值时,压力继电器发出信号使二通阀通电,通过先导式溢流阀使泵卸荷,此时,单向阀自动关闭,液压缸则由蓄能器保压。

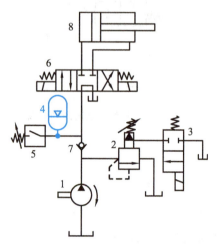

1—液压泵;2—先导型溢流阀;3—二位二通电磁阀;4—蓄能器;
5—压力继电器;6—三位四通电磁换向阀;7—单向阀;8—液压缸。

图 2-179 利用蓄能器的保压回路

当蓄能器的压力不足时,压力继电器复位使泵重新供油。因此,调节压力继电器的通断区间即可调节缸中压力的最大值和最小值。其保压时间的长短取决于蓄能器的容量与泄漏程度。这种回路既能满足保压工作需要,又能节省功率、减少系统发热。

2. 利用液压泵的保压回路

利用液压泵保压是在回路中增设一台小流量高压补油泵来补充泄漏,进行保压的,如图 2-180 所示。当三位四通换向阀右位得电,液压缸活塞向下运动,液压缸活塞杆压住工件要求保压时,由压力继电器发出信号,使换向阀处于中位,主泵卸载;同时使二位二通换向阀处于左位,由高压补油泵停止卸荷,向液压缸上腔供油,维持系统压力稳定。压力稳定性取决于溢流阀的稳压精度。由于高压补油泵只需补偿系统的泄漏量,可选用小流量泵,因而功率损失小,对整个系统发热影响不大。

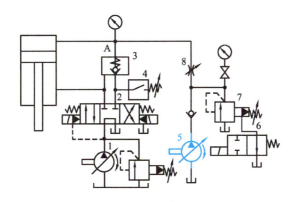

1—主泵；2—三位四通换向阀；3—液控单向阀；4—压力继电器；
5—高压补油泵；6—二位二通换向阀；7—溢流阀；8—调速阀。

图 2-180 利用高压补油泵的保压回路

3. 利用液控单向阀的保压回路

液控单向阀保压就是当压力达到设定值时，油泵停止供油，此时利用单向阀密封功能对液压缸进行保压的方法。利用液控单向阀和电接触式压力表的自动补油式保压回路如图 2-181 所示，当 2YA 通电，换向阀右位接入回路，液压缸上腔压力升至电接触式压力表上触点调定的压力值时，上触点接通，使 2YA 断电，换向阀切换成中位，泵卸荷，液压缸由液控单向阀保压；当缸上腔压力下降至下触点调定的压力值时，压力表又发出信号，使 2YA 通电，换向阀右位接入回路，泵向液压缸上腔补油使压力上升，直至上触点调定值。这种回路用于保压精度要求不高的场合。

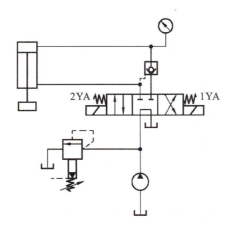

图 2-181 利用液控单向阀的保压回路

六、平衡回路

1. 采用单向顺序阀的平衡回路

单向顺序阀又称平衡阀,它的调定压力稍大于因工作部件自重在液压缸下腔中形成的压力。如图 2-182 所示,当换向阀处于中位时,活塞可停在任意位置而不会因自重下滑。当1YA通电,活塞下行时,回油路上就存在着一定的背压,因自重得到平衡,活塞不会产生超速现象,从而平稳下滑。在这种回路中,当活塞向下快速运动时功率损失大,锁住时活塞和与之相连的工作部件会因单向顺序阀和换向阀的泄漏而缓慢下落,因此它只适用于工作部件重量不大、活塞停止时定位要求不高的场合。

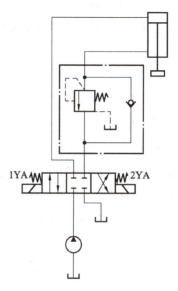

图 2-182 采用单向顺序阀的平衡回路

2. 采用液控顺序阀的平衡回路

如图 2-183 所示,当活塞下行时,控制压力油打开液控顺序阀,背压消失,因而回路工作效率较高;当停止工作时,液控顺序阀关闭以防止活塞和工作部件因自重而下降。这种平衡回路优点是只有上腔进油时活塞才下行,比较安全和可靠;缺点是活塞下行时平稳性较差。这是因为活塞下行时,液压缸上腔油压降低,将使液控顺序阀关闭。当顺序阀关闭时,活塞停止下行,液压缸上腔油压升高,又打开液控顺序阀。因此液控顺序阀始终处于启、闭的交替状态,因而影响工作的平稳性。因此,这种回路适用于运动部件重量不大、停留时间较短的液压系统。

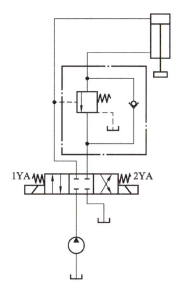

图 2-183 采用液控顺序阀的平衡回路

3. 采用液控单向阀的平衡回路

如图 2-184 所示,当换向阀左位接入回路时,压力油经换向阀进入液压缸上腔,同时打开液控单向阀,活塞下行。当中位机能为 H 型的换向阀处于中位时,液压缸上腔失压,液控单向阀迅速关闭,活塞立即停止运动并被锁紧。单向节流阀可以克服因液压缸上腔压力变化使液控单向阀时开时闭而造成的活塞下行过程中运动的不平稳,并且单向节流阀可控制流量,起调速作用。这种回路由于液控单向阀是锥面密封,泄漏极小,因此闭锁性能好,用于要求停位准确,停留时间较长的液压系统。

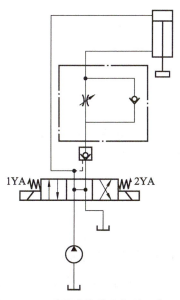

图 2-184 采用液控单向阀的平衡回路

子任务 3　速度控制回路

速度控制回路是对液压系统中执行元件运动速度和速度切换实现控制的回路。常用的回路包括调速回路、快速运动回路和速度换接回路等。

一、调速回路

在液压传动系统中，执行元件主要是液压缸和液压马达。在不考虑液压油的压缩性和元件泄漏的情况下，液压缸的运动速度 v 取决于流入或流出液压缸的流量及相应的有效工作面积，即

$$v = \frac{q}{A} \tag{2-79}$$

式中，q——流入（或流出）液压缸的流量；

A——液压缸进油腔（或回油腔）的有效工作面积。

由式（2-79）可知，要调节液压缸的工作速度，可以改变输入执行元件的流量，也可以改变执行元件的有效工作面积。对于确定的液压缸来说，改变其有效工作面积是比较困难的，因此，通常改变液压缸的输入流量 q。

液压马达的转速 n_M 由进入马达的流量 q 和马达的排量 V_M 决定，即

$$n_M = \frac{q}{V_M} \tag{2-80}$$

由式（2-80）可知，要调节液压马达的转速，可以改变输入液压马达的流量，或改变液压变量马达的排量。

为了改变进入执行元件的流量，可采用变量泵或定量泵和流量控制阀的组合来对液压执行元件供油。调速回路通常采用以下三种调速方式。

1. 节流调速回路

节流调速回路由流量控制阀、溢流阀和定量泵组成。它通过改变流量控制阀的通流面积来控制和调节进入或流出执行元件的流量，以达到调速的目的。

节流调速的形式有多种，按流量控制阀在回路中的安装位置不同，可以分为进油节流调速回路、回油节流调速回路和旁路节流调速回路；按流量控制阀的不同，又可以分为节流阀的节流调速回路和调速阀的节流调速回路。

1）进油节流调速回路

进油节流调速回路将流量控制阀设置在执行元件的进油路上，如图 2-185 所示，工作时通过节流阀来调节进入液压缸的流量，以达到控制液压缸速度的目的，同时定量泵排出的多余油液经溢流阀溢流回油箱。此回路中溢流阀的作用是调定液压泵的出口压力等于溢流阀的调定

压力,并保持基本恒定。根据回路特点可知,进油节流调速回路适用于低速、轻载、负载变化不大和对速度刚性要求不高的场合。

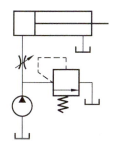

图 2-185 进油节流调速回路

2) 回油节流调速回路

回油节流调速回路将流量控制阀设置在执行元件的回油路上,如图 2-186 所示。工作时通过节流阀来调节液压缸的回油流量,从而间接控制进入液压缸的流量,以达到控制液压缸速度的目的,同时定量泵排出的多余油液经溢流阀溢流回油箱。此回路中溢流阀的作用是调定液压泵的出口压力等于溢流阀的调定压力,并基本保持恒定。

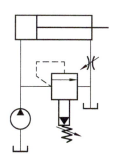

图 2-186 回油节流调速回路

由于流量控制阀的安放位置不同,两种回路存在下列区别:

① 对于回油节流调速回路,由于节流阀安装在回油路上,使液压缸回油腔有一定的背压,因此运动平稳性好,且可承受一定的负值负载;而进油节流调速回路要具备上述功能,就必须在回油路上加装背压阀,但这样做会使回路的功率损耗增加。

② 对于回油节流调速回路,油液经节流阀所产生的热量直接排回油箱,散热方便;而进油节流调速回路的这部分热量则随着油液进入液压缸,不利于散热,影响油液的性能和液压缸的泄漏。

总之,进、回油节流调速回路都具有低速、轻载时速度刚性好的特点,但由于同时存在溢流和节流两部分功率损失,所以效率低,因此只适用于低速、轻载和小功率的场合。

3) 旁路节流调速回路

旁路节流调速回路将流量控制阀设置在与执行元件并联的支路上,如图 2-187 所示,用节流阀来调节流回油箱的流量,从而间接控制进入液压缸的流量,以达到调速的目的。在此回路中溢流阀常闭作安全阀用,只在回路过载时打开,起过载保护作用。旁路节流调速回路适用于负载变化小和相对运动平稳性要求不高的高速大功率场合。

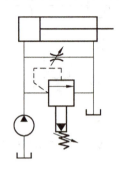

图 2-187　旁路节流调速回路

2. 容积调速回路

容积调速回路是通过改变回路中液压泵或液压马达的排量来实现调速的。其主要优点是功率损失小(没有溢流损失和节流损失)且其工作压力随负载变化,所以效率高、油的温度低,适用于高速、大功率系统。按油路循环方式不同,容积调速回路有开式回路和闭式回路两种。

1) 开式容积调速回路

开式容积调速回路通常设计为泵-缸回路。如图 2-188 所示,回路中没有节流调速元件,通过改变液压泵的流量对液压缸进行调速。液压缸的回油直接流回油箱,在回路中溢流阀作安全阀用,限定系统的最高压力,只在过载时打开,起安全保护作用。

这种回路结构简单,油液在油箱中冷却充分,发热量小,但油箱体积较大,并且由于是开式系统,空气和杂质容易混入,因而使系统的可靠性降低,影响正常工作。

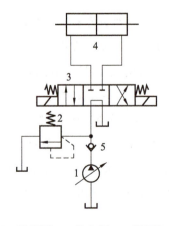

1—变量泵;2—溢流阀;3—换向阀;4—液压缸;5—单向阀。

图 2-188　变量泵-定量执行元件容积调速回路

2)闭式容积调速回路

闭式容积调速回路通常为泵-马达回路。由于作为执行元件的液压马达回油直接进入液压泵的吸油口,因此整个回路结构紧凑,但由于油液循环使用的冷却条件较差,同时也存在泄漏,因此,为了补偿泄漏和冷却油液,该回路一般须设置补油装置。

闭式容积调速回路通常又可分为变量泵-定量马达容积调速回路、定量泵-变量马达容积调速回路和变量泵-变量马达容积调速回路。

(1)变量泵-定量马达容积调速回路。

如图2-189所示,该回路是利用变量泵的排量变化来实现调速的。为补充回路中的泄漏而设置了补油装置。辅助泵用于补偿变量泵和马达的泄漏,其供油压力由溢流阀来调定。辅助泵与溢流阀使低压管路始终保持一定压力,不仅改善了主泵的吸油条件,而且可置换部分发热油液,降低系统温升。

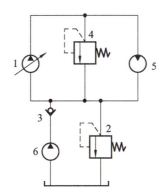

1—变量泵;2—溢流阀;3—单向阀;4—安全阀;
5—定量马达;6—辅助定量泵。

图 2-189 变量泵-定量马达容积调速回路

一般辅助泵的流量为变量泵最大流量的10%~15%。由于变量泵的吸油口处具有一定的压力,所以可避免空气侵入和出现空穴现象。封闭回路中的高压管路上连有溢流阀可起到安全阀的作用,以防止系统过载。单向阀在系统停止工作时可以起到防止封闭回路中的油液和空气侵入的作用。马达的转速是通过改变变量泵的输出流量来调节的。

变量泵-定量马达容积调速回路的液压泵转速和液压马达的排量都为常数,液压泵的供油压力随负载的增加而升高,其最高压力由安全阀来限制。在该回路中马达的输出转速、输出的最大功率都与变量泵的排量成正比,输出的最大转矩恒定不变,故称这种回路为恒转矩调速回路,由于其排量可调得很小,因此其调速范围较大。

(2)定量泵-变量马达容积调速回路。

如图2-190所示,将(a)图中的变量泵换成定量泵,定量马达置换成变量马达即构成定量泵-变量马达的容积调速回路(图 2-190(b))。

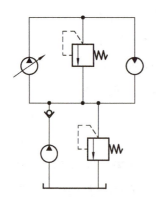 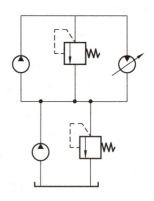

(a) 变量泵-定量马达容积调速回路　　　(b) 定量泵-变量马达容积调速回路

图 2-190　定量泵-变量马达容积调速回路

定量泵的转速和排量是不变的,改变变量马达的排量即可达到调速的目的。液压泵最高供油压力同样由溢流阀来限制。该调速回路中马达能输出的最大转矩与其排量成正比,其转速与排量成反比,能输出的最大功率恒定不变,故称这种回路为恒功率调速回路。

这种调速回路具有恒功率调速的特点,但调速范围小,且不能使液压马达平稳反向,因此这种调速回路目前已很少单独使用。

(3) 变量泵-变量马达容积调速回路。

如图 2-191 所示,双向变量泵可双向供油,用以实现液压马达的换向。单向阀 6 和 7 用于实现双向补油,而单向阀 8 和 9 则使溢流阀 5 能在两个方向起安全保护作用。

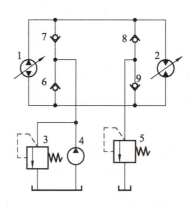

1—双向变量泵;2—双向变量马达;3,5—溢流阀;4—辅助定量泵;6,7,8,9—单向阀。

图 2-191　变量泵-变量马达容积调速回路

① 回路调速过程分为两个阶段。

低速段:将马达的排量调至最大,通过改变泵的排量实现调速。该阶段回路的特点与变量泵-定量马达容积调速回路一致,为恒转矩调速,马达的转速随泵排量的增大而增大。

高速段:当泵的排量调至最大时,使其固定,通过调节变量马达的排量实现调速。该阶段回路的特点与定量泵-变量马达容积调速回路一致,随着马达排量的增加,马达的转速逐渐升至最高。此时泵处于最大输出功率状态,故马达处于恒功率状态。

3. 容积节流调速回路

容积节流调速回路采用变量泵供油,用流量阀控制进入或流出液压缸的流量,以此来调节液压缸的运动速度,并可使变量泵的供油量自动与液压缸所需的流量相适应。

图 2-192 为用限压式变量泵与调速阀组成的调速回路。调节调速阀可以调节输入液压缸的流量。如果调速阀开口由大到小,则变量泵输出的流量也随之由大变小。这是因为调速阀开口变小,则液阻增大,泵的出口压力也随之升高,使泵的偏心自动减小,直至泵的输出流量等于调速阀允许通过的流量为止。如果限压变量泵的流量小于调速阀调定的流量,则泵的压力将降低,使泵的偏心自动增大,泵的输出流量增大到与调速阀调定的流量相适应。

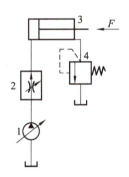

1—变量泵;2—调速阀;3—液压缸;4—溢流阀。

图 2-192 容积节流调速回路

这种调速回路的特点是低速稳定性比容积调速回路高,有节流功率损失,但没有溢流功率损失,回路效率较高,比容积调速回路效率稍低,随着负载减小,其节流损失增大,则效率降低。因此这种调速回路不宜用于负载变化大且大部分时间在低负载下工作的场合。

4. 三种调速方法的比较和选择

节流调速、容积调速和容积节流调速三种方法中,节流调速回路都存在负载变化,会导致速度变化。若采用节流阀调速,不但油温变化会影响流量变化,而且节流口较小时还容易堵塞,影响低速稳定性。节流调速回路的共同缺点是功率损失大,效率低,只适用于功率小的液压系统。

容积调速回路的共同特点:既没有节流损失,又没有溢流损失,回路效率较高;泵与马达的容积效率随负载压力增大而下降;速度也随负载而变,但与节流调速速度随负载变化的意义不同,容积调速比节流调速的速度刚度要高得多,而且调速范围很大。但是,采用改变变量马达排量调速的调速范围小。容积调速回路的共同缺点是低速稳定性较差。容积节流调速回路因为存在节流损失,所以效率比容积调速回路低,比节流调速回路高;低速稳定性比容积调速回路好。

三种调速回路的主要性能比较如表 2-25 所示。

表 2-25 三种调速回路主要性能比较

主要性能		节流调速回路				容积调速回路	容积节流调速回路	
		用节流阀调节		用调速阀调节			限压式	差压式
		进、回路	旁路	进、回路	旁路			
机械特性	速度稳定性	较差	差	好		较好	好	
	承载能力	较好	较差	好		较好	好	
调速特性(调速范围)		较大	小	较大		大	较大	
功率特性	效率	低	较高	低	较高	最高	较高	高
	发热	大	较小	大	较小	最小	较小	小
适用范围		小功率,轻载或低速的中、低压系统				大功率,重载高速的中、高压系统	中、小功率的中压系统	

二、快速运动回路

快速回路又称增速回路,其功用在于使执行元件获得必要的高速,以提高系统的工作效率或充分利用功率。快速回路因实现增速方法的不同而有多种结构方案,常用的有采用差动连接的快速运动回路、双泵供油的快速运动回路和采用蓄能器的快速运动回路等。

1. 采用差动连接的快速运动回路

采用差动连接的快速运动回路如图 2-193 所示。当换向阀 3 左端的电磁铁通电时,换向阀 3 左位进入系统,液压泵输出的压力油同缸右腔的油经换向阀 3 左位、换向阀 5 下位(此时外控顺序阀关闭)进入液压缸的左腔,实现了差动连接,使活塞快速向右运动。当快速运动结束,工作部件上的挡铁压下机动换向阀 5 时,泵的压力升高,顺序阀打开,液压缸右腔的回油只能经调速阀流回油箱,这时是工作进给。当换向阀 3 右端的电磁铁通电时,活塞向左快速退回(非差动连接)。

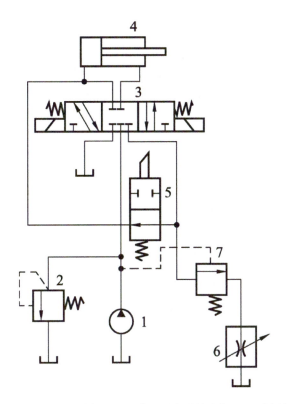

1—液压泵；2—溢流阀；3—三位五通电磁换向阀；4—液压缸；
5—二位二通机动换向阀；6—调速阀；7—顺序阀。

图 2-193 采用差动连接的快速运动回路

2. 双泵供油的快速运动回路

双泵供油的快速运动回路是利用低压大流量泵和高压小流量泵并联为系统供油的，如图 2-194 所示。图中 1 为高压小流量泵，用以实现工作进给运动；2 为低压大流量泵，用以实现快速运动。在快速运动时，液压泵 2 输出的油经单向阀和液压泵 1 输出的油共同向系统供油。在工作进给时，系统压力升高，液控顺序阀（卸荷阀）打开使液压泵 2 卸荷，此时单向阀关闭，由液压泵 1 单独向系统供油。溢流阀用来控制液压泵 1 的供油压力，其压力是根据系统所需最大工作压力来调节的；而卸荷阀使液压泵 2 在快速运动时供油，在工作进给时则卸荷，因此它的调整压力应比快速运动时系统所需的压力高，但比溢流阀的调整压力要低。

双泵供油回路功率利用合理、效率高，并且速度换接较平稳；在快、慢速度相差较大的机床中应用很广泛，缺点是要用一个双联泵，油路系统也稍复杂。

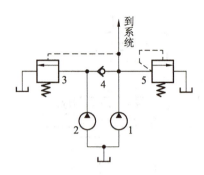

1,2—液压泵;3—卸荷阀;4—单向阀;5—溢流阀。

图 2-194 双泵供油快速回路

3. 采用蓄能器的快速运动回路

采用蓄能器的快速运动回路如图 2-195 所示。某些间歇工作且停留时间较长的液压设备（如冶金机械等）及某些工作速度存在快、慢两种速度的液压设备（如组合机床等），常采用蓄能器和定量泵共同组成的油源。其中，定量泵可选较小的流量规格，在系统不需要流量或工作速度很低时，泵的全部流量或大部分流量进入蓄能器储存待用，在系统工作或要求快速运动时，由泵和蓄能器同时向系统供油。

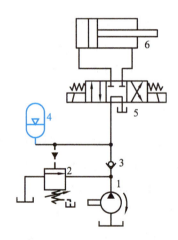

1—液压泵;2—溢流阀;3—单向阀;4—蓄能器;5—电磁换向阀;6—液压缸。

图 2-195 采用蓄能器的快速回路

三、速度换接回路

1. 快速运动和工作进给运动的换接回路

1）用行程阀来实现快速与慢速换接回路

图 2-196 是采用行程阀的快速运动（简称快进）和工作进给运动（简称工进）的速度换接回

路。在图示位置液压缸右腔的回油可经行程阀和换向阀流回油箱,使活塞快速向右运动。当快速运动到达所需位置时,活塞上挡铁压下行程阀,将其通路关闭,这时液压缸右腔的回油就必须经过调速阀流回油箱,活塞的运动转换为工作进给运动。当操纵换向阀使活塞换向后,压力油可经换向阀和单向阀进入液压缸右腔,使活塞快速向左退回。

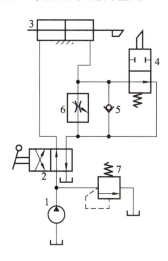

1—液压泵;2—换向阀;3—液压缸;4—行程阀;5—单向阀;6—调速阀;7—溢流阀。

图 2-196 用行程阀来实现快速与慢速换接回路

在这种速度换接回路中,因为行程阀的通油路是由液压缸活塞的行程控制阀芯移动而逐渐关闭的,所以换接时的位置精度高,冲出量小,运动速度的变换也比较平稳,这种回路在机床液压系统中应用较多。它的缺点是行程阀的安装位置受一定限制(要由挡铁压下),所以有时管路连接稍复杂。行程阀也可以用电磁换向阀来代替,这时电磁阀的安装位置不受限制(挡铁只需要压下行程开关),但其换接精度及速度变换的平稳性较差。

2)用电磁阀来实现速度换接回路

用二位二通电磁换向阀与调速阀并联的快慢速换接回路如图 2-197 所示。这种回路可实现快进、工进、快退、停止的工作循环。当电磁铁 1YA,3YA 通电时,液压泵的压力油经电磁阀 2、3 全部进入液压缸中,工作部件实现快速运动。当 3YA 断电,切换油路,则液压泵 1 的压力油经调速阀进入液压缸,将快进换接为工作进给。当工进结束后,运动部件碰到止挡铁停留,液压缸工作腔压力升高,压力继电器发信号,使 1YA 断电,2YA,3YA 通电,工作部件快速退回。这种回路安装连接比较方便,但速度换接的平稳性、可靠性及换向精度较差。

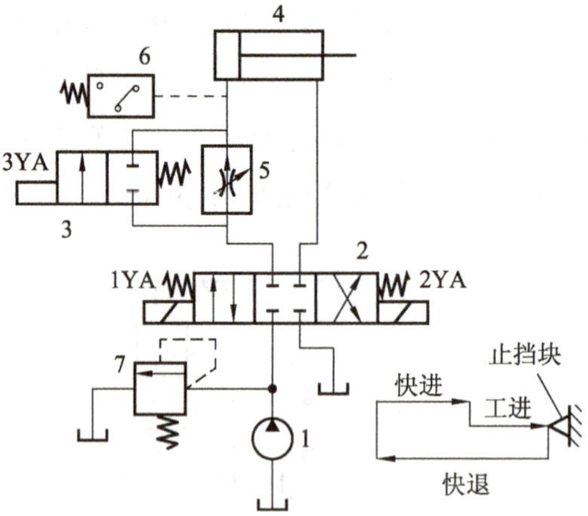

1—液压泵；2,3—电磁换向阀；4—液压缸；5—调速阀；6—压力继电器；7—溢流阀。

图 2-197　用电磁阀来实现速度换接回路

2. 两种工作进给速度的换接回路

对于某些自动机床、注塑机等，需要在自动工作循环中变换两种以上的工作进给速度，这时需要采用两种（或多种）工作进给速度的换接回路。

1）两个调速阀并联的速度换接回路

如图 2-198 所示，它由换向阀实现换接。两个调速阀可以独立地调节各自的流量，互不影响；但是一个调速阀工作时另一个调速阀内无油通过，它的减压阀不起作用而处于最大开口状态，因而速度换接时大量油液通过该处将使机床工作部件产生突然前冲现象。因此它不宜用于工作过程中需要速度换接的场合，只能用于速度预选场合。

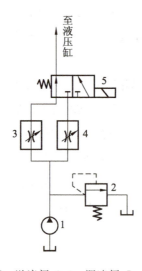

1—液压泵；2—溢流阀；3,4—调速阀；5—电磁换向阀。

图 2-198　两个调速阀并联的二次工进速度换接回路

2)两调速阀串联的速度换接回路

如图2-199所示,液压泵输出的压力油经调速阀3和电磁阀进入液压缸,这时的流量由调速阀3控制。当需要第二种工作进给速度时,电磁阀通电,其右位接入回路,则液压泵输出的压力油先经调速阀3,再经调速阀4进入液压缸,这时的流量应由调速阀4控制,所以两个调速阀串联式回路中调速阀4的节流口应调得比调速阀3小,否则调速阀4速度换接回路将不起作用。

这种回路在工作时调速阀3一直工作,它限制着进入液压缸或调速阀4的流量,因此在速度换接时不会使液压缸产生前冲现象,换接平稳性较好。但在调速阀4工作时,油液需经过两个调速阀,故能量损失较大,系统发热也较大。

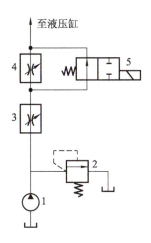

1—液压泵;2—溢流阀;3,4—调速阀;5—电磁阀。

图2-199 两个调速阀串联的二次工进速度换接回路

子任务4 多缸工作控制回路

液压系统中,一个液压泵往往驱动多个液压缸。按照系统的要求,这些缸或顺序动作,或同步动作,多缸之间要求能避免在压力和流量上的相互干扰。这类回路包括顺序动作、同步和互不干扰等回路等。

一、顺序动作回路

顺序动作回路的功用是使多缸液压系统中的各个液压缸严格按规定的顺序动作。按控制方式不同,顺序动作回路可分为压力控制和行程控制两大类。

1. 压力控制的顺序动作回路

压力控制利用油路本身的压力变化来控制液压缸的先后动作顺序,它主要利用压力继电器和顺序阀来控制顺序动作。

1) 压力继电器控制的顺序回路

如图 2-200 所示,两液压缸的顺序动作是通过压力继电器对两个电磁换向阀的操纵来实现的。压力继电器的动作压力应高于前一动作的最高工作压力,以免产生误动作。当电磁铁 1YA 通电后,压力油进入缸 A 左腔,其活塞右移实现动作①;当缸 A 到达终点后系统压力升高使压力继电器 1 动作,并使电磁铁 3YA 通电,此时压力油进入缸 B 左腔,缸 B 活塞右移实现动作②。同理,当电磁铁 3YA 断电,4YA 通电时,压力油开始进入缸 B 右腔,使其活塞先向左退回实现动作③;而当缸 B 退回到原位后,压力继电器 2 开始动作,并使电磁铁 1YA 断电,2YA 通电,此时压力油进入缸 A 右腔,使其活塞最后向左退回实现动作④。

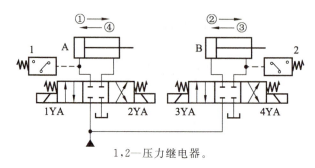

1,2—压力继电器。

图 2-200 压力继电器控制的顺序动作回路

2) 顺序阀控制的顺序动作回路

顺序阀控制的顺序动作回路如图 2-201 所示。回路中采用两个单向顺序阀用来控制液压缸顺序动作,其中顺序阀 D 的调定压力值大于液压缸 A 右行时的最大工作压力,故压力油先进入液压缸 A 的左腔,实现动作①。缸 A 移动到位后,压力上升,直到打开顺序阀 D 进入液压缸 B 的左腔,实现动作②。换向阀切换至右位后,过程与上述相同,先后完成动作③和④。顺序阀的调定压力应比前一个动作的工作压力高出 1 MPa(中低压阀约 0.5 MPa)左右,否则顺序阀易因系统压力脉动造成误动作。

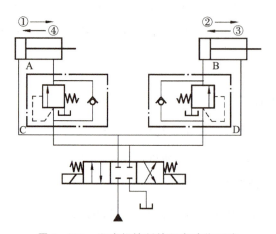

图 2-201 顺序阀控制的顺序动作回路

这种回路动作灵敏,安装连接较方便。但可靠性不高,位置精度低,适用于液压缸数目不多、负载变化不大的场合。

2. 行程控制顺序动作回路

1) 行程开关控制的顺序动作回路

行程控制顺序动作回路利用工作部件到达一定位置时,发出讯号来控制液压缸的先后动作顺序,它可以利用行程开关、行程阀或顺序缸来实现。

图2-202是利用电气行程开关发出讯号来控制电磁阀先后换向的顺序动作回路。其动作顺序是按启动按钮,电磁铁1YA通电,缸1活塞右行,实现动作①;当挡铁触动行程开关2XK,使2YA通电,缸2活塞右行,实现动作②;缸2活塞右行至行程终点,触动3XK,使1YA断电,缸1活塞左行,实现动作③;而后触动1XK,使2YA断电,缸2活塞左行,实现动作④。至此完成了缸1、缸2的全部顺序动作的自动循环。采用电气行程开关控制的顺序回路,调整行程大小和改变动作顺序均很方便,且可利用电气互锁使动作顺序可靠。

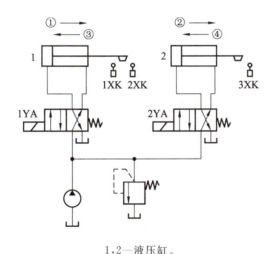

1,2—液压缸。

图 2-202 行程开关控制的顺序动作回路

2) 行程阀控制的顺序动作回路

行程阀控制的顺序动作回路如图2-203所示,在图示状态下,液压缸1和2的活塞均在左端。推动手动换向阀手柄使其左位工作,缸1的活塞右行,完成动作①;当缸1的活塞运动到终点后挡块压下行程阀,缸2右行,完成动作②;手动换向阀复位后,实现动作③;随着挡块的后移,行程阀复位,缸2活塞退回,实现动作④。利用行程阀控制的优点是位置精度高、平稳可靠;缺点是行程和顺序不容易更改。

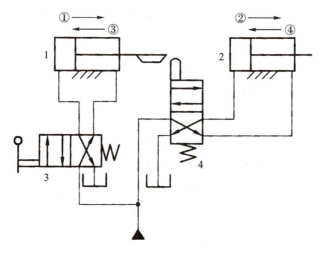

1,2—液压缸;3—手动换向阀;4—行程阀。

图 2-203 用行程阀控制的顺序动作回路

二、同步回路

使两个或多个液压缸在运动中保持相对位置不变且速度相同的回路称为同步回路。在多缸液压系统中,影响同步精度的因素很多,如液压缸外负载、泄漏、摩擦阻力、制造精度、结构弹性变形,以及油液中含气量等都会使运动不同步,同步回路要尽量克服或减少这些因素的影响。

同步回路的功能是使系统中多个执行元件克服负载、摩擦阻力、泄漏、制造质量和结构变形上的差异,保证在运动上的同步。同步运动分为速度同步和位置同步两类,速度同步是指各执行元件的运动速度相等,位置同步是指各执行元件在运动中或停止时都保持相同的位移量。严格做到每瞬间速度同步,也就能保持位置同步。实际上,同步回路多数采用速度同步。

常用的同步回路有串联液压缸的同步回路、带补偿装置的液压缸串联同步回路和用调速阀的同步回路等。

1. 串联液压缸的同步回路

串联液压缸的同步回路如图 2-204 所示。液压缸 1 回油腔排出的油液被送入液压缸 2 的进油腔。如果串联油腔活塞的有效面积相等,便可实现同步运动。这种回路两缸能承受不同的负载,但泵的供油压力要大于两缸工作压力之和。

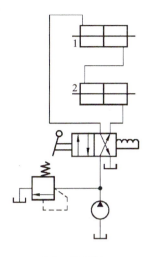

1,2—液压缸。

图 2-204 串联液压缸的同步回路

2. 带补偿装置的液压缸串联同步回路

由于泄漏和制造误差,影响了串联液压缸的同步精度,当活塞往复多次后,会产生严重的失调现象,为此要采取补偿措施。两个单作用缸串联,并带有补偿装置的同步回路如图 2-205 所示。为了达到同步运动,缸 1 有杆腔 A 的有效面积应与缸 2 无杆腔 B 的有效面积相等。

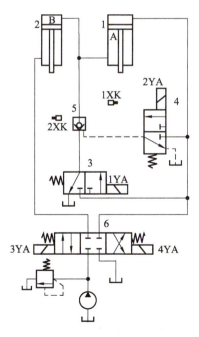

1,2—液压缸;3,4—二位三通电磁阀;5—液控单向阀;
6—三位四通电磁阀。

图 2-205 带补偿装置的液压缸串联同步回路

在电磁铁4YA通电,两液压缸活塞同时下行的过程中,如果液压缸1的活塞先运动到底,则触动行程开关1XK发讯,电磁铁1YA通电,此时压力油便经过二位三通电磁阀3、液控单向阀向液压缸2的B腔补油,使缸2的活塞继续运动到底;如果液压缸2的活塞先运动到底,则触动行程开关2XK,电磁铁2YA通电,此时压力油便经二位三通电磁阀进入液控单向阀的控制油口,液控单向阀反向导通,使缸1能通过液控单向阀和二位三通电磁阀回油,缸1的活塞继续运动到底,对失调现象进行补偿。

3. 用调速阀的同步回路

两个并联的液压缸分别用调速阀控制的同步回路如图2-206所示。两个调速阀分别调节两缸活塞的运动速度,当两缸有效面积相等时,则流量也调整得相同;若两缸面积不等,则改变调速阀的流量也能达到同步的运动。

用调速阀控制的同步回路,结构简单,并且可以调速,但是由于受到油温变化及调速阀性能差异等影响,同步精度较低,一般在5%～7%。

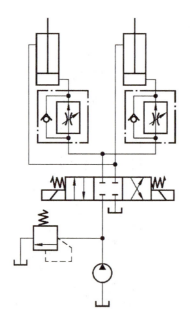

图 2-206 用调速阀的同步回路

三、互不干扰回路

在多缸液压系统中,往往由于一个液压缸的快速运动而吞进大量油液,造成整个系统的压力下降,干扰了其他液压缸的慢速工作进给运动。因此,对于工作进给稳定性要求较高的多缸液压系统,必须采用互不干扰回路。

多缸互不干扰回路的功能是使系统中几个液压执行元件,在完成各自的工作循环时,彼此互不影响。双泵供油的多缸快慢速互不干扰回路如图 2-207 所示,液压缸 A、B 分别要完成快速前进、工作进给和快速退回的自动工作循环。在图示状态下各缸原位停止。

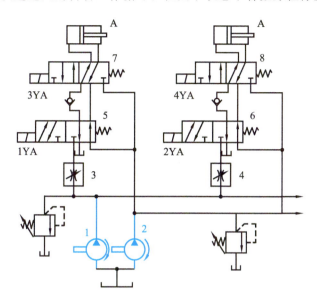

1—高压小流量泵;2—低压大流量泵;3,4—调速阀;5,6,7,8—换向阀;A,B—液压缸。

图 2-207 双泵供油的多缸快慢速互不干扰回路

当电磁换向阀 7 和 8 的电磁铁 3YA 和 4YA 均通电,各缸均由双联泵中的大流量泵 2 供油并作差动快进。如果这时缸 A 的活塞先到达要求位置,完成快进动作,则挡铁和行程开关使换向阀 5 的电磁铁 1YA 通电,换向阀 7 的电磁铁 3YA 断电。此时,泵 2 进入液压缸 A 的油路被切断,而双联泵中的高压小流量泵 1 进油路打开,液压缸 A 由调速阀 3 调速工进。此时液压缸 B 仍作快进,互不影响。

当各缸都转为工进后,它们全由小泵 1 供油。如果液压缸 A 率先完成工进,行程开关应使电磁换向阀 5 和 7 的电磁铁 1YA 和 3YA 均通电,液压缸 A 由泵 2 供油完成快退动作,当电磁铁都断电时,各液压缸都停止运动,并被锁在所在的位置上。

在这种回路中,两缸工作进给的速度分别由调速阀 3 和 4 决定。另外,由于快速运动和慢速运动各由一个液压泵分别供油,再由相应的电磁铁控制,所以两缸的快、慢运动也互不干扰。

思考与练习

(1) 由不同操纵方式的换向阀组成的换向回路各有什么特点?

(2) 锁紧回路中三位换向阀的中位机能是否可以任意选择?为什么?

(3) 在液压系统中,当工作部件停止运动以后,使泵卸荷有什么好处?举例说明几种常用的卸荷方法。

(4) 在液压系统中为什么要设置背压回路?背压回路与平衡回路有何区别?

(5) 如何调节执行元件的运动速度?常用的调速方法有哪些?

(6)在液压系统中为什么要设置快速运动回路？执行元件实现快速运动的方法有哪些？

(7)如图 2-208 所示，若阀 1 的调定压力为 5 MPa，阀 2 的调定压力 3 MPa，试回答下列问题：

①阀 1 是_____阀，阀 2 是_____阀。

②当液压缸运动时（无负载），A 点的压力值为_____、B 点的压力值为_____。

③当液压缸运动至终点碰到挡铁时，A 点的压力值为_____、B 点的压力值为_____。

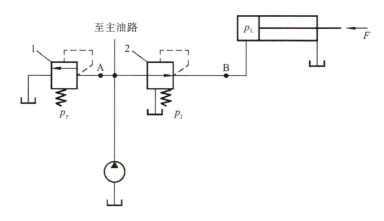

图 2-208 题 7 图

任务 12　YT4543 组合机床动力滑台系统分析

任务目标

- 理解并掌握组合机床液压系统的工作原理。
- 掌握组合机床液压系统采用的基本回路。
- 了解组合机床液压系统的特点。

重点难点

- 理解并掌握组合机床液压系统的工作原理。

机床上的动力滑台是组合机床用以实现进给运动的通用部件，其运动由液压缸驱动。在滑台上可根据加工工艺要求安装各类动力箱和切削头，完成车、铣、镗、钻、扩、铰、攻螺纹等加工工序，并能按多种进给方式实现自动工作循环。液压动力滑台应满足进给速度稳定、速度换接平稳、系统效率高、发热小等要求。

一个完整的液压系统往往是由多个不同功能的基本回路组成的，以完成各执行机构的动作顺序和工作要求。分析液压系统必须从其主机的工作特点、动作循环和性能要求出发，才能正确分析和了解系统的组成、元件的作用及各部分之间的相互联系。

液压系统分析的要点有系统实现的动作循环、各液压元件在系统中的作用和组成系统的基本回路；分析内容主要有系统的性能和特点、各工况下系统的油路情况、压力控制阀调整压力的确定依据及调压关系。

具体分析和阅读步骤如下：

① 了解设备的动作循环对液压系统的动作要求。
② 了解系统的组成元件，并以各个执行元件为中心将系统分为若干子系统。
③ 根据执行元件的动作要求对每个子系统进行分析，搞清楚子系统由哪些基本回路组成，然后根据执行元件动作循环读懂子系统。
④ 分析子系统之间的联系及执行元件间实现互锁、同步、防干扰等要求的方法。
⑤ 总结归纳系统的特点，加深理解。

一、YT4543 动力滑台液压系统的工作原理

YT4543 动力滑台液压系统如图 2-209 所示。它可以实现多种自动工作循环，其中一种比较典型的工作循环是"快进→一工进→二工进→固定挡铁停留→快退→原位停止"。系统中采用限压式变量叶片泵供油，并使液压缸差动连接以实现快速运动。由电液换向阀换向，用行程阀、液控顺序阀实现快进与工进的转换，用二位二通电磁换向阀实现一工进和二工进之间的速度换接。为保证进给的尺寸精度，采用了挡铁停留来限位。

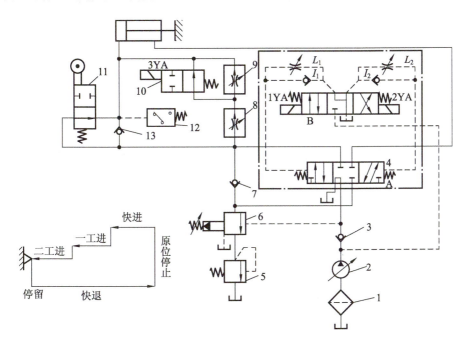

图 2-209 YT4543 动力滑台的液压系统

1. 快进

按下启动按钮，电磁铁 1YA 得电，电液换向阀 4 的先导阀阀芯向右移动从而引起主阀芯向右移，使其左位接入系统。这时，系统中油液流动的情况如下（图 2-209）。

（1）进油路线：

泵 2→单向阀 3→换向阀 4 主阀 A（左位）→行程阀 11（下位）→液压缸左腔

（2）回油路线：

液压缸的右腔→换向阀 4 主阀 A（左位）→单向阀 7→行程阀 11（下位）→液压缸左腔

这时形成差动连接回路。因为快进时，滑台的载荷较小，同时进油可以经阀 11 直通油缸左腔，系统中压力较低，所以变量泵 2 输出流量大，动力滑台可以快速前进。因系统压力较低，液控顺序阀没有打开。

2. 一工进

当滑台快速运动到预定位置时,滑台上的行程挡铁压下了行程阀 11 的阀芯,切断了该通道,使压力油须经调速阀 8 进入液压缸的左腔。由于油液流经调速阀,系统压力上升,打开液控顺序阀 6,此时单向阀 7 的上部压力大于下部压力,所以单向阀 7 关闭,切断了液压缸的差动回路,回油经液控顺序阀 6 和背压阀 5 流回油箱使滑台转换为第一次工作进给。

(1) 进油路线:

泵 2→单向阀 3→换向阀 4 主阀 A(左位)→调速阀 8→换向阀 10(右位)→液压缸左腔

(2) 回油路线:

液压缸右腔→换向阀 4 主阀 A(左位)→顺序阀 6→背压阀 5→油箱

因为工作进给时,滑台负载大,系统压力升高,所以变量泵 2 的流量自动减小,动力滑台向前作第一次工作进给,进给量的大小可以用调速阀 8 调节。

3. 二工进

第一次工进结束后,行程挡铁压下行程开关使 3YA 通电,二位二通换向阀将通路切断,进油必须经调速阀 8、9 才能进入液压缸,此时由于调速阀 9 的开口量小于阀 8,所以进给速度再次降低,其他油路情况与一工进相同。

(1) 进油路线:

滤油器 1→变量泵 2→单向阀 3→换向阀 4 主阀 A(左位)→调速阀 8→调速阀 9→液压缸左腔

(2) 回油路线:

液压缸右腔→换向阀 4 主阀 A(左位)→顺序阀 6→背压阀 5→油箱

4. 止挡铁停留

当滑台工作进给完毕之后,碰上止挡铁的滑台不再前进,停留在止挡铁处,同时系统压力升高,当升高到压力继电器 12 的调整值时,压力继电器动作,经过时间继电器的延时,再发出信号使滑台返回,滑台的停留时间可由时间继电器在一定范围内调整。

5. 快退

时间继电器经延时发出信号,2YA 通电,1YA、3YA 断电。

(1) 进油路线:

泵 2→单向阀 3→换向阀 4 主阀 A(右位)→液压缸右腔

(2) 回油路线:

液压缸左腔→单向阀 13→换向阀 4 主阀 A(右位)→油箱

6. 原位停止

当滑台退回到原位时,行程挡铁压下行程开关,发出信号,使 2YA 断电,换向阀 4 处于中位,液压缸失去液压动力源,滑台停止运动。液压泵输出的油液经换向阀 4 直接回油箱,泵卸荷。

该液压系统的电磁铁、压力继电器和行程阀的动作表如表 2-26 所示。

表 2-26 YT4543 动力滑台液压系统电磁铁、压力继电器和行程阀的动作表

动作名称	电磁铁、压力继电器、行程阀				
	1YA	2YA	3YA	继电器	行程阀
快进	−	−	−	−	−
一工进	+	−	−	−	+
二工进	+	−	+	−	+
固定挡铁停留	−	−	−	+	+
快退	−	+	−	−	±
原位停止	−	−	−	−	−

注:电磁铁或继电器通电、行程阀压下时,表中记"+";反之,记"−"号。

二、组合机床液压系统采用的基本回路

YT4543 组合机床液压系统采用的基本回路如图 2-210 所示。

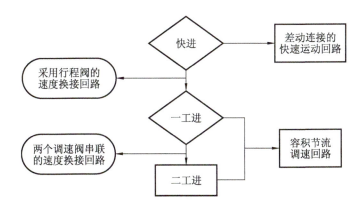

图 2-210 组合机床液压系统的基本回路

三、组合机床液压系统的特点分析

①采用限压式变量泵、调速阀和背压阀组成的容积节流调速系统,使动力滑台获得稳定的低速运动和较大的调速范围。

②采用限压式变量泵和差动连接回路,能量利用比较合理。工进时输出与液压缸相适应的

流量,系统效率高。

③采用电液换向阀换向和采用行程阀来实现快进与工进的转换,动作可靠,转换精度较高。

④采用进油路串联调速阀二次进给调速回路,可使启动冲击和速度转换冲击较小,便于利用压力继电器发出电信号进行自动控制。

⑤夹紧油路中串联减压阀,可根据工件夹紧力的需要来调节并稳定其压力,即使主油路压力低于减压阀所调压力,但因为有单向阀的存在,夹紧系统也能维持其压力(保压)。二位四通阀的常态位置是夹紧工件,保证了操作安全可靠。

⑥可较方便地实现多种动作循环。最大进给力为 4.5×10^4 N,工作进给速度的调速范围可达 6.6～660 mm/min,而快进速度可达 7 m/min,所以它具有较大的通用性。

思考与练习

(1)液压系统中的压力取决于_____,执行元件的运动速度取决于_____。

(2)液压传动系统由_____、_____、_____、_____和_____五部分组成,其中_____和_____为能量转换元件。

(3)液体在管道中存在两种流动状态,_____时黏性力起主导作用,_____时惯性力起主导作用,液体的流动状态可用_____来判断。

(4)在研究流动液体时,把假设既_____又_____的液体称为理想流体。

(5)分析 YT4543 型动力滑台的液压系统图中单向阀 3、7、13 的作用。

(6)YT4543 型动力滑台液压系统使用了哪些液压基本回路?各有什么作用?

(7)YT4543 型动力滑台液压系统如何实现调速?有何特点?

项目三　机械手气动系统

项目背景

机械手（mechanical hand）是能模仿人体手臂的某些动作功能，用于按固定程序抓取、搬运物件或操作工具的自动操作装置。它可代替人的繁重劳动以实现生产的机械化和自动化，能在有害环境下操作以保护人身安全，因而广泛应用于机械制造、冶金、电子、轻工和原子能等部门。

机械手主要由手部和运动机构组成。手部是用来抓持工件（或工具）的部件，根据被抓持物件的形状、尺寸、重量、材料和作业要求而有多种结构形式，如夹持型、托持型和吸附型等。运动机构使手部完成各种转动（摆动）、移动或复合运动来实现规定的动作，改变被抓持物件的位置和姿势。为了抓取空间中任意位置和方位的物体，机械手需有 6 个自由度。

气动机械手由于其具有结构简单、成本低廉、重量轻、动作迅速、平稳、安全、可靠、节能和不污染环境等优点而被广泛应用在生产自动化的各个行业。

项目导入

机械手实物图和气动系统原理图如图 3-1 所示。

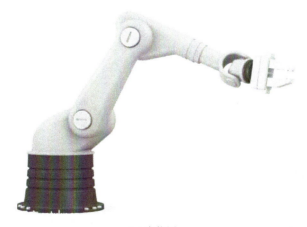

(a) 实物图

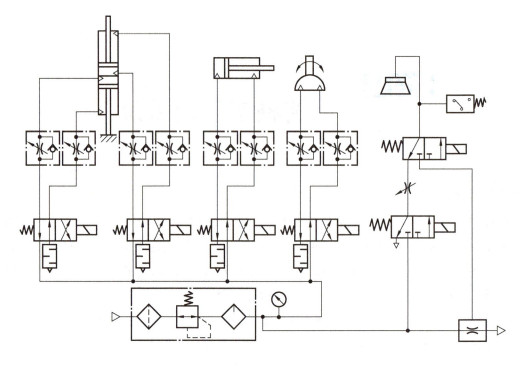

(b) 气动系统原理图

图 3-1　机械手实物图及气动系统原理图

本项目主要学习有关机械手气动系统的基本知识。机械手通常由执行机构、驱动传动机装置、控制系统等组成,其中驱动机构在很大程度上决定了机械手的性价比。根据动力源的不同,机械手的驱动机构大致可分为液压、气动、电动和机械驱动四类。

知识目标

(1)理解并掌握机械手气动系统的工作原理。
(2)掌握子系统的分析方法。
(3)了解机械手气动系统的特点。

能力目标

(1)会根据系统选取元件和基本回路。
(2)能读懂气动系统原理图。

重点难点

(1)气压系统元件的结构与功能。
(2)气压系统的回路原理。

(3)气压系统图的阅读方法。

任务 13　气压传动的工作介质——压缩空气

任务目标

- 掌握空气的物理性质。
- 了解压缩空气的污染及危害。
- 熟悉压缩空气的要求。

一、空气物理性质的认识

1. 空气的成分

大气中的空气主要是由氮、氧、稀有气体、二氧化碳及其他一些气体等混合组成的。在距地面 20 km 以内,空气组成几乎相同。

空气中氮气所占比例最大,由于氮气的化学性质不活泼,具有稳定性,不会自燃,所以空气作为工作介质可以用在易燃、易爆场所。

在基准状态下(0 ℃,绝对压力为 101325 Pa,相对湿度为 0),地面附近干空气的组成如表 3-1 所示。

表 3-1　空气的组成

空气的主要组成	质量分数	体积分数	相对分子质量
N_2	75.5%	78.08%	28
O_2	23.1%	20.95%	32
稀有气体	1.28%	0.93%	40
CO_2	0.045%	0.03%	44
备注	其他气体的体积分数约为 0.02%		

2. 空气的密度

单位体积空气的质量,称为空气的密度 ρ,其公式为

$$\rho = m/V \tag{3-1}$$

式中,ρ——空气密度,kg/m^3;

m——空气的质量,kg;

V——空气的体积,m^3。

气体密度与气体压力和温度有关,压力增加,密度增加;温度上升,密度减少。在基准状态下,干空气的密度为 $1.293 kg/m^3$。

3. 空气的黏性

空气在流动过程中产生内摩擦阻力的性质叫做空气的黏性,用黏度表示其大小。空气的黏度受压力的影响很小,一般可忽略不计。随温度的升高,空气分子热运动加剧,因此,空气的黏度随温度的升高而略有增加。黏度随温度的变化关系如表 3-2 所示。

表 3-2 空气的运动黏度随温度的变化值(压力为 0.1 MPa)

$t/℃$	$v/(m^2/s)$	$t/℃$	$v/(m^2/s)$
0	$0.133×10^4$	40	$0.176×10^4$
5	$0.142×10^4$	60	$0.196×10^4$
10	$0.147×10^4$	80	$0.21×10^4$
20	$0.157×10^4$	100	$0.238×10^4$
30	$0.166×10^4$		

4. 空气的压缩性和膨胀性

气体与液体、固体相比具有明显的压缩性和膨胀性。空气的体积较易随着压力和温度的变化而变化。例如,对于大气压下的气体等温压缩,压力增大 0.1 MPa 时,体积减小一半。而将油的压力增大 18 MPa 时,其体积仅缩小 1%。在压力不变、温度变化 1 ℃时,气体体积变化约 1/273,而水的体积只改变 1/20000,空气体积变化的能力是水的 73 倍。

气体体积在外界作用下容易产生变化,气体的可压缩性导致气压传动系统刚度差,定位精度低。

5. 空气的湿度

地球上的水不断地蒸发到空气中,空气中含有水蒸气,我们把含有水蒸气的空气称为湿空气,把不含有水蒸气的空气称为干空气。自然界中的空气基本上都是湿空气。

由湿空气生成的压缩空气对气动系统的稳定性和寿命有不良的影响,为保证气动系统正常工作,需在压缩机出口处安装冷却器,把压缩空气中的水蒸气凝结析出;在储气罐出口处安装空气干燥器,进一步消除空气中的水分。

空气的干湿程度、含水量的多少,常用湿度和含湿量来表示。

1) 绝对湿度

每一立方米的湿空气中,含有水蒸气的质量称为湿空气的绝对湿度,用 x 表示,则:

$$x = m_s/V \qquad (3-2)$$

式中,m_s——水蒸气的质量,kg;

V——湿空气的体积,m^3。

在一定的压力和温度下,含有最大限度水蒸气量的空气叫做饱和湿空气。$1\ m^3$ 饱和湿空气中所含水蒸气的质量称为饱和湿空气的绝对湿度,其计算公式为

$$x_b = \frac{p_b}{R_s T} = \rho_b \qquad (3-3)$$

式中,x_b——饱和绝对湿度,kg/m^3;

ρ_b——饱和湿空气中水蒸气的密度,kg/m^3;

p_b——饱和湿空气中水蒸气的分压力,Pa;

R_s——水蒸气的气体常数;

T——绝对温度,K。

2) 相对湿度

在同一温度下,湿空气中水蒸气分压 p_s 和饱和水蒸气分压 p_b 的比值称为相对湿度,用 $\emptyset$ 表示,则

$$\emptyset = \frac{p_s}{p_b} \times 100\% \qquad (3-4)$$

当空气绝对干燥时,$p_s = 0$,则 $\emptyset = 0$;当湿空气饱和时,$p_s = p_b$,则 $\emptyset = 100\%$,此时的空气为绝对湿空气。

一般 $\emptyset$ 在 $0 \sim 100\%$ 之间变化,当空气的相对湿度 $\emptyset = 60\% \sim 70\%$ 时,人感觉舒适,而气动系统中元件使用的工作介质的相对湿度不得大于 90%,越小越好。

相对湿度既反映了湿空气的饱和程度,也反映了湿空气离饱和程度的远近。有时相对湿度也用同一温度下湿空气的绝对湿度与饱和绝对湿度之比来确定,即

$$\emptyset = \frac{x}{x_b} \qquad (3-5)$$

3) 空气的含湿量

除了用绝对湿度、相对湿度表示湿空气中所含水蒸气的多少外,还可以用空气的含湿量 d 来表示。

空气的含湿量是指在质量为 $1\ kg$ 的湿空气中,混合的水蒸气质量与绝对干空气质量的比,即

$$d = \frac{m_s}{m_g} \qquad (3-6)$$

式中，m_s——水蒸气的质量，kg；

m_g——干空气的质量，kg。

二、压缩空气的污染及危害的认识

1. 压缩空气的污染及其影响

空气污染是指空气中混入或产生某些污染物质，主要污染物有水分、固体杂质和油分等。其主要来源：由压缩机吸入的空气所包含的水分、粉尘、烟尘等；由系统内部产生的压缩机润滑油、元件磨损物、冷凝水、锈蚀物等；安装、装配或维修时混入的湿空气、异物等。

污染物对气动系统工作会造成许多不良影响。例如，水分会造成管道及金属零件锈蚀，导致管道及元件流量不足，压力损失增大，甚至导致阀的动作失灵。

润滑油变质后黏度增大，并与其他杂质混合形成油泥。它会使橡胶及塑料材料变质或老化，堵塞元件内的小孔，影响元件性能，甚至造成元件动作失灵。

粉尘、锈屑、磨损产生的固体颗粒会使运动件磨损，造成元件动作不良，甚至卡死，同时加速了过滤器滤芯的堵塞，增大了流动阻力。

※重要提示：压缩空气的主要污染物有水分、固体杂质和油分。

2. 压缩空气的质量等级

气动装置在不同的应用场合，对压缩空气的质量要求是不同的。对于优良的气动设备，如果采用质量低劣的空气会使事故频发，缩短设备的使用寿命；而对于一般的气动设备如果选用超出使用要求的高质量压缩空气，又会增加成本。所以，应根据应用场合对空气质量的要求来设置压缩空气净化装置。压缩空气常见的应用场合如图 3-2 所示。

图 3-2 压缩空气的应用场合

不同的应用对象对气动装置及作业环境的洁净度要求不同，相应的气动系统对压缩空气质量的要求也不同。《压缩空气第 1 部分：污染物和纯度级别》(ISO 8573-1:2010)根据对压缩空气中的固体尘埃颗粒度、含水率（以压力露点形式要求）和含油率的要求划分了压缩空气的质量等级。

三、工作介质的要求

1. 要求压缩空气具有一定的压力和足够的流量

压缩空气是气动系统的动力源,没有一定的压力不但不能保证执行机构产生足够的推力,甚至连控制机构都难以正确地动作;没有足够的流量,就不能满足执行机构运动速度和程序的要求等。总之,压缩空气没有一定的压力和流量,气动系统的一切功能均无法实现。

2. 要求压缩空气有一定的清洁度和干燥度

要求压缩空气有一定的清洁度,即气源中的含油量、含灰尘杂质的量及颗粒大小都要控制在很低范围内。干燥度是指压缩空气中含水量的多少,气动装置要求压缩空气的含水量越低越好。

由空气压缩机排出的压缩空气,虽然能满足一定的压力和流量的要求,但还不能为气动装置所使用。因为一般气动设备所使用的空气压缩机都是工作压力较低,用油润滑的活塞式空气压缩机。它从大气中吸入含有水分和灰尘的空气,经压缩后,空气温度均提高到 140~180 ℃,这时空气压缩机气缸中的润滑油也部分成为气态,这样油分、水分及灰尘便形成混合的胶体微尘与杂质混在压缩空气中一同排出。

3. 压缩空气直接输送给气动装置使用的影响

(1) 混在压缩空气中的油蒸气可能聚集在储气罐、管道、气动系统的容器中形成易燃物,有引起爆炸的危险;另外,润滑油被汽化后,会形成一种有机酸,对金属设备、气动装置有腐蚀作用,影响设备的寿命。

(2) 混在压缩空气中的杂质会沉积在管道和气动元件的通道内,减少通道面积,增加管道阻力,特别是对内径只有 0.2~0.5 mm 的某些管道造成阻塞,使压力信号不能正确传递,整个气动系统不能稳定工作甚至失灵。

(3) 压缩空气中含有的饱和水分在一定的条件下会凝结成水,并聚集在个别管道中。在寒冷的冬季,凝结的水会使管道及附件结冰而损坏,影响气动装置的正常工作。

(4) 压缩空气中的灰尘等杂质,对气动系统中做往复运动或转动的气动元件的运动副会产生研磨作用,使这些元件因漏气而降低效率,影响它的使用寿命。

任务 14　气压传动的动力部分——压缩机及气源处理装置

任务目标

- 掌握空气压缩机的分类及工作原理。
- 掌握气源处理装置的图形符号。
- 了解气源处理装置的结构组成及工作原理。

气压传动是以压缩空气为工作介质来传递动力和运动的系统。气压传动系统所使用的压缩空气必须经过干燥和净化处理后才能使用,因为压缩空气中的水分、油污和灰尘等杂质会混合成胶体渣质,若不经处理直接进入管路系统,会造成管路堵塞、腐蚀金属器件,以及形成易燃、易爆物质等不良后果。因此,一般的压缩空气站除空气压缩机外,还必须设置过滤器、冷却器、油水分离器和储气罐等净化装置,如图 3-3 所示。

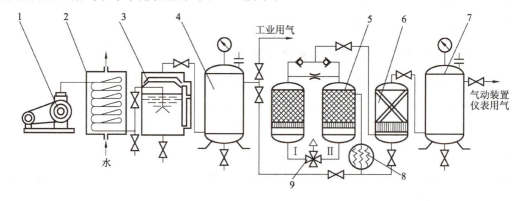

1—空气压缩机;2—后冷却器;3—油水分离器;4,7—储气罐;5—干燥器;6—过滤器;8—加热器;9—四通阀。

图 3-3　气源装置及图形符号

当启动空气压缩机后,空气经过压缩后提高压力,同时温度升高,高温、高压的气体离开空气压缩机后,先进入后冷却器内冷却,并析出水分和油雾,在经过油水分离器除去凝结的水和油后,存于储气罐 4 内。对气体清洁度要求不高的工业用气,可以从储气罐中直接引出使用。若是用于气动装置,则还需经干燥器和过滤器,对压缩空气进一步干燥和去除杂质后方可使用。

气源装置的工作流程:空压机→后冷却器→油水分离器→储气罐→干燥器→过滤器→系统。

一、空气压缩机

空气压缩机简称空压机,是气源装置的核心,如图 3-4 所示,它是把电动机输出的机械能转换成气体压力能的能量转换装置。空气压缩机作为一种重要的能源产生形式,被广泛应用于生活生产的各个环节。

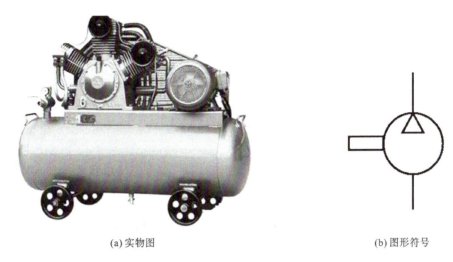

(a) 实物图 (b) 图形符号

图 3-4　空气压缩机

1. 空气压缩机的分类

1) 按工作原理分类

空气压缩机按其工作原理可分为容积型空气压缩机和速度型空气压缩机两大类。其中,容积型空气压缩机的原理是缩小压缩机内部的工作容积,使单位体积内空气分子的密度增加以提高压缩空气的压力;速度型空气压缩机的原理是使高速流动的气体分子突然遇阻而停滞下来,从而将气体分子的动能转化为压力能以提高压缩空气的压力。

容积型空气压缩机按结构不同可分为活塞式和螺杆式等;速度型空气压缩机按结构不同可分为离心式和轴流式等,如图 3-5 所示。

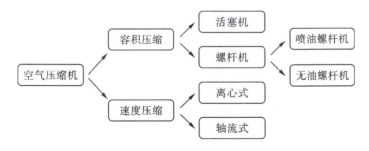

图 3-5　空气压缩机按工作原理分类

2) 按输出压力大小分类

空气压缩机按输出压力大小分为低压空气压缩机(0.2～1.0 MPa)、中压空气压缩机(1.0～10 MPa)、高压空气压缩机(10～100 MPa)、超高压空气压缩机(>100 MPa),如图 3-6 所示。

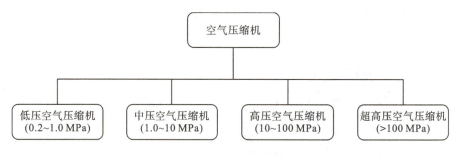

图 3-6 空气压缩机按输出压力大小分类

3) 按输出流量 (排量) 大小分类

空气压缩机按输出流量 (排量) 大小分为小型空压机、中型空压机和大型空压机,如图 3-7 所示。

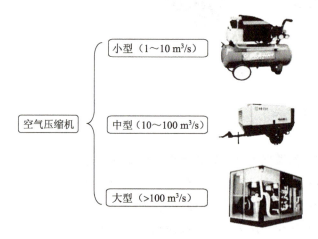

图 3-7 空气压缩机按输出流量 (排量) 大小分类

2. 空气压缩机的工作原理

气压系统中最常用的空气压缩机为往复活塞式压缩机,如图 3-8 所示。

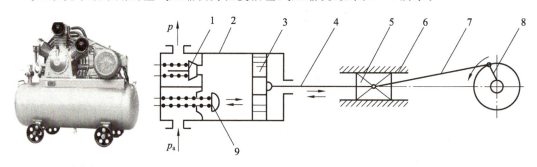

(a) 实物图　　　　　　　　(b) 工作原理图

1—排气阀;2—气缸;3—活塞;4—活塞杆;5—滑块;6—滑道;
7—连杆;8—曲柄;9—吸气阀。

图 3-8 活塞式空压机

当活塞向右运动时,气缸左腔容积增加,压力下降,而当压力低于大气压力时,吸气阀打开,气体进入气缸内,完成吸气过程。当活塞向左运动时,吸气阀关闭,气缸内气体被压缩,压力升高,完成压缩过程。

当缸内气体压力高于排气管内的压力时,排气阀打开,压缩空气被排入排气管道内,完成排气过程。自此完成一个工作循环。电动机带动曲柄做回转运动,通过连杆、滑块、活塞杆推动活塞做往复运动,空气压缩机就连续输出高压气体。

由于空气压缩机排出压缩空气的温度一般可达到140~170 ℃,此时压缩空气中的水分和润滑油的一部分已汽化,与含在空气中的灰尘形成油气、水汽和灰尘混合而成的杂质。因此,在高压气体进入气动系统之前,要经过除油、除水、除尘和干燥处理。

二、气源处理装置

由空气压缩机排出的压缩空气,如果不进行净化处理,不除去混在压缩空气中的水分、油分、粉尘等杂质是不能为气动装置使用的。因此,必须设置一些除水、除油、除尘并使压缩空气干燥的提高压缩空气质量、进行气源净化处理的辅助设备。压缩空气净化装置一般包括后冷却器、油水分离器、储气罐、干燥器、过滤器等。

1. 后冷却器

后冷却器安装在空气压缩机出口处的管道上,其作用是将高温压缩空气冷却到40~50 ℃,使压缩空气中含有的油气和水汽达到饱和,并使其大部分凝结形成油滴和水滴,便于通过油水分离器后排出,如图3-9所示。

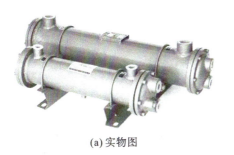
(a) 实物图

(b) 图形符号

图3-9 后冷却器

后冷却器的结构形式有蛇形管式、列管式、散热片式、管套式;冷却方式有水冷式和风冷式,如图3-10所示。

最常见的是蛇形管式,如图3-10(a)所示。蛇形管多以金属管子弯绕而成,或由弯头、管件和直管连接组成。蛇形管的表面积就是冷却器的散热面积,当空气压缩机排出的热空气进入蛇形管后,通过管外壁与管外的冷却水进行热交换,冷却后输出。这种冷却器结构简单,使用和维修也很方便。

后冷却器型号的选择依据为系统的使用压力、后冷却器的空气入口温度、环境温度或冷却器的空气出口温度、需要进行处理的空气流量。一般推荐以冷却水的出口温度比入口温度高 10 ℃ 左右为标准来计算后冷却器的散热面积。

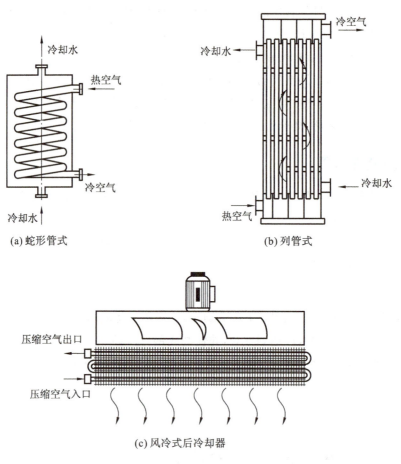

图 3－10　常见后冷却器的类型

2. 油水分离器

油水分离器安装在后冷却器的出口管道上,它的作用是分离并排出压缩空气中凝聚的油分、水分和灰尘杂质等,使压缩空气得到初步净化。油水分离器的实物图、结构图及图形符号如图 3－11 所示。

油水分离器的结构形式有环形回转式、撞击折回式、离心旋转式、水浴式及以上形式的组合等。撞击折回并回转式油水分离器的结构图如图 3－11(b)所示,其工作原理是当压缩空气由入口进入分离器壳体后,气流先受到隔板阻挡而被撞击折回向下(见图中箭头所示流向);之后又上升产生环形回转,这样凝聚在压缩空气中的油滴、水滴等杂质受惯性力作用而分离析出,沉降于壳体底部,由排污阀定期排出。

一般油水分离器的工况条件与技术指标如下。

进气压力:0.2~1.0 MPa;进气温度:5~65 ℃;初始压降:0.005 MPa;过滤孔径:5 μm;降水率:99%;出口气体含油量:10 μg/g。

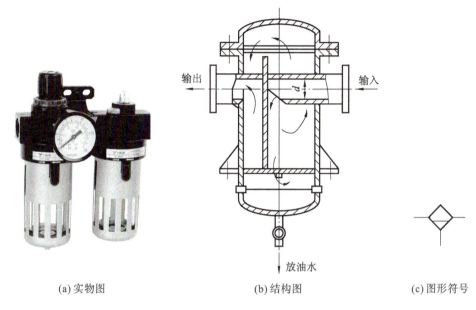

图 3-11 油水分离器

3. 储气罐

储气罐一般采用圆筒状焊接结构,有立式和卧式两种,一般以立式居多。立式储气罐的高度 H 为其直径 D 的 2~3 倍;同时,应使进气管在下,出气管在上,并尽可能加大两管之间的距离,以利于进一步分离空气中的油和水,如图 3-12 所示。

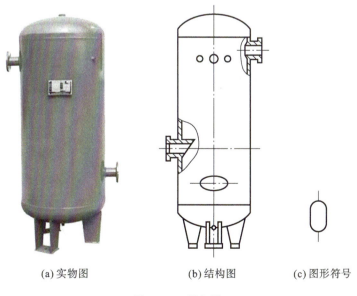

图 3-12 储气罐

储气罐的作用：

①用来储存一定量的空气，调节压缩机输出气量与气动设备耗气量之间的不平衡状况，保证连续、稳定的气流输出。

②当出现压缩机停机、突然停电等意外事故时，可用储气罐中储存的压缩空气实施紧急处理，保证安全。

③减小空气压缩机的输出气流脉动，稳定管道中的压力。

④降低压缩空气的温度，分离压缩空气中的部分水分和油分。

目前，在气压传动中后冷却器、除油器和储气罐三者一体的结构形式已被采用，使压缩空气站的辅助设备大为简化。

储气罐的尺寸是根据空气压缩机输出功率的大小、系统的大小及用气量相对稳定还是经常变化来确定的。

对一般工业而言，储气罐尺寸的确定原则是储气罐容积约等于压缩机每分钟的输出量。

4. 干燥器

经过冷却器、油水分离器和储气罐后得到初步净化的压缩空气，虽然已满足一般气压传动的需要，但仍含一定量的油、水及少量的粉尘，如果用于精密的气动装置、气动仪表等，还必须进行干燥处理。压缩空气的干燥方法主要有机械法、离心法、冷冻法和吸附法等。目前，工业上常采用吸附法和冷却法。

吸附法是利用具有吸附性能的吸附剂（如硅胶、铝胶或分午筛等）来吸附压缩空气中含有的水分，从而使其干燥的方法；冷却法是利用制冷设备使空气冷却到一定的露点温度，析出空气中超过饱和水蒸气部分的多余水分，从而达到所需干燥度的方法。而机械和离心除水法的原理基本上与油水分离器的工作原理相同。

吸附式干燥器的结构如图 3-13 所示。它的外壳呈筒形，其中分层设置了栅板、吸附剂、滤网等。湿空气从管 1 进入干燥器，通过吸附剂层 21、过滤网 20、上栅板和下部吸附层 16 后，其中的水分被吸附剂吸收而变得很干燥；然后，再经过钢丝网 15、下栅板和过滤网 12，干燥、洁净的压缩空气便从输出管排出。

项目三　机械手气动系统

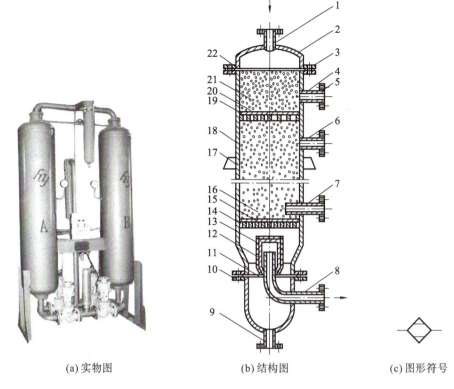

(a) 实物图　　　　　　(b) 结构图　　　　　　(c) 图形符号

1—湿空气进气管；2—顶盖；3,5,10—法兰；4,6—再生空气排气管；7—再生空气进气管；
8—干燥空气输出管；9—排水管；11,22—密封座；12,15,20—铜丝过滤网；13—毛毡；
14—下栅板；16,21—吸附剂层；17—支撑板；18—筒体；19—上栅板。

图 3-13　吸附式干燥器

5. 过滤器

过滤器用于除去压缩空气中的油污、水分和灰尘等杂质。过滤器的实物图、结构图及图形符号如图 3-14 所示。

过滤器可分为一次过滤器（滤灰效率为 50%～70%）、二次过滤器（滤灰效率为 70%～90%）和高效过滤器（滤灰效率高达 99%）。

气动系统最常用的过滤器是分水滤气器，属于二次过滤器。在某些人工排水不方便的场合，可采用自动排水式分水滤气器。

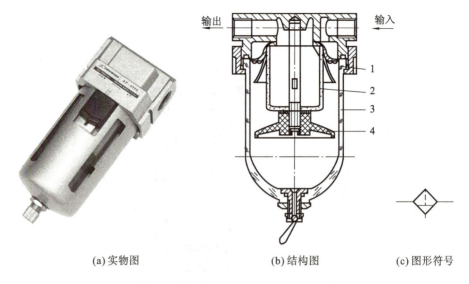

(a) 实物图　　　　　(b) 结构图　　　　　(c) 图形符号

1—旋风叶子；2—滤芯；3—存水杯；4—挡水板。

图 3-14　空气过滤器

任务 15　气压传动的执行部分——气缸与气动马达

任务目标

- 掌握气缸的分类。
- 掌握普通气缸的工作原理及图形符号。
- 了解特殊气缸的结构组成及工作原理。
- 了解气动马达的分类与工作原理。

气动执行元件是将压缩空气的压力能转换为机械能的能量转换装置，包括气缸和气动马达。气缸用于提供直线往复运动或摆动，输出力和直线速度或摆动角位移。气动马达用于提供连续回转运动，输出转矩和转速。

一、气缸

气缸是气动系统的执行元件之一。它是将压缩空气的压力能转换为机械能并驱动工作机构做往复直线运动或摆动的装置。除几种特殊气缸外，普通气缸的种类及结构形式与液压缸基本相同。它具有结构简单、制造容易、工作压力低和动作迅速等优点，故应用十分广泛。

1. 气缸的分类

① 按压缩空气在活塞端面作用力方向的不同，气缸可分为单作用式和双作用式。
② 按结构特点不同，气缸可分为活塞式、薄膜式、柱塞式和摆动式等。
③ 按安装方式不同，气缸可分为耳座式、法兰式、轴销式、凸缘式、嵌入式和回转式等。
④ 按功能不同，气缸可分为普通式、缓冲式、气-液阻尼式、冲击式和步进式等。

2. 普通气缸

普通气缸是指缸筒内只有一个活塞和一个活塞杆的气缸，包括单杆双作用气缸和单杆单作用气缸。

普通气缸一般由缸筒、前后缸盖、活塞、活塞杆、密封件和紧固件等零件组成，如图 3-15 所示。双作用气缸内部被活塞分成两个腔，有活塞杆的腔称为有杆腔，无活塞杆的腔称为无杆腔。当从无杆腔输入压缩空气，以有杆腔排气时，气缸两腔的压力差作用在活塞上所形成的力克服阻力负载推动活塞运动，使活塞杆伸出；当有杆腔进气，无杆腔排气时，活塞杆缩回。若有杆腔和无杆腔交替进气和排气，则活塞实现往复直线运动。

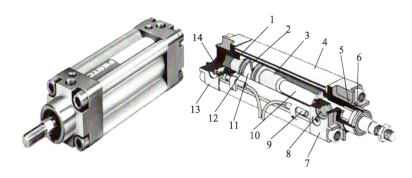

1,3—缓冲柱塞；2—活塞；4—缸筒；5—导向套；6—防尘圈；7—前端盖；8—气口；
9—传感器；10—活塞杆；11—耐磨环；12—密封圈；13—后端盖；14—缓冲节流阀。

图 3-15 普通单活塞杆双作用气缸

普通单活塞杆单作用气缸的结构原理图及图形符号如图 3-16 所示。

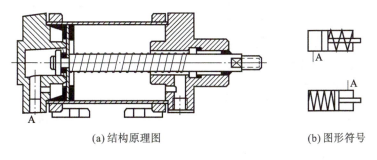

(a) 结构原理图　　　　　　(b) 图形符号

图 3-16 普通单活塞杆单作用气缸

3. 特殊气缸

为了满足不同的工作需要，在普通气缸的基础上，通过改变或增加气缸的部分结构，可以设计开发出多种特殊气缸。大多数气缸的工作原理与液压缸相同，下面介绍几种具有特殊用途的气缸。

1）气-液阻尼缸

普通气缸工作时，由于气体的压缩性，当外部载荷变化较大时，会产生"爬行"或"自走"现象，使气缸的工作不稳定。为了使气缸运动平稳，普遍采用气-液阻尼缸。它是以压缩空气为能源，利用油液的不可压缩性来控制油液排量活塞平稳运动并调节活塞的运动速度的。

气-液阻尼缸是由气缸和油缸组合而成的，其工作原理如图 3-17 所示。它将油缸 2 和气缸串联成一个整体，两个活塞固定在一根活塞杆上。当气缸右端供气时，气缸克服外负载带动活塞向左运动，此时油缸左腔排油、单向阀关闭，油液只能经节流阀缓慢流入油缸右腔，对整个活塞的运动起阻尼作用。调节节流阀的阀口大小就能达到调节活塞运动速度的目的。当压缩空气经换向阀从气缸的左腔进入时，油缸 2 右腔排抽，此时因单向阀开启，活塞能快速返回原来位置。

一般是将气-液阻尼缸的双活塞杆缸作为油缸。这样可使油缸两腔的排油量相等，此时油箱内的油液只用来补充油缸的泄漏，通常油杯即可满足要求。

气-液阻尼缸按照其结构不同，可分为串联式和并联式两种。串联式气-液阻尼缸的缸体较长，加工和安装时对同轴度要求较高，并要注意解决气缸和液压缸之间的油与气的互窜。

并联式气-液阻尼缸如图 3-17(b)所示，它由气缸和液压缸并联而成，其工作原理和作用与串联气-液阻尼缸相同。这种气-液阻尼缸的缸体短、结构紧凑，消除了气缸和液压缸之间的窜气现象。

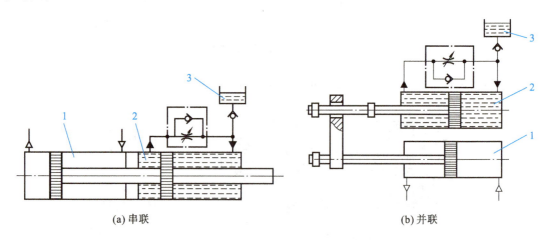

(a) 串联　　　　　　　　　　　　(b) 并联

1—气缸；2—液压缸；3—高位油箱。

图 3-17　气-液阻尼缸

2) 薄膜式气缸

薄膜式气缸是一种利用膜片在压缩空气的作用下变形来推动活塞杆作直线运动的气缸,由缸体、膜片、膜盘及活塞杆等组成,如图3-18所示。

薄膜式气缸的膜片可以做成盘形膜片和平膜片两种形式,膜片材料为夹织物橡胶或金属。其中,夹织物橡胶最为常用,其厚度一般为5~6 mm,有时也可为1~3 mm;金属式膜片可分为钢片和磷青铜片,只用于行程较小的薄膜式气缸中。

薄膜式气缸具有结构简单紧凑、成本低、维修方便、寿命长和效率高等优点。但因膜片的变形量有限,其行程较短,一般不超过40~50 mm,且气缸活塞上的输出力随行程的加大而减小,因此它的应用范围受到一定限制,适用于气动夹具、自动调节阀及短行程工作场合。

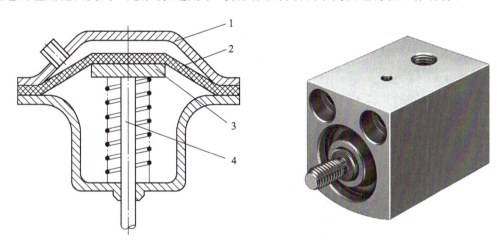

1—缸体;2—膜片;3—膜盘;4—活塞杆

图3-18 薄膜式气缸

3) 手指气缸

手指气缸主要有平行手指气缸、摆动手指气缸、旋转手指气缸和三点手指气缸四种结构形式。

(1) 平行手指气缸。

图3-19为平行手指气缸,两个平行手指分别通过两个活塞驱动。每个活塞由一个滚轮和一个双曲柄与气动手指相连,形成一个特殊的驱动单元。这样,气动手指总是轴向对心移动,每个手指是不能单独移动的。如果手指反向移动,则需使先前受压的活塞处于排气状态,而另一个活塞处于受压状态。

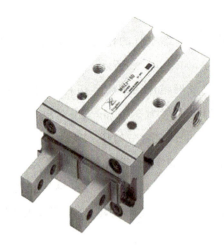

图 3-19 平行手指气缸

(2)摆动手指气缸。

摆动手指气缸如图 3-20 所示,活塞杆上有一个环形槽,手指尾部插在环形槽内,当活塞杆运动时,手指将绕耳轴旋转,带动两个手指同时移动且自动对中,并确保抓取力矩始终恒定。

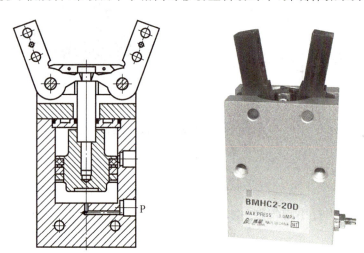

图 3-20 摆动手指气缸

(3)旋转手指气缸。

旋转手指气缸如图 3-21 所示,它是按照齿轮齿条啮合原理进行工作的。活塞与一根可上下移动的轴固定在一起。轴的末端有三个环形槽,这些槽与两个驱动轮的齿啮合,驱动轮又分别与手指连接。当活塞杆移动时,带动驱动轮旋转,并带动气动手指同时移动且自动对中,齿轮齿条原理确保了抓取力矩始终恒定。

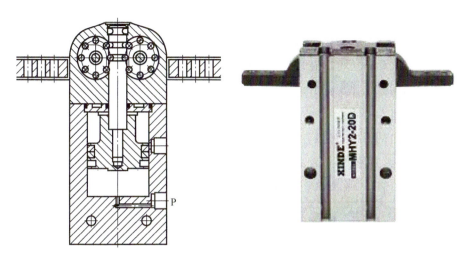

图 3-21　旋转手指气缸

(4) 三点手指气缸。

三点手指气缸如图 3-22 所示,其活塞有一个环形槽,槽内插有三个曲柄,每个曲柄与一个气动手指连接,当活塞运动时能驱动三个曲柄同时动作,因而可控制三个手指同时打开或合拢。

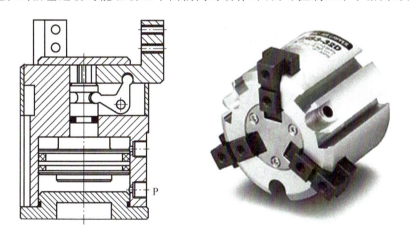

图 3-22　三点手指气缸

二、气动马达

气动马达是气动执行元件的一种。它的作用是将压缩空气的压力能转换成旋转的机械能。

1. 马达的分类及特点

气动马达按结构形式可分为叶片式气动马达、活塞式气动马达和齿轮式气动马达等。其中,叶片式气动马达制造简单、结构紧凑,但低速运动转矩小、低速性能不好,适用于中、低功率的机械,目前在矿山及风动工具中应用普遍;活塞式气动马达的低速性能好,在低速情况下有较大的输出功率,适宜于载荷较大和要求低速转矩的机械,如起重机、绞车、绞盘、拉管机等。

与液压马达相比,气动马达具有以下特点。

①工作安全。气动马达可以在易燃易爆的场所工作,也不受高温和振动的影响。

②可以长时间满载工作而温升较小。

③可以无级调速。

④具有较高的启动力矩,可以直接带负载运动。

⑤结构简单、操纵方便、维护容易、成本低。

⑥输出功率相对较小,最大只有 20 kW 左右。

⑦耗气量大、效率低、噪声大。

2. 气动马达的工作原理

双向旋转叶片式气动马达的结构示意图及图形符号如图 3-23 所示。压缩空气从进气口 A 进入气室后立即喷向叶片,作用在叶片的外伸部分,产生转矩带动转子作逆时针转动,输出机械能。若进、出气口互换,则转子反转,输出相反方向的机械能。转子转动的离心力和叶片底部的气压力、弹簧力(图中未画出)使得叶片紧贴在定子的内壁上,以保证密封,提高容积效率。

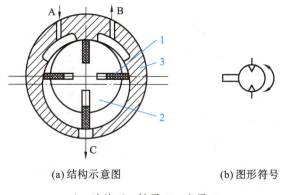

(a) 结构示意图　　(b) 图形符号

1—叶片;2—转子;3—定子。

图 3-23　双向旋转叶片式气动马达

任务 16　气压传动的控制部分——气动控制阀

任务目标

- 掌握气动控制阀的分类。
- 掌握各种阀的工作原理、作用及应用场合。
- 能识别各种阀的图形符号和工作方式。

气动控制元件是用来控制和调节压缩空气的压力、流量和流动方向的控制元件,按其功能和作用不同,可分为方向控制阀(如单向型方向控制阀、换向型方向控制阀等)、压力控制阀(如减压阀、溢流阀、顺序阀等)和流量控制阀(如节流阀、单向节流阀、排气节流阀等)三大类。

一、方向控制阀

气动方向控制阀和液压方向控制阀相似,是用来控制压缩空气的流动方向和气流通断的阀,其分类方法与液压换向阀大致相同,如图 3-24 所示。

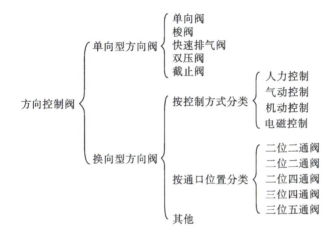

图 3-24 方向控制阀的分类

1.单向型方向控制阀

单向型方向控制阀只允许气流沿着一个方向流动。它主要包括单向阀、梭阀、双压阀和快速排气阀等。

1)单向阀

单向阀是气流只能一个方向流动而不能反向流动的方向控制阀,如图 3-25 所示。

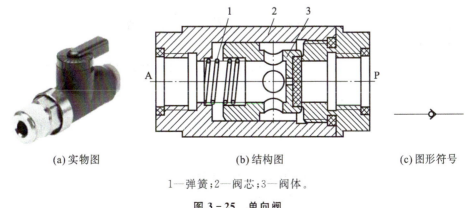

(a)实物图　　　　(b)结构图　　　　(c)图形符号

1—弹簧;2—阀芯;3—阀体。

图 3-25 单向阀

单向阀应用于不允许气流反向流动的场合,如空压机向气罐充气时,在空压机与气罐之间设置一个单向阀,当空压机停止工作时,可防止气罐中的压缩空气回流到空压机。单向阀还常与节流阀、顺序阀等组合成单向节流阀、单向顺序阀使用。

2)梭阀

梭阀相当于具有共同出口的两个单向阀的组合,即有两个输入口 P_1 和 P_2、一个输出口 A,如图 3-26 所示。它的作用相当于"或门"逻辑功能,即在 P_1 或 P_2 单独有气或两者均有气时有输出。或门型梭阀在气压传动控制系统中应用很广,常用于两个信号都可控制同一个动作的场合。

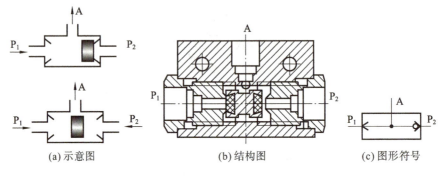

图 3-26 梭阀

3)双压阀

双压阀的结构图如图 3-27 所示,双压阀也相当于两个单向阀的组合结构形式,其作用相当于"与门"。它有两个输入口 P_1 和 P_2,一个输出口 A。当 P_1 和 P_2 单独有输入时,阀芯被推向另一侧,A 无输出。只有当 P_1 和 P_2 同时有输入时,A 才有输出。当 P_1 和 P_2 输入的气压不等时,气压低的通过 A 输出。双压阀在气动回路中常当"与门"元件使用。

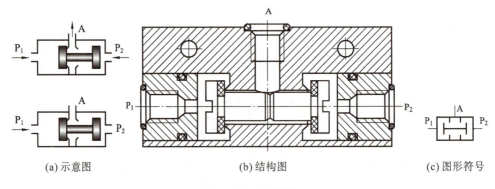

图 3-27 双压阀

4)快速排气阀

快速排气阀的结构图如图 3-28 所示,它有三个阀口 P、A、T,其中,P 接气源,A 接执行元件,T 通大气。当 P 有压缩空气输入时,推动阀芯右移,P 与 A 通,给执行元件供气;当 P 无压缩空气输入时,执行元件中的气体通过 A 使阀芯左移,堵住 P 与 A 的通路,同时打开 A 与 T 的通路,气体通过 T 快速排出。

快速排气阀常装在换向阀和气缸之间,使气缸的排气不用通过换向阀而快速排出。从而加快了气缸往复运动速度,缩短了工作周期。

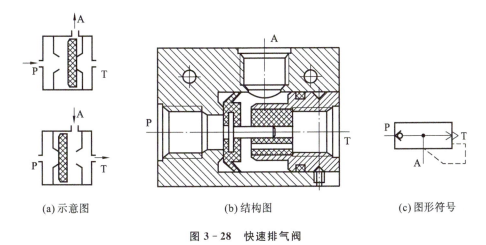

(a)示意图　　　　　(b)结构图　　　　　(c)图形符号

图 3 - 28　快速排气阀

2. 换向型方向控制阀

换向型方向控制阀简称换向阀,它通过改变气流通道而使气体流动方向发生变化,从而达到改变气动执行元件运动方向的目的。它包括气压控制换向阀、电磁控制换向阀、机械控制换向阀、人力控制换向阀和时间控制换向阀等。

1)气压控制换向阀

气压控制换向阀是利用压缩空气推动阀芯移动,使换向阀换向,实现气路的换向或通断。常用的气压控制换向阀主要有单气控制换向阀和双气控制换向阀等。

单气控制换向阀用一个气压信号控制气路的通断,在常态位,阀芯在弹簧力的作用下处于上端位置,阀口 A 与 O 接通,如图 3-29(a)所示;当 K 口有气控信号时,阀芯在气压力作用下下移,使 P 口与 A 口接通,如图 3-29(b)所示。

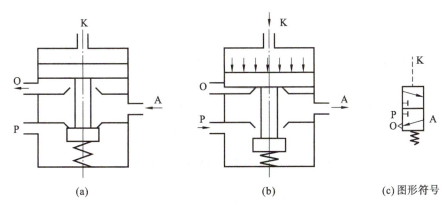

(a)　　　　　　　(b)　　　　　　　(c)图形符号

图 3 - 29　单气控制换向阀

双气控制换向阀用两个气压信号控制气路的通断,当 K_1 口有气控信号时,阀芯在气压力作用下处于右端,P 与 B,A 与 O_1 相通;当 K_2 口有气控信号时,阀芯处于左端,P 与 A,B 与 O_2 相通。双气控制换向阀具有记忆功能,即气控信号消失后,阀芯仍停留在原位,保持在有气控信号时的工作状态,如图 3-30 所示。

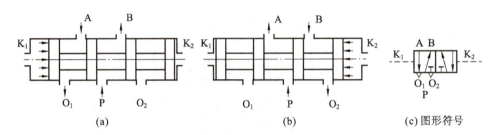

图 3-30 双气控制换向阀

2)电磁控制换向阀

气动电磁换向阀是利用电磁铁的作用来实现阀的切换以改变气流方向的控制阀,按控制方式的不同可分为直动式和先导式两种,其工作原理与液压控制阀中的电磁换向阀相同,只是工作介质不同而已。利用这种控制阀易于实现电、气联合控制,远距离操作,故得到了广泛应用。

(1)直动式电磁换向阀。

由电磁铁直接推动阀芯换向的气动换向阀称为直动式电磁换向阀,分为单电控和双电控两种。

单电控直动式电磁换向阀如图 3-31 所示,它是二位三通电磁阀。图 3-31(a)为电磁铁断电时的状态,阀芯靠弹簧力复位,使 P 与 A 断开,A 与 T 接通,此时换向阀处于排气状态。图 3-31(b)为电磁铁通电时的状态,电磁铁推动阀芯向下移动,使 P 与 A 接通,此时换向阀处于进气状态。

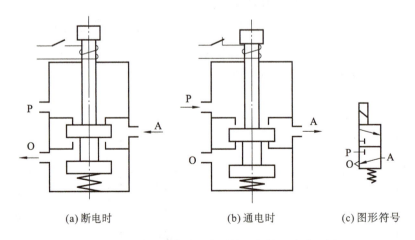

图 3-31 单电控直动式电磁换向阀的工作原理图

双电控直动式电磁换向阀如图 3-32 所示,它是二位五通电磁换向阀。如图 3-32(a)所示,电磁铁 1 通电,电磁铁 2 断电时,阀芯被推到右位,A 口输出,B 口排气;电磁铁 1 断电,阀芯位置不变,即具有记忆能力。如图3-32(b)所示,电磁铁2通电,电磁铁1断电时,阀芯被推到左位,B口输出,A口排气;电磁铁2断电,空气通路也不变。

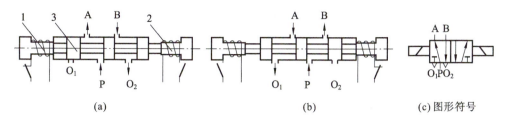

1,2—电磁铁;3—阀芯。

图3-32 双电控直动式电磁换向阀

(2)先导式电磁换向阀。

先导式电磁换向阀由电磁阀和气控阀组合而成。它是先由电磁铁控制气路产生先导压力,再由先导压力去推动主阀阀芯使其换向的,适用于通径较大的场合。先导式电磁换向阀按控制方式分为单电控和双电控两种。

如图3-33(a)所示,当电磁先导阀断电时,先导阀的X、A_1口断开,A_1与T_1口接通,先导阀处于排气状态,此时,主阀阀芯在弹簧和P口气压作用下向右移动,将P与A断开,A与T接通,即主阀处于排气状态。如图3-33(b)所示,当电磁先导阀通电后,先导阀的X与A_1口接通,电磁先导阀处于进气状态,即主阀控制腔A_1进气。由于A_1腔内气体作用于阀芯上的力大于P口气体作用在阀芯上的力与弹簧力之和,所以将活塞推向左边,使P与A接通,即主阀处于进气状态(图3-33(c)、图3-33(d)为简化符号)。

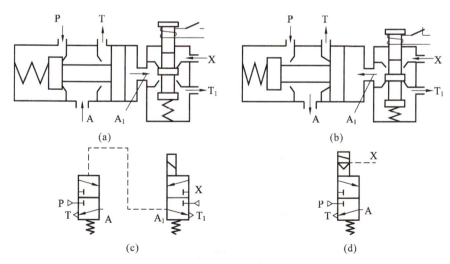

图3-33 单电控外部先导式电磁换向阀

二、压力控制阀

压力控制阀主要用来控制系统中气体的压力,满足系统对各种压力的要求。

气动系统不同于液压系统，一般每一个液压系统都自带液压源(液压泵)；而在气动系统中，一般都由空气压缩机先将空气压缩后储存在储气罐内，然后再经管路输送给各个气动装置使用。但储气罐的空气压力往往比各台设备实际所需要的压力高些，同时其压力波动值也较大。因此，需要用减压阀(调压阀)将其压力减到每台装置所需的压力，并使减压后的压力稳定在所需的压力值上。

有些气动回路需要依靠回路中压力的变化来实现控制两个执行元件的顺序动作，即顺序阀。所有的气动回路或储气罐为了安全起见，当压力超过允许压力值时，需要实现自动向外排气，这种压力控制阀叫溢流阀(安全阀)。

压力控制阀有一个共同特点，即都是利用作用于阀芯上的流体(空气)压力和弹簧力相平衡的原理来进行工作的。

压力控制阀按其控制功能可分为三类：一是起降压稳压作用的减压阀、定值器；二是起限压安全保护作用的溢流阀；三是根据气路压力不同进行某种控制的顺序阀。

1. 减压阀

气压传动中的减压阀与液压传动中的减压阀一样能起减压作用，但它更主要的作用是调压和稳压。按其调节压力方式的不同分为直动式和先导式两类。

1) 直动式减压阀

如图 3-34 所示，若顺时针旋转调节手柄，调压弹簧被压缩，推动膜片和阀芯下移，进气阀口打开，在输出口有气压输出。同时，输出气压经阻尼孔作用在膜片的下端产生向上的推力。该推力与调压弹簧作用力相平衡时，阀便有稳定的压力输出。若输出压力超过调定值，则膜片离开平衡位置向上变形，使得溢流口打开，将多余的空气排入大气。当输出压力降至调定值时，溢流口关闭，膜片上的受力保持平衡状态。

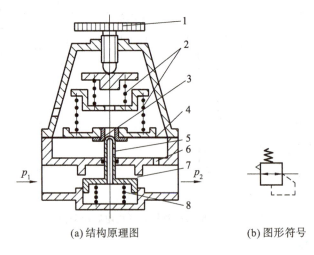

(a) 结构原理图　　(b) 图形符号

1—调节手柄；2—调压弹簧；3—溢流口；4—膜片；5—阀芯；6—阻尼孔；7—阀口；8—复位弹簧。

图 3-34　直动式减压阀

2)先导式减压阀

当减压阀的输出压力较高或通径较大时,若用调压弹簧直接调压,则弹簧刚度必然过大,阀的结构尺寸也将增大,且流量变化时,输出压力波动较大。为了克服这些缺点,可采用先导式减压阀,如图 3-35 所示。先导式减压阀的工作原理与直动式的基本相同。

先导式减压阀所用的调压气体是由小型的直动式减压阀供给的。若把小型直动式减压阀装在阀体内部,则称为内部先导式减压阀;若将小型直动式减压阀装在主阀体外部,则称为外部先导式减压阀。

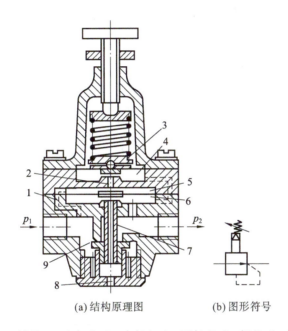

(a)结构原理图　　(b)图形符号

1—节流孔;2—喷嘴;3—挡板;4—上气室;5—中气室;6—下气室;7—阀芯;8—排气孔;9—进气阀口。

图 3-35　先导式减压阀

3)减压阀的基本性能

调压范围:减压阀输出压力 p_2 的可调范围,在此范围内要求达到规定的精度。调压范围主要与调压弹簧的刚度有关。

压力特性:流量 q 为定值时,因输入压力波动而引起输出压力波动的特性。输出压力波动越小,减压阀的特性越好。输出压力必须低于输入压力一定值时才基本上不随输入压力变化而变化。

流量特性:输入压力一定时,输出压力随输出流量 q 变化而变化的特性。当流量 q 发生变化时,输出压力的变化越小越好。一般输出压力越低,它随输出流量变化的波动就越小。

2. 溢流阀

溢流阀在系统中起安全保护作用,也称为安全阀。当系统压力超过规定值时,安全阀打开,将系统中的一部分气体排入大气,使系统压力不超过允许值,从而保证系统不因压力过高而发生事故。溢流阀按控制方式分为直动式和先导式。

1)直动式溢流阀

如图3-36所示,将阀口P与系统相连接,T口通大气,当系统中空气压力升高,大于溢流阀调定压力时,气体推开阀芯,经阀口从T口排至大气,使系统压力稳定在调定值,保证系统安全。当系统压力低于调定值时,在弹簧的作用下阀口关闭。开启压力的大小与调压弹簧的预紧力有关。

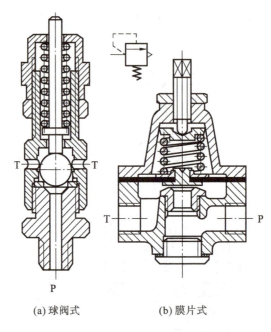

(a) 球阀式　　(b) 膜片式

图 3-36　直动式溢流阀

2)先导式溢流阀

如图3-37所示,先导式溢流阀的先导阀为减压阀,由先导阀减压后的空气从上部的K口进入阀内,并以它代替弹簧,实现对溢流阀开启压力的控制。先导式溢流阀适用于管道通径较大及远距离控制的场合。实际应用时,应根据实际需要选择溢流阀的类型,并根据最大排气量选择溢流阀的通径。

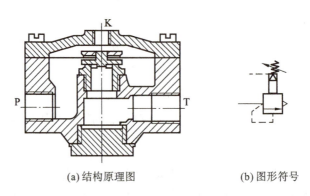

(a) 结构原理图　　(b) 图形符号

图 3-37　先导式溢流阀结构及图形符号

3. 顺序阀

顺序阀是依靠气路中压力的作用而控制执行元件按顺序动作的压力控制阀。

为了使用方便,将顺序阀与单向阀并联组合成单向顺序阀,如图 3-38 所示。其工作原理是气流正向流通时,单向阀关闭,气体压力必须达到顺序阀的调整压力,克服弹簧力,顺序阀阀芯才能被打开,P 口与 A 口接通。当气流反向流动时,单向阀被打开,A 口直接通 P 口,此时顺序阀不起作用。

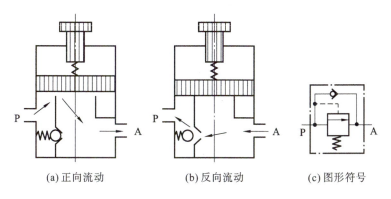

(a) 正向流动　　(b) 反向流动　　(c) 图形符号

图 3-38　单向顺序阀工作原理

三、流量控制阀

流量控制阀通过控制气体流量来控制气动执行元件的运动速度,而气体流量的控制是通过改变阀口的流通面积实现的。常用的流量控制阀有节流阀、单向节流阀、排气节流阀等。

1. 节流阀

如图 3-39 所示,气流经 P 口输入,通过节流口的节流作用后经 A 口输出。节流口的流通面积与阀芯位移量之间有一定的函数关系,这个函数关系与阀芯节流部分的形状有关。常用的有针阀形、三角沟梢形和圆柱斜切形等,与液压节流阀阀芯节流部分的形状基本相同。

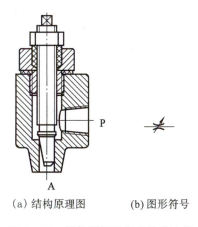

(a) 结构原理图　　(b) 图形符号

图 3-39　圆柱斜切形阀芯的节流阀

2. 单向节流阀

如图 3-40 所示,单向节流阀是单向阀和节流阀并联而成的控制阀。当气流从 P 口向 A 口流动时,经过节流阀节流;从 A 口向 P 口流动(反向流动)时,单向阀打开,不节流。

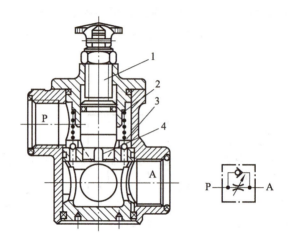

1—调节杆;2—弹簧;3—单向阀;4—节流口。

图 3-40 单向节流阀

3. 排气节流阀

排气节流阀和节流阀一样,也是靠调节流通面积来调节气体流量的。不同的是,排气节流阀安装在系统的排气口处。不仅能够控制执行元件的运动速度,而且因其常带消声器件,具有减少排气噪声的作用,所以常称其为排气消声节流阀。

如图 3-41(a)所示,调节旋钮,可改变阀芯左端节流口(三角沟槽形)的开度,即改变由 A 口来的排气量的大小。排气节流阀常安装在换向阀和执行元件的排气门处,起单向节流阀的作用。由于其结构简单,安装方便,能简化回路,所以其应用日益广泛。

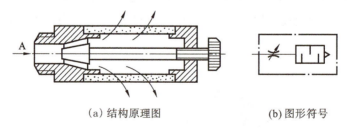

(a) 结构原理图   (b) 图形符号

图 3-41 排气节流阀

任务 17　气压传动的辅助部分

任务目标

- 了解常用气动辅助部分的种类及结构。
- 掌握辅助元件的功用、原理、符号。

气动辅助元件是指气动系统正常工作中必不可少的辅助元件,主要有油雾器、自动排水器、消声器、真空发生器、管道系统等。

一、油雾器

油雾器是一种特殊的注油装置,它以压缩空气为动力,将润滑油喷射成雾状并混合于压缩空气中,随压缩空气进入需要润滑的部位,以达到润滑气动元件的目的。其优点是方便、干净、润滑质量高。目前,气动控制阀、气缸和气动马达主要就是靠带有油雾的压缩空气来实现润滑的。

1. 油雾器的工作原理

如图 3-42 所示,压缩空气从气流入口输入,大部分气体从主气道流出,少量气体由小孔 A 进入储油杯的上腔 C,使杯中油面受压,迫使储油杯中的油液经吸油管、单向阀和可调节流阀滴入透明的视油器内,而后再滴入喷嘴小孔 B,被主管道通过的气流引射出来,雾化后随气流由出口输出。节流阀用来调节滴油量,可使滴油量在 0~200 滴/min 内变化。

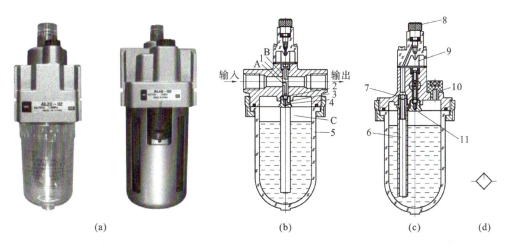

1—立杆;2—钢球;3—弹簧;4—阀座;5—储油杯;6—吸油管;
7—单向阀;8—节流阀;9—视油器;10—油塞;11—截止阀。

图 3-42　油雾器结构原理图及图形符号

2. 油雾器的选用原则

油雾器的选用主要根据气压系统所需的流量特性及起雾流量来确定。

① 流量特性。流量特性是指油雾器的进口压力在规定值时,其输出的空气流量与出口侧压降之间的关系。对于一定的流量而言,油雾器出口侧压降越小越好。普通型油雾器的压降不大于 0.015 MPa。

② 起雾流量。通过油雾器的空气流量只有达到一定值后,油滴才能被雾化。起雾流量是指油雾器的压力在规定值,润滑油在正常工作油位,滴油量为 5 滴/min 时流过的空气流量。对于一定的进口压力而言,起雾流量越低,说明其在小流量工作时润滑油的雾化性能越好。

若需油雾粒径很小可选用二次油雾器。二次油雾器能使油滴在雾化器内进行两次雾化,使油雾粒度更小、更均匀,输送距离更远。

油雾器可以单独使用,也可以和空气过滤器、减压阀联合使用,组成气动三联件,使之具有过滤、减压和油雾的功能。一般减压阀的出口处安装一块压力表。大多数情况下,三联件安装在气动系统的入口处,如图 3-43 所示。

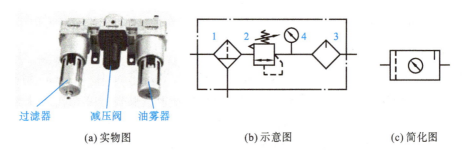

1—空气过滤器;2—减压阀;3—油雾器;4—压力表。

图 3-43 气动三联件及其安装次序

气动系统中气动三联件的安装次序依次为空气过滤器、减压器、油雾器,不能颠倒;安装时气动三联件应尽量靠近气动设备,距离不应大于 5 m。目前,新结构的三联件插装在同一支架上,形成无管化连接。其结构紧凑、装拆及更换元件方便,因而应用普遍。

二、自动排水器

自动排水器用于自动排除管道低处和油水分离器、气罐及各种过滤器底部等处的冷凝水。可安装于不便进行人工排污的地方,如高处、低处、狭窄处等。并可防止人工排水被遗忘所造成的压缩空气被冷凝水重新污染。自动排水器的实物图、结构原理图及图形符号如图 3-44 所示。

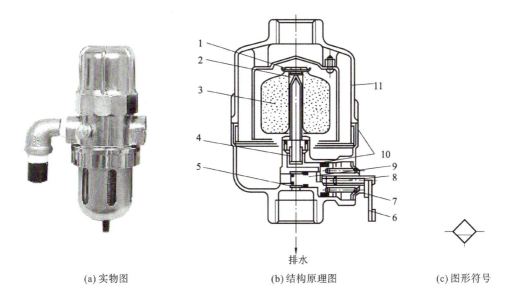

(a) 实物图　　　　　　(b) 结构原理图　　　　　(c) 图形符号

1—盖板；2—喷嘴；3—浮子；4—滤芯；5—排水阀座；6—操作杆；
7—弹簧；8—溢流孔；9—活塞；10—O形圈；11—壳体。

图 3-44　自动排水器

自动排水器里面有一个空气瓶（相当于一个气球），在气压作用下，无水状态的空气瓶堵住出水口。水在排水器里累积，达到一定水位后，浮力大于空气压力，空气瓶上浮，排水口打开，水在气压作用下排出，同时浮力减小，空气瓶下降堵住排水口。

三、消声器

气缸、气马达及气阀等排出的气体速度很高，气体体积急剧膨胀，引起气体振动，产生强烈的排气噪声，有时可达 100～120 dB，使工作环境恶化，工作效率降低，危害人体健康。一般噪声高于 85 dB 时，就要设法降低。为此，通常在气动元件的排气口安装消声器。消声器的实物图及图形符号如图 3-45 所示。

(a) 实物图　　　　　　(b) 图形符号

图 3-45　消声器

1. 消声器的类型

1) 吸收型消声器

吸收型消声器是依靠吸声材料来消声的,其结构如图3-46(a)所示。消声套由聚苯乙烯颗粒或钢珠烧结而成,气体通过消声套排出时,气流受到阻力,一部分声波被吸收转化为热能,从而降低了噪声。此类消声器用于消除中、高频噪声,可降噪约 20 dB,在气动系统中应用最广。

2) 膨胀干涉吸收型消声器

膨胀干涉吸收型消声器的结构很简单,相当于一段比排气孔口径大的管件,如图3-46(b)所示。当气流通过时,让气流在其内部扩散、膨胀、碰壁撞击、反射、相互干涉而消声。其特点是排气阻力小,消声效果好,但结构不紧凑,主要用于消除中、低频噪声,尤其是低频噪声。

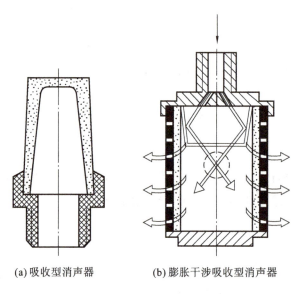

(a) 吸收型消声器　　(b) 膨胀干涉吸收型消声器

图 3-46　消声器结构原理图

2. 消声器的选用

通常选择消声器的主要依据是排气孔直径的大小和噪声范围,设计要求消声器的有效面积大于排气管道的有效面积。在消声器订购选择时,应该注意:只有产品与排放对象及参数相符合才能获得最大的消声效果。因此,在选择消声器时,应查看下列参数:

① 安全阀排气量(T/h)、压力、温度。

② 排气管外径、壁厚。

四、真空发生器

真空系统一般由真空发生器(真空压力源)、吸盘(执行元件)、真空阀(控制元件)及辅助元件(管件接头、过滤器和消声器)组成。有些元件在正压系统和负压系统中是通用的,如管件接头、过滤器和消声器及部分控制元件。真空发生器的实物图如图 3-47 所示。

图 3-47 真空发生器实物图

1. 真空发生器的工作原理

真空发生器是利用文丘里原理产生负压,形成真空吸附为动力来进行工作的气动元件。对任何具有较光滑表面的物体,特别是非铁、非金属且不适合夹紧的物体,如薄的柔软的纸张、塑料膜、铝箔、易碎的玻璃及其制品、集成电路等微型精密零件,都可使用真空吸附,完成各种作业。

文丘里原理是指流体在通过缩小的过流断面时会出现流速增大的现象,而流速的增大会使压力降低,从而产生吸附作用,如图 3-48 所示。

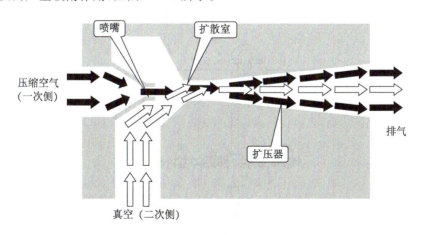

图 3-48 真空发生器的工作原理

典型真空回路如图 3-49 所示。真空发生器结构简单,无运动机械部件,使用寿命长,体积小,重量轻,安装使用方便,真空度可达 88 kPa。

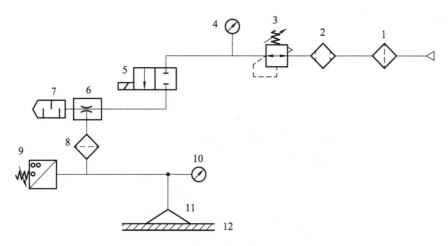

1—过滤器；2—精密过滤器；3—减压阀；4—压力表；5—电磁阀；6—真空发生器；
7—消声器；8—真空过滤器；9—真空压力开关；10—真空压力表；11—吸盘；12—工件。

图 3-49　典型真空回路

五、管道系统

气动系统管道和液压系统管道不同，属于长管系统。因此，在布管时应充分考虑流量、压力降、空气质量，以及安全性和经济性等要求。

1. 管道系统的布置

(1) 车间内部干线管道应沿墙顺气流流动方向向下倾斜 3°～5°，在主干管道和支管终点（最低点）设置集水罐，定期排放积水、污物等，如图 3-50 所示。

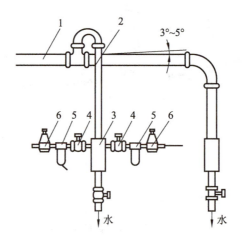

1—主管；2—支管；3—分气器；4—阀门；5—过滤器；6—减压阀。

图 3-50　车间内管道布置示意图

（2）支管的引出必须在主管的上部采用大角度拐弯后再向下引出。在离地面 1.2～1.5 m 处，接入一个分气器。在分气器两侧接分支管引入用气设备，分气器下面设置放水排污装置。

（3）为保证可靠供气，可采用多种管网供气系统：单树枝状、双树枝状、环状等，如图 3-51 所示。

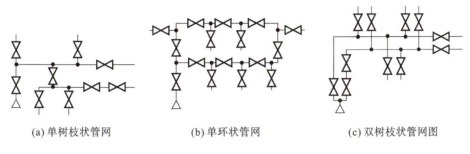

(a) 单树枝状管网　　　　(b) 单环状管网　　　　(c) 双树枝状管网图

图 3-51　自动排水器

2. 管径设计原则

为避免压缩空气在管道内流动时压力损失过大，主管道内空气推荐流速应在 6～10 m/s（相应压力损失小于 0.03 MPa），用气车间主管道内空气流速应不大于 10～15 m/s，并限定所有管道内空气流速不大于 25 m/s。

▶ 任务 18　气压基本回路

任务目标

- 掌握气动基本回路的分类、组成及作用。
- 掌握气动基本回路的工作原理及特点。
- 掌握气动基本回路中气动元件的工作原理及作用。
- 掌握简单气动回路的连接方法。

气压传动基本回路是由一系列气动元件组成的能完成某项特定功能的典型回路。气动基本回路按其功能分为方向控制回路、压力控制回路、速度控制回路和其他常用基本回路。与液压传动系统一样，气压传动系统也是由各种功能的基本回路组成的，因此，熟练掌握常用的基本回路是分析气压传动系统的基础。

由于工作介质不同，因此气动回路与液压回路相比较，有其自己的特点，如气动回路由空气压缩机站集中供气，不设排气管道，空气没有润滑性，气动元件安装位置对其性能影响大等。

一、方向控制回路

在气压传动系统中,用于控制执行元件的启动、停止(包括锁紧)及换向的回路称为方向控制回路。换向回路是方向控制回路的一种主要形式,它的作用是通过方向控制元件改变气缸的进气和出气,其方向控制元件主要是方向控制阀。常用的方向控制回路有单作用气缸换向回路和双作用气缸换向回路等。

1. 单作用气缸换向回路

如图 3-52(a)所示,当电磁铁通电时,气压使活塞杆伸出;当电磁铁断电时,活塞杆在弹簧作用下缩回。如图 3-52(b)所示,电磁铁断电后能使活塞停留在行程中任意位置,但定位精度不高,定位时间不长。

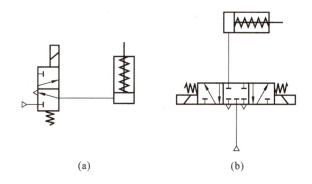

图 3-52 单作用气缸换向回路图

2. 双作用气缸换向回路

如图 3-53 所示,图(a)为二位五通阀单气控制的换向回路;图(b)、图(c)为由两个二位三通阀控制的换向回路,当无杆腔有压缩空气时,气缸活塞伸出,反之,气缸活塞退回;图(d)、图(e)、图(f)的控制回路相当于具有记忆功能的回路,故该阀两端电磁铁线圈或按钮不能同时操作,否则将会出现误动作。

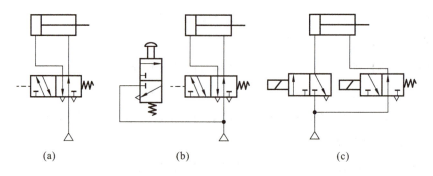

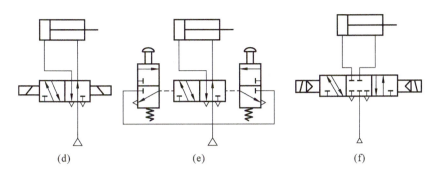

图 3-53 双作用气缸换向回路

二、压力控制回路

压力控制回路的功能是使系统保持在某一规定的压力内,常用的有调压回路和增压回路等。

1. 调压回路

调压回路可分为一次压力控制回路和二次压力控制回路等。

1)一次压力控制回路

一次压力控制回路用于控制气源系统中气罐的压力,使之不超过调定的最高压力值和不低于调定的最低压力值。常用外控溢流阀或电接点压力表来控制空气压缩机的转、停,使储气罐内压力保持在规定的范围内。溢流阀结构简单,工作可靠,但气量浪费大;电接点压力表对电机及控制要求较高,常用于对小型空压机的控制,如图 3-54 所示。

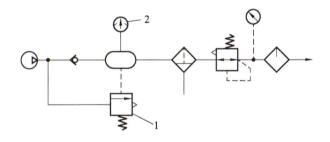

1—溢流阀;2—电接点压力表。

图 3-54 一次压力控制回路

2)二次压力控制回路

二次压力控制回路用于控制系统气源压力。如图 3-55(a)所示的回路是由减压阀和换向阀构成的,实现对同一系统输出高、低压力 p_1 与 p_2 的控制;如图 3-55(b)所示的回路利用减压阀来实现对不同系统输出高、低压力 p_1 与 p_2 的控制。

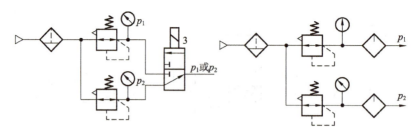

(a) 由换向阀和减压阀控制高、低压力　　(b) 由减压阀控制高、低压力

图 3-55　二次压力控制回路

2. 增压回路

气液联动的增压回路如图 3-56 所示,利用气液增压器把较低的气压变为较高的液压力,提高了气液缸的输出力。

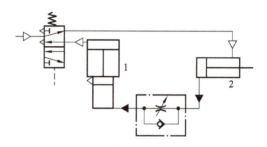

1—气液增压器；2—气液缸。

图 3-56　气液联动的增压回路

三、速度控制回路

速度控制回路主要有节流调速回路、缓冲回路、气-液转换速度回路 3 种。

1. 节流调速回路

节流调速回路按气缸的不同可分为单作用气缸的速度控制回路和双作用气缸的速度控制回路,如图 3-57 所示。

1）单作用气缸的速度控制回路

单作用气缸速度控制回路如图 3-57(a)所示,其升、降均通过节流阀调速。两个相反安装的单向节流阀,可分别控制活塞杆的伸出及缩回速度。如图 3-57(b)所示,气缸活塞上升时节流调速,下降时则可通过快速排气阀排气,使活塞杆快速返回。

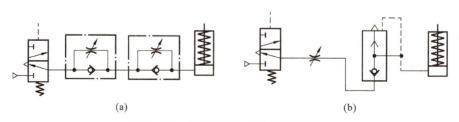

(a)　　　　　　　　　　　　(b)

图 3-57　单作用气缸的速度控制回路

2) 双作用气缸速度控制回路

如图 3-58(a)所示,取消图中任意一只单向节流阀,便得到单向调速回路;采用排气节流阀的双向调速回路如图 3-58(b)所示。它们都采用排气节流调速方式。当负载变化不大时,排气节流调速回路,进气阻力小,负载变化对速度影响小,比进气节流调速效果要好。

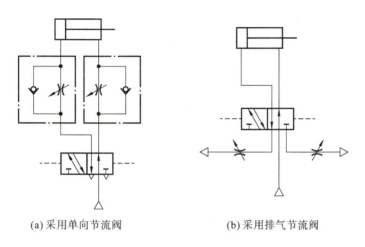

(a) 采用单向节流阀　　　　(b) 采用排气节流阀

图 3-58　双作用气缸的速度控制回路

2. 缓冲回路

要让气缸的末端形成缓冲,除采用带缓冲的气缸外,特别是在行程长、速度快、惯性大的情况下,往往需要采用缓冲回路来消除冲击,以满足气缸运动速度的要求。

如图 3-59 所示,当活塞向右运动时,缸右腔的气体经行程阀及二位五通换向阀排出,当活塞运动到末端碰到行程阀时,气体经节流阀通过二位五通换向阀排出,活塞运动速度得到缓冲。

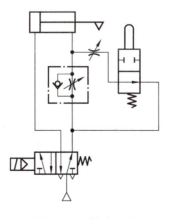

图 3-59　缓冲回路

3. 气-液转换速度回路

由于气体与液体相比具有明显的压缩性和膨胀性,故采用节流调速方法的气压传动在速度平稳性和控制精度上较液压传动要差,特别是在较大交变负载和较高运动速度的情况下,不宜采用单独的气动节流调速方法,应利用气液转换器或气液阻尼气缸控制执行元件的速度,从而得到良好的调速效果。

采用气液转换器的速度控制回路如图 3-60 所示。由换向阀输出的气压通过气液转换器转换成油压,推动液压缸做前进与后退运动。两个单向节流阀串联在油路中,可控制液压缸活塞进退运动的速度。由于油是不可压缩的介质,因此其调节的速度容易控制,调速精度高,活塞运动平稳。

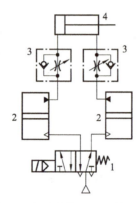

1—二位五通换向阀;2—气液转换器;3—单向节流阀;4—液压缸。

图 3-60 采用气液转换器的速度控制回路

四、其他控制回路的设计与选用

1. 同步回路

气压传动中的同步回路与液压传动中的同步回路基本相同。如图 3-61 所示,由单向节流阀 4、6 控制缸 1、2 同步上升,由单向节流阀 3、5 控制缸 1、2 同步下降。如果气缸缸径相对于负载来说足够大,工作压力足够高,用这种同步控制方法则可以取得一定程度的同步效果。

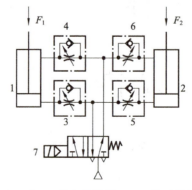

1,2—气缸;3,4,5,6—单向节流阀;7—二位五通电磁换向阀。

图 3-61 利用单向节流阀的同步控制回路

2. 安全保护回路

气动机构负荷的过载,气压的突然降低及气动执行机构的快速动作等都可能危及操作人员或设备的安全,因此在气动回路中常常要加入安全保护回路。常用的安全保护回路主要有互锁回路和过载保护回路。

1)互锁回路

互锁回路如图 3-62 所示,主控阀的换向将受三个串联机控三通阀的控制。只有三个机控三通阀都接通时,主控阀才能换向,活塞才能动作。

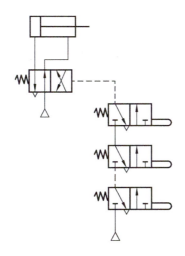

图 3-62 互锁回路

2)过载保护回路

如图 3-63 所示,正常工作时,阀 1 得电,使阀 2 换向,气缸活塞杆外伸。如果活塞杆受压的方向发生过载,则顺序阀动作,阀 3 切换,阀 2 的控制气体排出,并在弹簧力作用下换至下位,使活塞杆缩回。

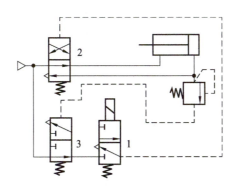

1—二位三通电磁换向阀;2—二位四通液控换向阀;3—二位三通液控换向阀。

图 3-63 过载保护回路

3. 双手操作回路

如图 3-64 所示,为使主控阀 3 换向,气缸动作,必须同时按下两个二位三通手动阀 1 和 2。这两个阀必须安装在单手不能同时操作的位置上,在操作时,如任何一只手离开则信号消失,主控阀复位,气缸的活塞自动返回。对操作人员起到安全保护的作用。这种回路常用于冲压或锻压作业中。

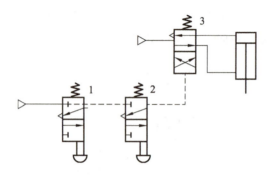

1,2—二位三通换向阀;3—二位四通换向阀。

图 3-64 双手操作回路

4. 延时回路

如图 3-65 所示,图(a)为延时输出回路,当控制信号切换阀 4 后,压缩空气经单向节流阀为气罐 2 充气。当充气压力经过延时升高致使阀 1 换位时,阀 1 就有输出。图(b)为延时接通回路,按下阀 8,则活塞杆向外伸出,当活塞杆在伸出行程中压下阀 5 后,压缩空气经节流阀到气罐 6,延时后才将阀 7 切换,活塞退回。改变节流阀的开度,可调节延时换向的时间。

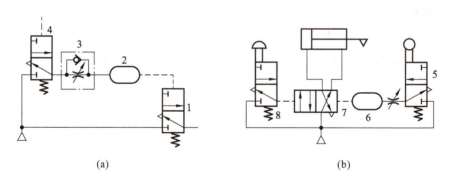

1,4,5,8—二位三通换向阀;2,6—气罐;3—单向节流阀;7—二位四通换向阀。

图 3-65 延时回路

任务 19　机械手气动系统原理图分析

任务目标

- 理解并掌握机械手气动系统的工作原理。
- 掌握子系统的分析方法。
- 了解机械手气动系统的特点。

一、气动机械手概述

机械手通常由执行机构、驱动传动机装置、控制系统等组成,其中驱动机构在很大程度上决定了机械手的性价比。根据动力源的不同,机械手的驱动机构大致可分为液压、气动、电动和机械驱动四类。

气动机械手由于其具有结构简单、成本低廉、重量轻、动作迅速、平稳、安全、可靠、节能和不污染环境等优点而被广泛应用在生产自动化的各个行业。

在显像管生产过程中,工序间采用传输带连接,在操作工位由机械手从传送带上取下显像管放到加工设备上,显像管转运机械手采用气动技术来驱动。图 3-66 是机械手的结构简图。

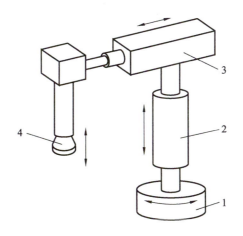

1—手臂旋转子系统；2—手臂升降子系统；3—手臂伸缩子系统；4—真空吸盘子系统。

图 3-66　机械手的结构简图

二、了解系统的任务和要求

转运机械手气动系统需要完成真空吸盘的吸/放动作、两个升降缸的直线往复运动及摆动缸的往复旋转动作。其动作流程为"机械手处于原位→机械手下降→机械手吸抓显像管→机械手上升→机械手转位→机械手伸出→机械手下降放显像管→机械手复位准备下一次抓取"。

本系统的控制阀均为电磁阀,缸体末端装有磁性行程开关,用以检测各动作的到位情况。控制系统将根据动作时序表和行程开关状态来控制电磁阀的开关。

根据上述显像管机械手要完成的工作任务,显像管转运机械手工作过程中,首先要求气动系统能够实现准确无误的顺序动作控制,以满足显像管转运动作循环的需要,同时还要求抓取和释放动作平稳,无冲击,以保证被抓取工件的安全。

三、确定元件及功能

机械手气动系统原理图如图 3-67 所示。

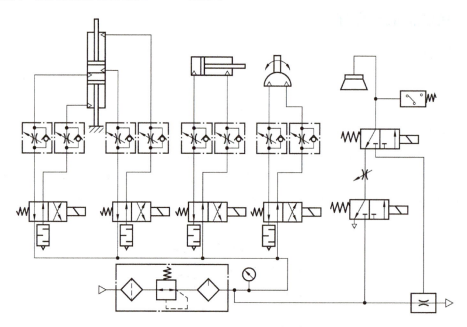

图 3-67 机械手气动系统原理图

1. 能源元件

1个气泵,给整个系统提供压力可变的气源。

2. 执行元件

3个气缸,1个为双作用连体单杆直线气缸(连体升降机),1个为双作用单杆直线气缸(长臂缸),1个为双作用摆动气缸(摆动缸),分别用于机械手的升降、伸缩及转动。

3. 控制调节元件

4个二位四通电磁换向阀(弹簧复位),分别用于操作连体升降缸、长臂缸及摆动缸气路的切换。

2个二位三通电磁换向阀(弹簧复位),用于真空吸盘气路的切换。

8个单向节流阀,用于调节气缸速度。

1个节流阀,用于调节吸盘的吸气速度。

1个真空开关,用于检测真空吸盘气路压力是否符合要求,并给出控制信号(检测工件是否吸住)。

1个减压阀,调节系统工作压力。

4. 辅助元件

1个压力表,检测气路压力。

1个空气组合元件,对空气起过滤、减压、除油雾的作用,可手动排水。

1个液压缓冲器,可用于缓和缸体末端行程的冲击。

1个真空发生器,用于提供真空吸盘所需的真空压力。

4个消声器,用于降低排气噪声。

四、子系统分析

机械手气动原理图中共有四个执行元件(连体升降缸包含两个缸体,但认为是一个元件),故可划分为四个子系统,整个系统由同一个气源供气,如图3-68所示。

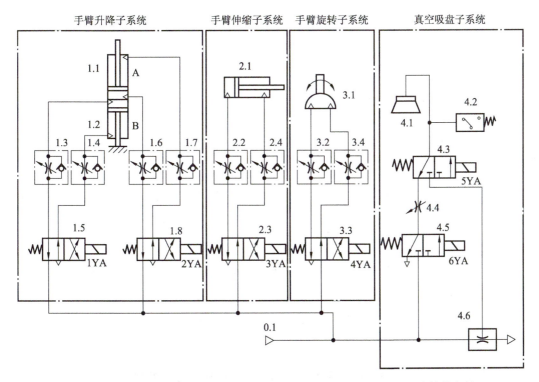

0.1—气源;1.1,1.2—连体气缸;1.3,1.4,1.6,1.7,2.2,2.4,3.2,3.4—液控单向阀;
1.5,1.8,2.3,3.3—二位四通电磁换向阀;2.1—双作用单杆气缸;3.1—气动马达;4.1—真空吸盘;
4.2—电磁开关;4.3,4.5—二位三通电磁换向阀;4.4—节流阀;4.6—真空发生器

图3-68 机械手气动系统子系统划分

1. 手臂升降子系统分析

手臂升降子系统由连体升降气缸、单向节流阀、电磁换向阀等元件组成。

1）缸 B 缩回

系统工作时，先完成显像管抓取动作，首先缸 B 缩回，需要无杆腔排气，有杆腔进气。其工作条件是电磁换向阀 1.5 工作在右位，此时电磁铁 1YA 通电。

(1) 进气气路：

    气源 0.1→电磁换向阀 1.5 右位→单向节流阀 1.4→气缸 1.2 有杆腔

(2) 排气回路：

    气缸 1.2 有杆腔→单向节流阀 1.3→电磁换向阀 1.5 右位→大气

2）缸 A、B 伸出

当系统抓取显像管完毕后，缸 A、B 都伸出，把显像管举起，等待被转运，其工作条件为真空吸盘真空压力达到要求，即真空开关 4.2 开启。

(1) 进气气路：

    ↗电磁换向阀 1.5 左位→单向节流阀 1.3→气缸 1.2 无杆腔

 气源 0.1

    ↘电磁换向阀 1.8 左位→单向节流阀 1.6→气缸 1.1 无杆腔

(2) 排气回路：

    气缸 1.2 有杆腔→单向节流阀 1.4→电磁换向阀 1.5 左位↘

                  大气

    气缸 1.1 有杆腔→单向节流阀 1.7→电磁换向阀 1.8 左位↗

3）缸 A 缩回

当系统运转显像管到位后（其判断条件为长臂缸伸出到位），缸 A 缩回，需要无杆腔排气，有杆腔进气。其工作条件为电磁换向阀 1.8 工作在右位，此时电磁铁 2YA 通电。

(1) 进气气路：

    气源 0.1→电磁换向阀 1.8 右位→单向节流阀 1.7→气缸 1.1 有杆腔

(2) 排气回路：

    气缸 1.1 无杆腔→单向节流阀 1.6→电磁换向阀 1.8 右位→大气

2. 手臂伸缩子系统分析

手臂伸缩子系统由单出杆气缸、单向节流阀及电磁换向阀等元件组成。

1）气缸伸出

当系统完成抓取的动作，摆动缸右转到位后，长臂缸伸出。其工作条件为电磁换向阀 2.3 工作在右位，此时电磁铁 3YA 通电。

(1) 进气气路：

　　　　气源 0.1→电磁换向阀 2.3 右位→单向节流阀 2.2→气动马达 2.1

(2) 排气回路：

　　　　气动马达 2.1→单向节流阀 2.4→电磁换向阀 2.3 右位→大气

2) 气缸缩回

当系统放下显像管后，长臂缸缩回。气缸工作条件为电磁换向阀 2.3 工作在左位，此时电磁铁 3YA 断电。

(1) 进气气路：

　　　　气源 0.1→电磁换向阀 2.3 左位→单向节流阀 2.4→气缸 2.1 有杆腔

(2) 排气回路：

　　　　气缸 2.1 无杆腔→单向节流阀 2.2→电磁换向阀 2.3 左位→大气

3. 手臂回转子系统分析

手臂回转子系统由摆动气缸、单向节流阀及电磁换向阀等元件组成。

1) 气缸向右摆动

当系统抓取显像管，升降缸上升到最高位后，摆动缸向右摆动。其工作条件为电磁换向阀 3.3 工作在右位，此时电磁铁 4YA 通电。

(1) 进气气路：

　　　　气源 0.1→电磁换向阀 3.3 右位→单向节流阀 3.2→气缸 3.1 有杆腔

(2) 排气回路：

　　　　摆动气缸 3.1→单向节流阀 3.4→电磁换向阀 3.3 右位→大气

2) 气缸向左摆动

当系统放下显像管后，摆动缸向左摆动。气缸工作条件为电磁换向阀 3.3 工作在左位，此时电磁铁 4YA 断电。

(1) 进气气路：

　　　　气源 0.1→电磁换向阀 3.3 左位→单向节流阀 3.4→摆动气缸 3.1

(2) 排气回路：

　　　　缸 3.1 无杆腔→单向节流阀 3.2→电磁换向阀 3.3 左位→大气

4. 真空吸盘子系统分析

真空吸盘子系统由真空吸盘、真空开关、真空发生器、节流阀及电磁换向阀等元件组成。

1) 真空吸盘抓取工件

当机械手得到工件就位的信号，升降缸 B 下降就位后，真空吸盘吸气，可抓取工件。其工作条件为电磁换向阀 4.3 工作在右位，此时电磁铁 5YA 带电。

吸气气路：

真空吸盘 4.1→电磁换向阀 4.3 右位→真空发生器 4.6→大气

2）真空吸盘放置工件

当工件转运到位，升降缸 A 下降到位后，真空吸盘放气，可松开工件。其工作条件为电磁换向阀 4.3 工作在左位，此时电磁铁 5YA 不带电。

进气回路：

气源 0.1→电磁换向阀 4.5 右位→节流阀 4.4→电磁换向阀 4.3 右位→真空吸盘 4.1

五、电磁铁动作顺序表

此系统所有的控制阀均为电磁换向阀，由计算机控制系统根据动作时序和行程开关来控制其动作，电磁铁状态与机械手动作的关系如表 3-3 所示。

表 3-3　电磁铁状态与机械手动作关系

动作	电磁铁					
	1YA	2YA	3YA	4YA	5YA	6YA
原位	−	+	−	−	−	−
缸 B 缩回	+	+	−	−	−	−
吸盘吸气	+	−	−	−	+	−
缸 A,B 伸出	−	−	−	−	+	−
摆动缸右转	−	−	−	+	+	−
长臂缸伸出	−	−	+	+	+	−
缸 A 缩回	−	+	+	+	+	−
吸盘放气	−	+	+	+	−	+
复位	−	+	−	−	−	−

注：电磁铁通电时，表中记"＋"；反之，记"−"号。

六、系统特点分析

通过对显像管运转机械手气动系统工作原理的分析，对机械手气动系统的特点总结如下。

（1）采用真空吸盘作为抓取显像管的执行元件，能够保证显像管在抓取、夹持过程中不被损坏；真空压力由真空发生器提供，直接使用压缩空气，使系统结构简单；使用真空压力开关来检测显像管是否被抓住，可保证真空系统安全可靠的工作。

（2）为保证系统工作的快速性，对真空吸盘设计了快速补气气路，使真空吸盘能与显像管快速脱离。

(3)每个气缸均安装有行程开关,通过行程开关的信号来控制电磁换向阀切换气路,使得控制系统快速可靠,同时简化了气路;气缸的行程也可以通过调节行程开关来实现。

(4)每个气缸均装有单向节流阀。因此,可以将机械手抓取显像管时的运动速度调节得比较慢,保证运动的稳定性。

(5)采用液压缓冲器来降低形成末端的冲击,提高了显像管在运转过程中的安全性。

思考与练习

一、填空题

(1)气源装置包括压缩空气的_____、_____、_____和_____。

(2)空气压缩机按工作原理分为_____和_____两类。

(3)压缩空气净化装置一般包括_____、_____、_____、_____、_____等。

(4)后冷却器根据结构形式的不同可分为_____、_____、_____、_____;根据冷却方式的不同可分为_____、_____。

(5)压缩空气的干燥方法主要有_____和_____。

(6)气缸按压缩空气对活塞的作用力的方向分为_____和_____;按结构功能分为_____、_____、_____、_____、_____、_____等。

(7)普通气缸包括_____和_____。

(8)双作用气缸当无杆腔进气,有杆腔排气时,活塞杆_____;当有杆腔进气,无杆腔排气时,活塞杆_____。

(9)气-液阻尼缸按其结构不同,可分为_____和_____。

(10)薄膜式气缸主要由_____、_____、_____、_____等组成。

(11)手指气缸主要有_____、_____、_____、_____四种结构形式。

(12)气动控制阀的种类很多,通常根据功能分为_____、_____和_____三类基本阀。

(13)压力控制阀可分为三类:一是起降压稳压作用的_____;二是起限压安全保护作用的_____;三是根据气路压力不同进行某种控制的_____等。

(14)单向型方向控制阀主要包括_____、_____、_____、_____等。

(15)快速排气阀常安装在_____和_____之间。

(16)常用的流量控制阀有_____、_____和_____等。

(17)油雾器的选用主要根据气压系统所需的_____和_____来确定。

(18)自动排水器用于自动排除_____、_____、_____等处的冷凝水。

(19)为保证可靠供气,可采用_____、_____、_____等管网供气系统。

(20)不含水蒸气的空气为_____,含水蒸气的空气为_____,所含水分的程度用_____和_____来表示。

(21)每立方米的湿空气中所含水蒸气的质量称为_____;每千克质量的干空气中所混合的水蒸气的质量称为_____。

(22)_____、_____、_____一起称为气动三联件,是多数气动设备必不可少的气源装置。

(23)与门型梭阀又称_____。

(24)气动控制元件按其功能和作用分为_____控制阀、_____制阀和_____控制阀三大类。

(25)气动压力控制阀主要有_____、_____和_____。

(26)气动流量控制阀主要有_____、_____、_____等,都是通过改变控制阀的通流面积来实现流量控制的元件。

(27)气动系统因使用的功率都不大,所以主要的调速方法是_____。

(28)在设计任何气动回路时,特别是安全回路,都不可缺少_____和_____。

二、选择题

(1)下列气动元件是气动控制元件的是(　　)。

A. 气马达　　　　　　　　　B. 顺序阀

C. 空气压缩机　　　　　　　D. 油水分离器

(2)气压传动中方向控制阀是用来(　　)。

A. 调节压力　　　　　　　　B. 截止或导通气流

C. 调节执行元件的气流量　　D. 净化空气

(3)以下不是储气罐作用的是(　　)。

A. 减少气源输出气流脉动　　B. 进一步分离压缩空气中的水分和油分

C. 冷却压缩空气　　　　　　D. 添加润滑油

(4)利用压缩空气使膜片变形,从而推动活塞杆做直线运动的气缸是(　　)。

A. 气-液阻尼缸　　　　　　　B. 普通气缸

C. 薄膜式气缸　　　　　　　D. 手指气缸

(5)压缩空气站是气压传动系统的(　　)。

A. 辅助元件　　　　　　　　B. 执行元件

C. 控制元件　　　　　　　　D. 动力源装置

三、判断题

(1)气源管道的管径大小是根据压缩空气的最大流量和允许的最大压力损失决定的。

(　　)

(2)空气过滤器又名分水滤气器、空气滤清器,它的作用是滤除压缩空气中的水分、油滴及杂质,以达到气动系统所要求的净化程度,它属于二次过滤器。（   ）

(3)气压传动系统中所使用的压缩空气直接由空气压缩机供给。（   ）

(4)快速排气阀的作用是将气缸中的气体经过管路由换向阀的排气口排出。（   ）

(5)每台气动装置的供气压力都需要用减压阀来减压,并保证供气压力的稳定。（   ）

(6)在气动系统中,双压阀的逻辑功能相当于"或"元件。（   ）

(7)快排阀的作用是使执行元件的运动速度达到最快而使排气时间最短,因此需要将快排阀安装在方向控制阀的排气口。（   ）

(8)气压控制换向阀是利用气体压力来使主阀芯运动而改变气体方向的。（   ）

(9)消声器的作用是排除压缩气体高速通过气动元件排到大气时产生的刺耳噪声污染。（   ）

(10)气动压力控制阀都是利用作用于阀芯上的流体(空气)压力和弹簧力相平衡的原理来进行工作的。（   ）

四、简答题

(1)压缩空气中有哪些典型污染物?分别说明其来源并简述减少污染物的相应措施。

(2)简述气源装置的主要组成部分及各部分的作用。

(3)油水分离器的作用是什么?为什么它能将油和水分开?

(4)油雾器的作用是什么?试简述其工作原理。

(5)简述常见气缸的类型、功能和用途。

(6)气动方向控制阀有哪些类型？各自具有什么功能？

(7)减压阀是如何实现减压调压的？

(8)简述常见气动压力控制回路及其用途。

(9)试说明排气节流阀的工作原理、主要特点及用途。

(10)画出采用气-液阻尼缸的速度控制回路原理图,并说明该回路的特点。

(11)简述往复活塞式空气压缩机的工作原理。

(12)油水分离器的作用是什么？

(13) 储气罐的作用有哪些？

(14) 油雾器有什么作用？其特点是什么？

(15) 什么是气动三联件？每个元件起什么作用？其安装顺序如何？

(16) 简述真空发生器的工作原理。

(17) 由不同操纵方式的换向阀组成的换向回路各有什么特点？

五、指出图 3-69 中的错误并改正。

图 3-69 习题配图

六、如图 3-70 所示的专用钻床液压系统可实现"快进→一工进→二工进→快退→原位停止"的工作循环。试根据工作循环分析专用钻床的液压系统,并填写电磁铁动作顺序表(表 3-4)。

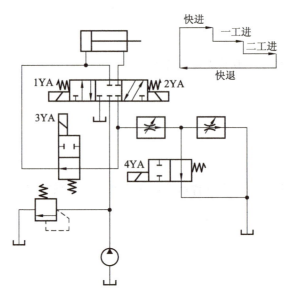

图 3-70 专用钻床液压系统

表 3-4 电磁铁动作顺序表

动作	电磁铁			
	1YA	2YA	3YA	4YA
快进				
一工进				
二工进				
快退				
原位停止				

项目四　典型液压与气压传动系统分析

项目背景

液压与气压系统原理图是使用连线把液压和气压元件的图形符号连接起来的一张简图,用来描述液压与气压系统的组成及工作原理。因此,能够正确而快速地阅读液压与气压系统原理图,对于液压与气压设备的设计、分析、研究,以及液压与气压元件的使用、维护及调整都是十分重要的。

项目导入

某企业公开招聘工程师,要求是熟悉液压气动技术。经过第一轮笔试之后,有四位应聘者顺利进入第二轮面试,假如你是其中的一位应聘者,你如何分析图 4-1 中的液压和气压系统?

(a) 机械手

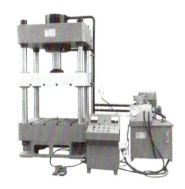

(b) 压力机

(c) 公交汽车中的气动双向摆门

(d) 抓斗机

图 4-1　液压与气压传动的应用

知识目标

(1) 了解和掌握液压与气压传动系统的分析方法。

(2) 掌握液压系统图的阅读方法。

能力目标

(1) 具有各类液压与气压元件的分析与选用能力。

(2) 会设计简单的液压与气压基本回路。

(3) 具有阅读液压与气压传动系统的能力。

重点难点

(1) 液压与气压系统的分析方法。

(2) 液压与气压系统图的阅读方法。

(3) 液压与气压系统的分析步骤：

①了解主机的功用、对液压系统的要求，以及液压系统应实现的运动和工作循环。

②分析各元件的功用与原理，弄清它们之间的相互连接关系。

③以执行元件为中心，将系统分解为若干子系统，根据执行元件的动作要求对每个子系统进行分析，搞清楚子系统由哪些基本回路组成。

④归纳总结整个系统的特点。

▶ 任务 20　汽车起重机液压系统原理图分析

任务目标

(1) 理解并掌握汽车起重机系统的工作原理。

(2) 掌握子系统的分析方法。

(3) 了解汽车起重机系统的特点。

一、汽车起重机概述

汽车起重机是装在普通汽车底盘或特制汽车底盘上的一种起重机,其行驶驾驶室与起重操纵室分开设置。这种机械能以较快速度行走,机动性好,适应性强,自备动力不需要配备电源,能在野外作业,操作简便灵活,因此在交通运输、城建、消防、大型物料场、基建、急救等领域得到了广泛的使用。

用相配套的载重汽车作为基本部分,在其上添加相应的起重功能部件,组成完整的汽车起重机,并且利用汽车自备的动力作为起重机的液压系统动力。起重机工作时,汽车的轮胎不受力,四条液压支撑腿将整个汽车抬起来,并将起重机的各个部分展开,进行起重作业。作业循环通常是"起吊→回转→卸载→返回",有时还加入间断的短距离行驶运动。当需要转移起重作业现场时,需要将起重机的各个部分收回到汽车上,使汽车恢复到车辆运输功能状态。

Q2-8型汽车起重机是一种中小型起重机,最大起重重量是8 t,最大起重高度为11.5 m,起重装置连续回转。它主要由五部分构成,如图4-2所示。

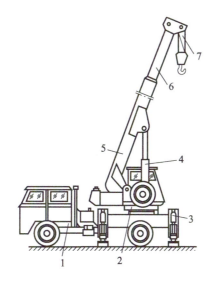

1—载重汽车;2—回转机构;3—支腿;4—吊臂变幅缸;5—基本臂;
6—伸缩吊臂;7—起升机构。

图4-2 Q2-8型汽车起重机外形简图

(1)支腿装置:起重作业时使汽车轮胎离开地面,架起整车,不使载荷压在轮胎上,并可调节整车的水平度,一般为四腿结构。

(2)吊臂回转机构:使吊臂实现360°任意回转,能够在任何位置锁定停止。

(3)吊臂伸缩机构:使吊臂在一定尺寸范围内可调,并能够定位,用以改变吊臂的工作长度。一般为 3 节或 4 节套筒伸缩结构。

(4)吊臂变幅机构:使吊臂在 15°～80°内任意角度可调,用以改变吊臂的倾角。

(5)吊钩起降机构:使重物在起吊范围内任意升降,并在任意位置负重停止,起吊和下降速度在一定范围内无级可调。

二、了解系统的任务和要求

汽车起重机要完成的工作任务就是起吊和转运货物。因其动作简单,位置精度要求低,该系统的大部分作业机构采用手动操作方式完成。

虽然汽车起重机的动作精度要求低,但对作业的安全性要求高,如:

(1)起吊重物时禁止落臂,必须落臂时应将重物放下重新升起作业。

(2)回转动作要平稳,不准突然停转,当吊重接近额定起重重量时,不得在吊离地面 0.5 m 以上的空中回转。

(3)汽车起重机不准吊重行驶。

(4)防止出现"拖腿"和"软腿"事故。

(5)防止出现"溜车"现象等。

三、确定元件及功能

初步分析汽车起重机的液压系统原理图,明确液压系统的组成元件,分析各元件功能及用途,如图 4-3 所示。

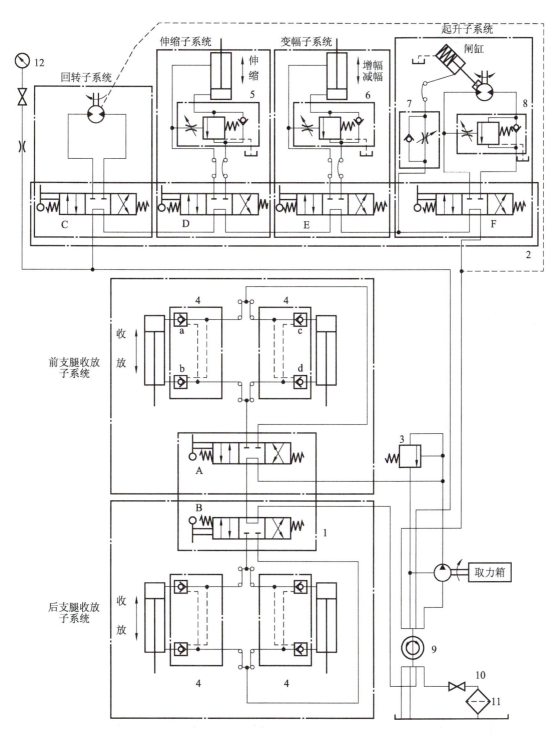

1,2—手动阀组;3—安全阀;4—双向液压锁;5,6,8—平衡阀;7—节流阀;9—中心旋转接头;
10—截止阀;11—过滤器;12—压力表;A,B,C,D,E,F—手动换向阀。

图4-3 Q2-8型汽车起重机的液压系统图

四、子系统分析

汽车起重机原理图中共有七个执行元件,但制动缸和起升液压马达的作用相互关联,因此可以把这两个执行元件划分为一个子系统,故可划分为六个子系统。

1. 前支腿收放子系统分析

前支腿收放子系统由液压缸、液控单向阀、三位四通手动换向阀组成。前支腿液压缸的动作由两个液控单向阀控制,两个液控单向阀形成双向液压锁,因此前支腿收放子系统的基本回路为锁紧回路。双向液压锁对前支腿液压缸起到任意位置锁紧的作用,防止在起重作业时发生"软腿"现象或行车过程中腿自行滑落。支腿液压缸要实现的动作有支腿伸出、支腿缩回及任意位置支撑。

1)支腿伸出

在支腿伸出动作过程中,液控单向阀 4a、4c 直接打开,液控单向阀 4b、4d 在控制油压力作用下打开。如果要实现前支腿液压缸伸出,则需要手动操纵换向阀 A,使其工作在左位,此时压力油经手动换向阀 A,液控单向阀 4a、4c 进入前支腿液压缸的无杆腔;前支腿液压缸的有杆腔油液经液控单向阀 4b、4d,手动换向阀 A,手动换向阀 B,旋转接头,手动换向阀 C、D、E、F,旋转接头回到油箱。

(1)进油路线:

　　　　　　　　　　↗液控单向阀 4a↘
泵→手动换向阀 A 左位　　　　　　　　前支腿液压缸的无杆腔
　　　　　　　　　　↘液控单向阀 4c↗

(2)回油路线:

　　　　　　　　　　↗液控单向阀 4b↘
前支腿液压缸的有杆腔　　　　　　　　手动换向阀 A 左位→
　　　　　　　　　　↘液控单向阀 4d↗

手动换向阀 B 中位→旋转接头→手动换向阀 C、D、E、F 中位→旋转接头→油箱

2)支腿缩回

当手动操纵换向阀 A 置于右位时,液控单向阀 4b、4d 直接打开,液控单向阀 4a、4c 在控制油压力作用下打开。液压泵提供的压力油经换向阀 A 右位,液控单向阀 4b、4d,进入前支腿液压缸的有杆腔。前支腿液压缸的无杆腔油液经液控单向阀 4a、4c,手动换向阀 A,手动换向阀 B,旋转接头,手动换向阀 C、D、E、F,旋转接头回到油箱。此时前支腿液压缸缩回。

3)支撑

当手动换向阀 A 处于中位时,由于换向阀 A 的中位机能是 M 型,液控单向阀关闭,使前支

腿液压缸保持在某一位置不动作,起到支撑作用。液压泵经换向阀 A、B 中位,旋转接头,手动换向阀 C、D、E、F 中位,旋转接头直接回到油箱,液压泵卸荷。

2. 后支腿收放子系统分析

后支腿收放子系统由后支腿液压缸、手动换向阀、液控单向阀组成。后支腿液压缸的动作过程包括支腿伸出、支腿缩回及任意位置支撑三个动作。后支腿收放子系统分析方法与前支腿收放子系统分析方法类似。

3. 回转子系统分析

回转子系统是实现起重机作业部分整体回转动作的子系统,由手动换向阀、液压马达等组成。液压马达通过涡轮蜗杆减速箱和一对内啮合的齿轮传动来驱动转盘回转。由于转盘转速较低,每分钟仅为 1～3 转,故液压马达的转速也不高,因此没有必要设置液压马达制动回路。三位四通手动换向阀 C 用来控制转盘正、反转和锁定不动三种工况。

(1) 进油路线:

泵→手动换向阀 A 中位→手动换向阀 B 中位→旋转接头→
手动换向阀 C 左(右)位→回转液压马达

(2) 回油路线:

回转液压马达→手动换向阀 C 左(右)位→手动换向阀 D、E、F 中位→旋转接头→油箱

当手动换向阀 C 处于中位时,由于换向阀 C 的中位机能是 M 型的,液压马达两腔封闭,马达停止转动,此时液压泵输出的油经手动换向阀 A、B 中位,旋转接头,手动换向阀 C、D、E、F 中位直接回到油箱,液压泵卸荷。

4. 伸缩子系统分析

伸缩子系统的作用是使起重机的吊臂伸长或缩短。起重机的吊臂由基本臂和伸缩臂组成,伸缩臂套在基本臂中,用一个由三位四通手动换向阀 D 控制的伸缩液压缸来驱动吊臂的伸出和缩回。该系统由手动换向阀、单向顺序阀、液压缸等组成,完成的动作是液压缸的伸出、缩回和停止。

1) 吊臂伸出

当手动操纵换向阀 D 置于右位时,压力油经手动换向阀 A、B 中位,旋转接头,手动换向阀 C 中位,手动换向阀 D 右位,单向阀进入液压缸的无杆腔,伸缩液压缸伸出。

(1) 进油路线:

泵→手动换向阀 A 中位→旋转接头→手动换向阀 B、C 中位→
手动换向阀 D 右位→单向阀→伸缩液压缸无杆腔

(2) 回油路线:

液压缸有杆腔→手动换向阀 D 右位→手动换向阀 E、F 中位→旋转接头→油箱

2) 吊臂缩回

当手动操纵换向阀 D 置于左位时,压力油经手动换向阀 A、B 中位,旋转接头,手动换向阀 C 中位,手动换向阀 D 左位直接进入液压缸的有杆腔,由于回油方向为单向阀截止方向,液压缸无杆腔无法经过单向阀,只能等顺序阀开启后经过顺序阀回油,而顺序阀的开启是由进油路的压力油控制的,只有当进油压力达到顺序阀的调定压力时,顺序阀才能打开,伸缩液压缸回油腔才能经顺序阀回油。

3) 停止

当手动操纵换向阀 D 置于中位时,伸缩液压缸两腔封闭,顺序阀的控制油压力低于顺序阀的调定压力,顺序阀关闭,因此伸缩缸停止动作,此时起重机起吊的重物能够被平衡在某一位置,不会由于重物的自重而自行下落,避免发生危险。

5. 变幅子系统分析

变幅子系统的作用是使起重机的手臂抬高或落下,它是通过一个液压缸改变起重臂的角度来实现的。变幅液压缸是由三位四通手动换向阀 E 来控制的。该系统同样是由手动换向阀、单向顺序阀、液压缸等组成的。为防止在变幅作业时因自重而使吊臂下落,在油路中设有平衡回路。除了采用的液压缸不同外,此子系统与伸缩子系统的结构是完全相同的,因此工作原理也相同,故变幅子系统的分析过程在这就不作赘述。

6. 起升子系统分析

起升机构用来实现物料的垂直升降,是任何起重机都不可缺少的工作部分,也是起重机最主要、最基本的机构,它由一个低速大转矩定量液压马达来带动卷扬机工作。液压马达的正反转由三位四通手动换向阀 F 控制。起重机起升速度的调节是通过改变汽车发动机的转速从而改变液压泵的输出流量和液压马达的输入流量来实现的。在液压马达回油路上设有平衡回路,以防止重物自由下落。此系统还设有单作用闸缸组成的制动回路,当系统不工作时通过闸缸中的弹簧力实现对卷扬机的制动,防止起吊重物下滑;当吊车负重起吊时,利用制动器延时张开的特性,可以避免卷扬机起吊时发生溜车下滑现象。

(1) 进油路线:

液压泵→换向阀 A 中位→换向阀 B 中位→旋转接头→换向阀 C、D、E 中位→换向阀 F→卷扬机马达进油腔

(2) 回油路线:

卷扬机马达回油腔→换向阀 F→旋转接头→油箱

五、系统特点分析

(1) 采用了锁紧回路、平衡回路、换向回路、顺序动作回路、制动回路等基本回路，以满足系统的工作要求并保证系统的工作安全。

(2) 采用液控单向阀组成的双液压锁锁紧回路，保证支腿液压缸的可靠锁紧，防止出现"拖腿"和"软腿"事故，该锁紧方式简单、可靠，且有效时间长。

(3) 在平衡回路中，采用由单向阀和顺序阀组成的平衡阀，以防止在起升、吊臂伸缩和变幅作业过程中因重物自重而下落，该平衡阀工作可靠，但在一个方向上有背压，会造成一定的功率损失，且有效时间短。

(4) 在多缸卸荷回路中，采用三位换向阀的 M 型中位机能，使液压泵经三位换向阀的中位卸荷，以节约能源，该卸荷方式简单、节能效果好。

(5) 在制动回路中，采用单向节流阀和单作用液压缸构成的制动器，能够实现上闸快、松闸慢的动作特点，确保起升动作的安全。

任务 21　液压机液压系统原理图分析

任务目标

- 理解并掌握液压机液压系统的工作原理。
- 掌握子系统的分析方法。
- 了解液压机液压系统的特点。

一、液压机概述

液压机是一种以液体为工作介质，用来传递能量以实现对金属、木材、塑料等进行压力加工的机械。液压机除用于锻压成形外，也可用于矫正、压装、打包、压块和压板等。液压机按结构形式的不同分为四柱式液压机、单柱式液压机、卧式液压机、立式框架液压机等。液压机主机部分包括机身、主缸、顶出缸及充液装置等，如图 4-4 所示。

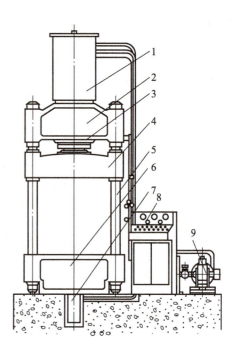

1—冲液筒；2—上横梁；3—上液压缸；4—上滑块；5—立柱；
6—下滑块；7—下液压缸；8—电气操纵箱；9—动力机构。

图 4-4　YA32-200 型万能液压机

二、系统的功能和要求

液压机动力机构在电气装置的控制下，通过泵和油缸及各种液压阀实现能量的转换、调节和输送，完成各种工艺动作的循环。本任务中的 YA32-200 型万能液压机的液压系统要完成的工作循环如下。

(1) 主缸：快速下行→慢速加压→保压延时→快速返回→停止。

(2) 顶出缸：向上顶出→向下推回→停止。

液压机传动系统是以压力变换为主的系统，由于用在主传动，系统压力高、流量大、功率大，因此特别要注意提高原动机功率利用率，须防止泄压时产生冲击。

三、确定元件及功能

按照先分析动力元件和执行元件，再分析控制调节元件及辅助元件的原则，分析图 4-5 中液压机液压系统的组成元件及其功能。

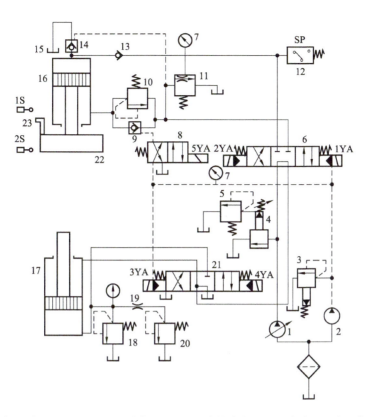

1,2—液压泵;3,4,5,18,20—溢流阀;6,21—电液换向阀;7—压力计;8—电磁换向阀;
9,14—液控单向阀;10—背压阀;11—卸荷阀;12—压力继电器;13—单向阀;15—油箱;
16—主缸;17—顶出缸;19—阻尼孔;22—滑块;23—挡铁。

图 4-5 YA32-200型万能液压机液压系统

四、系统分析

1. 主缸

1) 快速下行

按下启动按钮,电磁铁1YA、5YA通电,低压控制油液使电液换向阀6切换至右位,并通过电磁换向阀使液控单向阀9打开。

(1) 进油路线:

泵1→电液换向阀6(右位)→单向阀→主缸上腔

(2) 回油路线:

主缸下腔→液控单向阀9→电液换向阀6(右位)→电液换向阀21中位→油箱

在该工作过程中,系统的液压油进入主缸的上腔,因为主缸滑块在自重作用下迅速下降,而液压泵的流量较小,所以液压缸顶部油箱内的液压油经液控单向阀14进入主缸上腔补油。

2) 慢速加压

当主缸滑块上的挡铁压下行程开关 2S 时,电磁铁 5YA 断电,阀 8 处于常态,液控单向阀 9 关闭。

(1) 进油路线:

泵 1→电液换向阀 6(右位)→单向阀→主缸上腔

(2) 回油路线:

主缸下腔→背压阀→电液换向阀 6(右位)→电液换向阀 21 中位→油箱

在该工作过程中,液压油推动活塞使滑块慢速接近工件,当主缸活塞接触到工件后,阻力急剧增加,上腔油液压力进一步升高,泵 1 的排油量自动减小,主缸活塞的速度降低。

3) 保压延时

当主缸上腔的压力达到预定值时,压力继电器发出信号,使电磁铁 1YA 断电,阀 6 回到中位。泵 1 经电液换向阀 6、电液换向阀 21 中位卸荷。用单向阀实现保压,保压时间可由时间继电器调定。

4) 卸压回程

保压时间结束后,时间继电器发出电信号,使电磁铁 2YA 通电。当电液换向阀 6 切换至左位后,主缸上腔还未卸压,压力很高,卸荷阀呈开启状态,主泵 1 的油液经卸荷阀中的阻尼孔回油。这时主泵 1 在较低压力下运转,此压力不足以打开液控单向阀 14 的主阀芯,但能打开液控单向阀 14 中锥阀上的卸荷阀芯,主缸上腔的高压油液经此卸荷阀芯开口而泄回油箱,此时是卸压过程。

(1) 进油路线:

泵 1→电液换向阀 6(左位)→卸荷阀→油箱

(2) 回油路线:

主缸上腔→液控单向阀 14→油箱

在该工作过程中,为了防止保压状态向快速返回状态转变过快在系统中引起压力冲击,并使上滑块动作不平稳,系统设置了卸荷阀。

卸压过程持续到上腔的压力降低,由主缸上腔液压油控制的卸荷阀的阀芯开口量逐渐减小,使系统的压力升高并推开液控单向阀 14 中的主阀芯,主缸开始快速回程。

(1) 进油路线:

泵 1→电液换向阀 6(左位)→液控单向阀 9→主缸下腔

(2) 回油路线:

主缸上腔→液控单向阀 14→油箱

5) 停止

当主缸滑块上的挡铁压下行程开关 1S 时,电磁铁 2YA 断电,主缸活塞停止运动。此时,泵处于卸荷状态。

泵 1→电液换向阀 6(中位)→电液换向阀 21(中位)→油箱

2. 顶出缸

1) 向上顶出

电磁铁 3YA 通电,顶出缸的活塞上升。

(1) 进油路线:

泵 1→电液换向阀 6(中位)→电液换向阀 21(左位)→顶出缸下腔

(2) 回油路线:

顶出缸上腔→电液换向阀 21(左位)→油箱

2) 向下推回

电磁铁 3YA 断电,4YA 通电,电液换向阀 21 换向,右位接入系统,顶出缸活塞下降。

(1) 进油路线:

泵 1→电液换向阀 6(中位)→电液换向阀 21(右位)→顶出缸上腔

(2) 回油路线:

顶出缸下腔→电液换向阀 21(右位)→油箱

3) 浮动压力

作薄板拉伸压边时,要求顶出缸既保持一定压力,又能随着主缸滑块的下压而下降。这时,在主缸动作之前使 3YA 通电,顶出缸顶出后使 3YA 立即断电,顶出缸下腔的油液被阀 21 封住。当主缸滑块下压时,顶出缸活塞被迫随之下行,顶出缸下腔回油经阻尼孔和溢流阀 20 流回油箱,从而建立起所需的压边力。溢流阀 18 的作用是当阻尼孔阻塞时起安全保护作用。

五、列写电磁铁动作顺序表(表 4-1)

表 4-1 电磁铁动作顺序表

液压缸	动作	电磁铁				
		1Y	2Y	3Y	4Y	5Y
主缸	快速下行	+	−	−	−	+
	慢速加压	+	−	−	−	−
	保压	−	−	−	−	−
	卸压回程	−	+	−	−	−
	停止	−	−	−	−	−
顶出缸	向上顶出	−	−	+	−	−
	向下推回	−	−	−	+	−
	压边	+	−	±	−	−

注:电磁铁通电、行程阀压下时,表中记"+";反之,记"−"号。

六、系统特点分析

(1) 系统采用高压大流量恒功率变量泵供油,既符合工艺要求,又节省能量。

(2) 系统中上、下两缸的动作协调是由两个换向阀互锁来保证的。只有电液换向阀 6 处于中位,主缸不工作时,液压油才能进入电液换向阀 21,使顶出缸运动。

(3) 为了减少由保压转换成快速回程造成的液压冲击,系统中采用了卸荷阀和液控单向阀 14 组成卸压回路。

(4) 为保证主缸快速下行,采用补液油箱自动补油措施。

(5) 系统工作压力可达 20～30 MPa,主缸工作速度不超过 50 mm/s,快进速度不超过 300 mm/s。

任务 22　汽车气动系统

任务目标

- 理解并掌握汽车气动系统的工作原理。
- 掌握子系统的分析方法。
- 了解汽车气动系统的特点。

一、确定元件及功能

按照先分析能源元件和执行元件,再分析控制调节元件及辅助元件的原则,分析汽车气动系统的组成元件及其功能。

1. 能源元件

1 个空压机,由发动机驱动,给整个系统提供气源。

2. 执行元件

1 个双作用单杆直线气缸,与机械结构相配合用于驱动车门。

2 个单作用气缸(刹车气室),用于驱动刹车片完成制动。

3. 控制调节元件

1 个二位五通电磁换向阀(弹簧复位),用于切换气缸的气路。

2 个低压气控换向阀,分别检验人踏上踏板的动作。

1 个手动换向阀,用于控制主气路的通断。

3 个单向节流阀,调节气缸和气罐的排气速度。

1个减压阀,调节系统工作压力。
1个梭阀,用于实现控制信号"或"的逻辑关系。
2个继动阀,用于对制动气室实现快速充气和排气。
1个四回路阀,用于控制气罐充气气路,并保障在一条气路发生故障时,其他气路不受影响。
1个双管路制动阀,用于操纵信号转换为气压信号。

4. 辅助元件

1个压力表,检测气路压力。
1个空气组合元件,对空气起过滤、减压、除油雾的作用,可手动排水。
5个气罐,其中气动门装置中的气罐用于缓冲脚踏板信号,刹车装置中的气罐用于储存空气。

二、子系统分析

汽车气动系统原理图中共有三个执行元件,其中1个气缸所在回路为单缸往复系统,另外2个气缸连接的执行元件和动作都是一样的,所以将系统划分为两个子系统,整个系统由同一个气源供气,如图4-6所示。

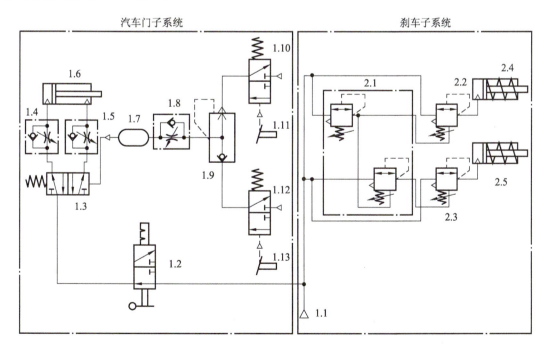

1.1—气源;1.10,1.12—气控换向阀;1.11—内踏板;1.13—外踏板;1.2—二位三通手控换向阀;
1.3—二位五通气控阀(弹簧复位);1.4,1.5,1.8—单向节流阀;1.6—双作用气缸;1.7—气罐;
1.9—梭阀;2.1—双管路制动阀;2.2,2.3—继动阀;2.4,2.5—刹车气室。

图4-6 汽车气动系统原理图

1. 汽车门子系统分析

汽车门气动系统中包括双作用气缸、单向节流阀、二位五通气控换向阀、二位三通气控换向阀、二位三通手动换向阀、气罐及梭阀等元件。手动换向阀用于将操作信号转换为气压信号,气控换向阀根据气压信号来通断气路。汽车门开关气动系统完成两个动作:车门打开及车门关闭。

1)车门打开

当人踏上踏板时,车门打开,此时有两种情况:人踏上内踏板要下车、人踏上外踏板要上车。

当人踏上内踏板,低压气动控制阀 1.10 置于下位,或踏上外踏板 1.13,低压气动控制阀 1.12 置于下位时,气路与电源连通,压缩空气通过梭阀、单向节流阀 1.8 和气罐使气控换向阀 1.3 换向置于右位,压缩空气通过单向节流阀 1.5 进入气缸的有杆腔,活塞向左运动,车门打开。

(1)气缸进气路线:

气源→手控换向阀 1.2 下位→气控换向阀 1.3 右位→单向节流阀 1.5→气缸有杆腔

(2)气缸排气路线:

气缸 1.6 无杆腔→单向节流阀 1.4→气控换向阀 1.3 右位→大气

(3)控制气路路线:

气源 ↗气控换向阀 1.10 下位↘
　　　　　　　　　　　梭阀位→节流阀 1.8→气罐→气控换向阀 1.3 右控制腔
　　　↘气控换向阀 1.12 下位↗

2)车门关闭

当人离开踏板时,车门关闭,此时有两种情况:人离开内踏板要下车及人离开外踏板要上车。

当人离开内踏板,低压气动控制阀 1.10 复位至上位,或离开内踏板 1.13,低压气动控制阀 1.10 复位至上位时,气路与大气连通,当气罐压力低于气控换向阀 1.3 的操作压力时,气控换向阀 1.3 复位至左位,压缩空气通过单向节流阀 1.4 进入气缸的无杆腔,活塞向右运动,车门关闭。

(1)气缸进气路线:

气源→手控换向阀下位→气控换向阀 1.3 左位→单向节流阀 1.4→气缸无杆腔

(2)气缸排气路线:

气缸有杆腔→单向节流阀 1.5→气控换向阀 1.3 左位→大气

(3)控制气路路线:

　　　　　　　　　↗气控换向阀 1.10 上位↘
气罐→节流阀 1.8→梭阀　　　　　　　　　　大气
　　　　　　　　　↘气控换向阀 1.12 上位↗

3）系统运行控制

汽车门开关系统中使用了手动控制阀及气控换向阀,用于系统功能的选择及信号的切换,且在气源和气路出现故障的时候,可手动操纵汽车门开关,保证运行的安全。

（1）系统初始状态复位。

系统工作前,需要手动进行复位,首先使手控换向阀置于下位,系统进入工作状态,压缩空气通过气控换向阀1.3左位、单向节流阀1.4进入气缸的无杆腔,将活塞杆推出,车门关闭。

（2）系统手动/自动功能切换。将手控换向阀1.2置于下位,则气缸气路与气源断开,此时汽车门开关系统为手动开关。

（3）气控换向阀状态与系统动作的关系。通过上述的分析,可列出汽车门开关气动系统各动作过程中气控换向阀状态与系统动作关系表,如表4-2所示。

表4-2 气控换向阀状态与系统动作关系表

系统动作	气控换向阀		
	气控换向阀1.10	气控换向阀1.12	气控换向阀1.3
人从内部下车,车门打开	开	复位	右位
人从外部上车,车门打开	复位	开	右位
人从内部下车后,车门保持	复位	复位	右位
人从外部上车后,车门保持	复位	复位	右位
人从内部下车后,车门关闭	复位	复位	左位
人从外部上车后,车门关闭	复位	复位	左位

2. 刹车子系统分析

刹车子系统由双管路制动阀、继动阀及刹车气室组成。根据图4-7可知,刹车子系统完成两个动作:刹车制动和解除刹车制动。

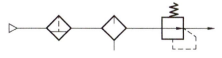

图4-7 刹车子系统

1）刹车制动

当司机踩下制动踏板时,双管路制动阀输出相应气压信号,继动阀2.2、2.3的气控信号接通,输出与气控信号相应的气压,此时刹车气室2.4、2.5的左腔进气,活塞在气压作用下克服弹簧力向右伸出,刹车轮组件完成刹车制动。

(1)气缸进气路线：

气源 ↗ 继动阀2.2→刹车气室2.4的左腔
　　 ↘ 继动阀2.3→刹车气室2.5的左腔

(2)气缸排气路线：

刹车气室2.4的右腔 ↘
　　　　　　　　　　　大气
刹车气室2.5的右腔 ↗

2)解除刹车制动

当司机松开制动踏板时,双管路制动阀输出口与大气相通,继动阀2.2、2.3的气控信号消失,使得继动阀2.2、2.3的输出口与大气相通,此时刹车气室2.4、2.5左腔的压缩空气通过继动阀2.2、2.3排出,活塞在弹簧作用下向左运动,刹车轮组件完成解除刹车制动。

(1)气缸排气路线：

刹车气室2.4的左腔→继动阀2.2 ↘
　　　　　　　　　　　　　　　　大气
刹车气室2.5的左腔→继动阀2.3 ↗

3)相关元件

(1)双管路制动阀由两个基本相同的单管路制动阀并联而成。各有独立的工作腔,各自的进气口分别与贮气筒相通,各自的出气口分别与汽车的前、后制动分泵相通,这样就使汽车前、后轮的制动系统由两条管路加以控制。当一条管路由于破损、堵塞或其他原因失灵时,另一条管路仍能正常工作,不会导致整个制动系统失灵。压缩空气从两条管路及各自的进气阀、工作腔、出气口分别进入前、后轮制动分泵,使汽车制动。

(2)继动阀:继动阀安装在储气罐与制动室之间,实现制动前后车轮制动动作的同步。

三、系统特点分析

1.汽车门开关气动装置

(1)系统采用全气路控制,所有元件均为气动元件,只需要一个气源即可工作,适合大型汽车使用。

(2)系统使用低压气控换向阀,来实现人踏上踏板的信号检测,同时使用梭阀实现信号逻辑"或"的运算,可靠性好并且结构简单。

(3)系统使用单向节流阀来调节气罐放气的速度,可实现对车门保持时间的调节,提高了系统的安全性。

2. 刹车装置

(1) 系统采用四回路阀给每个气罐单独充气,保证了在某个回路出现故障时,其他回路不受影响。

(2) 系统采用继动阀来控制刹车气室的充放气,保证了所有刹车的同步性和快速性。

任务 23　工件尺寸自动分选机系统原理图分析

任务目标

- 理解并掌握工件尺寸自动分选机气动系统的工作原理。
- 掌握子系统的分析方法。
- 了解工件尺寸自动分选机气动系统的特点。

一、工件尺寸自动分选机气动系统概述

在工业生产中,经常要对传送带上连续生产的工件尺寸进行检查,并按合格和不合格进行分类。工件尺寸自动分选机系统如图 4-8 所示,当工件通过通道时,尺寸合格的工件将继续随着传送带传送至合格工件处;尺寸不合格的工件将掉入下面的通道,随传送带运送到不合格工件处。

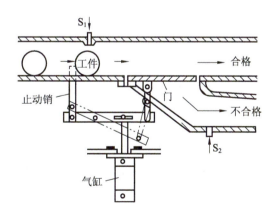

图 4-8　工件尺寸自动分选机原理图

二、了解系统的任务和要求

在工件分拣的过程中,当工件通过通道时,尺寸大到某一范围内的工件,通过空气喷嘴传感

器 S_1 时产生信号,使气缸的活塞杆做缩回运动,一方面打开门使该工件流入下通道,另一方面使止动销上升,防止后面工件继续流过产生误动作。当落入下通道的工件经过传感器 S_2 时发出复位信号,使气缸伸出,门关闭,止动销退下,工件继续流动。尺寸小的工件通过时,则不产生信号。

三、确定元件及功能

初步分析工件尺寸自动分选机气动系统原理图,如图 4-9 所示。

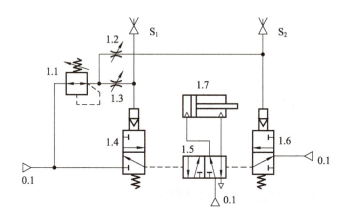

0.1—气源;1.1—减压阀;1.2,1.3—节流阀;1.4,1.5,1.6—换向阀;
1.7—气缸。

图 4-9 工件尺寸自动分选机气动系统图

1. **能源元件**

1 个气源,给整个系统提供气源。

2. **执行元件**

1 个气缸,为双作用单杆直线气缸,用于控制门的开启和止动销的上升。

3. **控制调节元件**

1 个二位五通电磁换向阀,用于气缸气路的切换。

2 个二位三通换向阀(气控先导),用于控制二位五通电磁换向阀换向。

2 个节流阀,控制空气流量。

1 个减压阀,调节支路压力。

4. **辅助元件**

2 个空气喷嘴传感器。

四、系统分析

对工件尺寸自动分选机气动系统图进行编号。

系统工作时,通过空气喷嘴传感器 S_1 时产生信号,使阀 1.4 上位工作,把主阀 1.5 切换至左位,使气缸的活塞杆做缩回运动。

(1)进气回路:

$$气源→二位五通换向阀 1.5 左位→气缸有杆腔$$

(2)排气回路:

$$气缸无杆腔→二位五通换向阀 1.5 左位→大气$$

当落入下通道的工件经过传感器 S_2 时发出复位信号,阀 1.6 上位工作,使主阀 1.5 复位,以使气缸伸出。

(1)进气回路:

$$气源→二位五通换向阀 1.5 右位→气缸无杆腔$$

(2)排气回路:

$$气缸有杆腔→二位五通换向阀 1.5 右位→大气$$

五、系统特点

(1)该系统采用空气喷嘴传感器发出信号,控制二位五通换向阀的换向,能够保证系统的工作的可靠性。

(2)对二位三通换向阀换向支路,采用了减压阀及节流阀,通过节流阀分别控制换向阀换向的速度,能够保证门和止动销动作的准确性。

(3)该系统结构简单、成本低,适用于测量一般精度的工件。

思考与练习

(1) 如图4-10所示的液压系统，可以实现"快进→工进→快退→停止"的工作循环要求。

① 写出图中标有序号的液压元件的名称。

② 填写电磁铁动作顺序表（表4-3）。

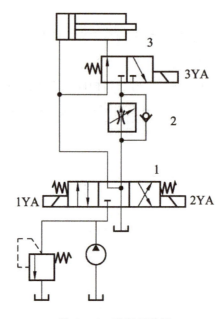

图4-10 液压系统图

表4-3 电磁铁动作顺序表

动作	电磁铁		
	1YA	2YA	3YA
快进			
工进			
快退			
停止			

(2) 如图4-11所示的液压系统，按表4-4规定的顺序接受电信号。试列表说明各液压阀和两液压缸的工作状态。

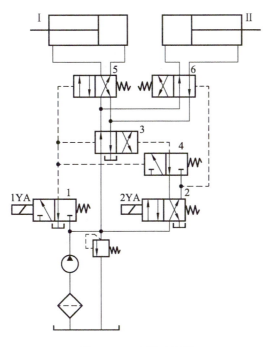

图 4-11 液压系统图

表 4-4 电磁铁动作顺序表

动作	电磁铁	
	1YA	2YA
1	−	+
2	−	−
3	+	−
4	+	+
5	+	−
6	−	−

(3)如图 4-12 所示的液压系统,可以实现"快进→工进→快退→停止"的工作循环要求。
①写出图中标有序号的液压元件的名称。
②填出电磁铁动作顺序表(表 4-5)。

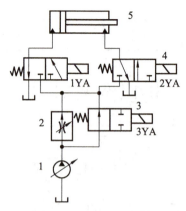

图 4-12 液压系统图

表 4-5 电磁铁动作顺序表

动作	电磁铁		
	1YA	2YA	3YA
快进			
工进			
快退			
停止			

(4) 如图 4-13 所示的系统可实现"快进→工进→快退→停止(卸荷)"的工作循环。

① 写出液压元件 1～4 的名称。

② 填写电磁铁动作表(表 4-6)。

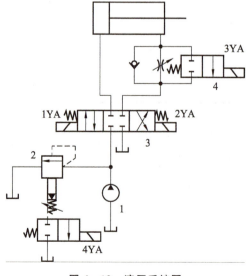

图 4-13 液压系统图

表4-6 电磁铁动作顺序表

动作	电磁铁			
	1YA	2YA	3YA	4YA
快进				
工进				
快退				
停止				

(5)认真分析如图4-14所示的液压系统,指出各序号对应的液压元件的名称,并分析说明液压缸的动作和电磁阀的工作状态,填写电磁铁动作顺序表4-7。

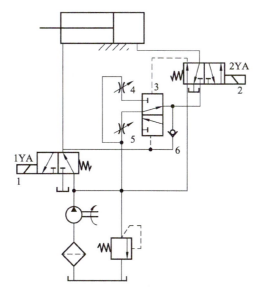

图4-14 液压系统图

表4-7 电磁铁动作顺序表

序号	动作名称	电磁铁工作状态	
		1YA	2YA
1			
2			
3			
4			
5			
6			
7			

(6)如图 4-15 所示的液压系统,按动作循环表规定的动作顺序进行系统分析,填写该液压系统的工作循环表(表 4-8)。(注:电磁铁通电为"＋",断电为"－";压力继电器、节流阀和顺序阀工作为"＋",非工作为"－"。)

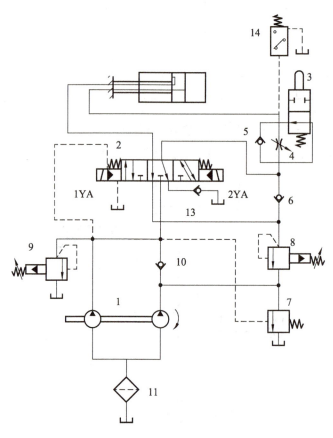

图 4-15 液压系统图

表 4-8 工作循环表

	电磁铁工作状态		液压元件工作状态			
	1YA	2YA	压力继电器 14	行程阀 3	节流阀 4	顺序阀 7
快进						
工进						
快退						
停止						

项目五 液压传动技能实训与实验

任务 24　液压元件拆装实训

1. 拆装注意事项

(1) 如果有拆装流程示意图,参考示意图进行拆与装。
(2) 拆装时请记录元件及解体零件的拆卸顺序和方向。
(3) 拆卸下来的零件,尤其泵体内的零件,要做到不落地、不划伤、不锈蚀等。
(4) 拆装个别零件需要专用工具,如拆轴承需要用轴承起子,拆卡环需要用内卡钳等。
(5) 在需要敲打某一零件时,请用铜棒,切忌用铁或钢棒。
(6) 拆卸(或安装)一组螺钉时,用力要均匀。
(7) 安装前要给元件去毛刺,用煤油清洗然后晾干,切忌用棉纱擦干。
(8) 检查密封有无老化现象,如果有,请更换新的。
(9) 安装时不要将零件装反,注意零件的安装位置。有些零件有定位槽孔,一定要对准。
(10) 安装完毕,检查现场有无漏装元件。

2. 实训用工具及材料

钳工台虎钳、内六角扳手、活口扳手、螺丝刀、涨圈钳、游标卡尺、钢板尺、润滑油、化纤布料、各类液压泵、液压阀及其他液压元件等。

子任务 1　液压泵拆装实训

一、实训目的

通过对各种液压泵进行拆装,了解对各种液压泵的结构,并能依据流体力学的基本概念和定律来分析总结容积式泵的特性,掌握各种液压泵的工作原理、结构特点、使用性能等。

二、实训任务

(1) 了解液压泵的种类及分类方法。

(2)通过对液压泵的实际拆装操作,掌握各种液压泵的工作原理和结构。

(3)掌握典型液压泵的结构特点、应用范围及设计选型。

(4)了解如何认识液压泵的铭牌、型号等内容。

(5)按要求完成实训报告。

三、实训设备

(1)设备名称:拆装实训台(包括拆装工具一套)。

(2)拆装的液压泵名称:

①CB型(低压)齿轮泵、CBD1型(中压)齿轮泵;

②YB、YB_1型双作用定量叶片泵、YBX型单作用变量叶片泵;

③YCY型变量轴向柱塞泵、MCY型定量轴向柱塞泵等。

四、实训内容

本实训包括三类液压泵的拆装和结构分析,即齿轮泵(低压、中高压外啮合)、叶片泵(定量、变量)和轴向柱塞泵(各种变量形式)。

1.齿轮泵(图5-1)

(1)掌握内、外啮合齿轮泵的结构和工作原理,并能正确拆装。

(2)掌握外啮合齿轮泵产生困油、泄漏、径向力不平衡等现象的原因、危害及解决方法。

思考题:

①齿轮泵的困油是怎样形成的,有何危害,如何解决?

②如何提高外啮合齿轮泵的压力?典型结构有哪些?

③为什么齿轮泵一般做成吸油口大,出油口小?

④该齿轮泵中存在几种可能产生泄漏的途径?哪种途径泄漏量最大?为减少泄漏,该泵采取了哪些措施?

⑤如何理解"液压泵压力升高会使流量减小"这句话?

⑥该齿轮泵是否有配流装置?它是如何完成吸、压油分配的?

⑦观察油液从吸油腔至压油腔的油路途径。

1,3—左右端盖;2—泵体;4—压环;5—密封环;6—主动轴;7,9—齿轮;8—从动轴;10—轴承;11—压盖

图 5-1　CB-B型齿轮泵

2. 叶片泵（图 5-2）

叶片泵具有结构紧凑、流量均匀、噪声小、运动平稳等特点，因而被广泛应用于低、中压系统中。本实训拆装的叶片泵有双作用定量叶片泵和单作用变量叶片泵两种。

(1)主要掌握两种叶片泵的结构，理解其工作原理、使用性能，并能正确拆装。

(2)观察 YB(或 YB_1)型双作用定量叶片泵的结构特点：定子环内表面曲线形状，配油盘的作用及尺寸角度要求，转子上叶片槽的倾角。

(3)观察限压式变量叶片泵的结构特点：转子上叶片槽的倾角，定子环的形状，配油盘的结构，泵体上调压弹簧及流量调节螺钉的位置。

(4)理解单作用变量叶片泵的使用性能，能够绘制其性能曲线，了解双作用叶片泵与单作用叶片泵结构上的主要区别。

思考题：

①YB 型(或 YB_1型)双作用定量叶片泵的结构上有什么特点？叙述其工作原理。

②叶片泵的困油问题是怎样解决的？配油盘上的三角槽的作用是什么？

③双作用叶片泵密封工作空间由哪些零件组成，各有几个？泵的排量与哪些结构参数有关？计算其排量。

④观察泵内有几种泄漏途径？

⑤YBX 型内反馈限压式变量叶片泵泵体上的流量调节螺钉和限压弹簧调节螺钉各是哪

个? 它是如何变量的? 它的叶片倾斜方向是什么?

⑥YBX型内反馈限压式变量叶片泵配油盘安装时有方向要求吗? 为什么? 这种泵有困油问题吗? 它的性能曲线上的拐点标志什么? 这种泵的优点及应用场合。

⑦内反馈和外反馈的含义是什么?

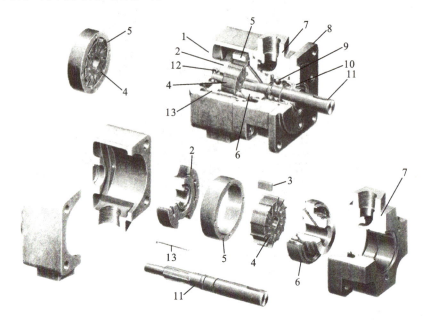

1,7—左右泵体;2,6—配流盘;3—叶片;4—转子;5—定子;
8—盖板;9,12—轴承;10—油封;11—传动轴;13—螺钉。

图 5-2 YB₁型双作用叶片泵

3. 柱塞泵(图 5-3)

柱塞泵具有额定压力高,结构紧凑,效率高及流量调节方便等优点,常用于高压、大流量和流量需要调节的场合。

要求掌握轴向柱塞泵中斜盘式轴向柱塞泵的结构和工作原理,以及变量柱塞泵中变量机构的种类和原理。

典型结构:YCY型压力补偿式轴向变量柱塞泵。观察其结构特点,柱塞的构造、数量,斜盘的结构,变量机构的构造和作用。

思考题:

①简述直轴轴向柱塞泵的结构和工作原理。

②简述柱塞泵的应用特点。

③柱塞泵的密封工作容积由哪些零件组成? 泵的排量与哪些结构参数有关? 计算其最大排量。

④柱塞泵的配流装置属于哪种配流方式? 它是如何实现配流的?

⑤柱塞泵的配流盘上开有几个槽孔? 各起什么作用? 画出其简图。

⑥变量机构由哪些零件组成? 如何调节泵的流量?

五、实训报告内容

(1) 叙述液压泵的拆装顺序。
(2) 写出思考题中的问题。
(3) 列出拆装中主要使用的工具。
(4) 描述拆装过程中的感受。

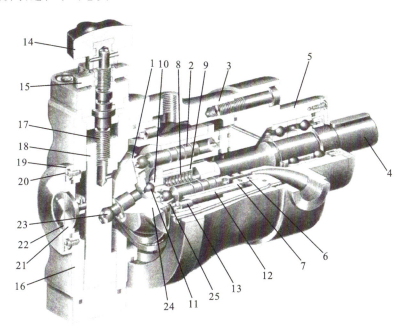

1—滑履；2—柱塞；3—中间泵体；4—传动轴；5—前泵体；6—配流盘；7—缸体；8—中心弹簧；9—外套；10—内套；11—钢球；12—钢套；13—滚柱轴承；14—调节手轮；15—锁紧螺母；16—变量壳体；17—螺杆；18—活塞；19—盖；20—刻度盘；21—圆盘；22—指针；23—销轴；24—斜盘；25—压盘。

图 5-3　10SCY14-1B 型轴向柱塞泵

子任务 2　液压阀拆装实训

一、实训目的

通过对各种液压阀进行拆卸和安装，了解各种液压阀的结构，从而掌握各种阀的工作原理、结构特点、使用性能等。

二、实训任务

(1) 了解液压阀的种类及分类方法。

(2)通过对液压阀的实际拆装操作,掌握各种液压阀的工作原理和结构。

(3)掌握典型液压阀的结构特点、应用范围及设计选型。

(4)按要求完成实训报告。

三、实训设备

(1)设备名称:拆装实训台(包括拆装工具一套)。

(2)拆装的液压阀。

① 方向控制阀:单向阀、液控单向阀及各种换向阀等。

② 压力控制阀:各种溢流阀、减压阀及顺序阀等。

③ 流量控制阀:节流阀及调速阀。

四、实训内容

1. 方向控制阀(图 5-4～图 5-6)

方向控制阀是控制液压系统中液流方向的阀。其工作原理是利用阀芯和阀体之间相对位置的改变来实现通道的接通和断开,以满足系统对通道的不同要求。方向控制阀分单向阀和换向阀两大类。主要了解单向阀、液控单向阀、手动换向阀、电磁换向阀和电液换向阀的结构组成、工作原理、控制形式。能够正确拆装方向控制阀,了解换向阀的中位机能及应用。

思考题:

① 换向阀的控制形式有哪几种?

② 选择三位换向阀的中位机能时,从哪几方面考虑对液压系统工作性能的影响?

③ 滑阀的液压卡紧现象是怎样产生的?从结构上如何解决?

④ 电液换向阀的先导阀的中位机能是什么?

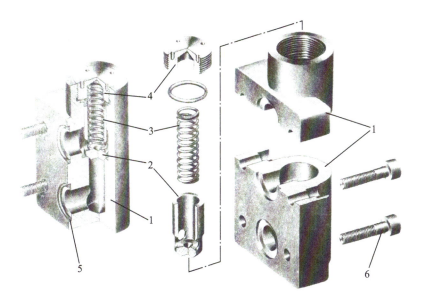

1—阀体；2—阀芯；3—弹簧；4—螺塞；5—O型密封圈；6—螺钉。

图 5-4　I-63B型板式单向阀

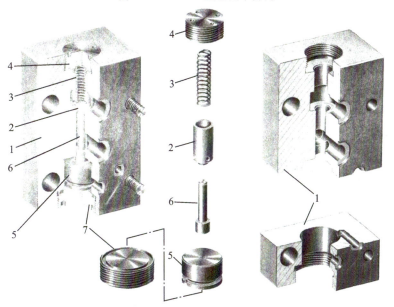

1—阀体；2—阀芯；3—弹簧；4,7—螺塞；5—活塞；6—顶杆。

图 5-5　IY-25B型液控单向阀

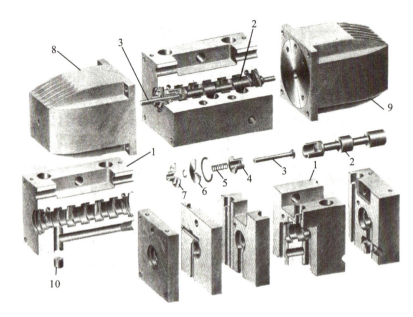

1—阀体；2—阀芯；3—推杆；4—定位套；5—弹簧；6,7—挡板；8,9—电磁铁；10—螺塞。

图 5-6　34D-25B 型三位四通电磁换向阀

2. 压力控制阀（图 5-7～图 5-9）

用于实现系统压力控制的阀统称为压力控制阀。它们都是利用流体压力与阀内的弹簧力平衡的原理来工作的。常用的压力控制阀有溢流阀、减压阀、顺序阀和压力继电器等。掌握常见溢流阀、减压阀、顺序阀的结构组成、工作原理。

思考题：

① 溢流阀在系统中起什么作用？它有哪几种形式？

② 在先导式溢流阀中先导阀和主阀各起什么作用？

③ 溢流阀调压的原理是什么？

④ 减压阀在系统中起什么作用？它是如何减压的？

⑤ 减压阀与溢流阀有什么区别？它能实现远程控制吗？

⑥ 顺序阀的工作原理是什么？它与溢流阀的本质区别有哪些？它在系统中起的作用是什么？

⑦ DZ 型先导式顺序阀的控制油有哪几种形式？泄漏油有哪几种形式？顺序阀可以组合成几种形式？

项目五 液压传动技能实训与实验

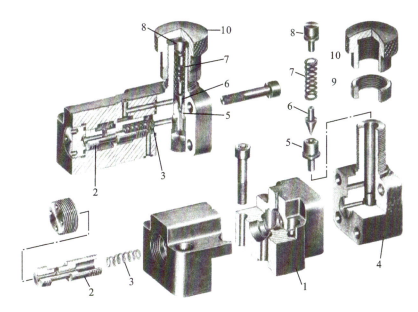

1—阀体；2—主阀芯；3—弹簧；4—先导阀阀体；5—阀座；
6—先导阀阀芯；7—调压弹簧；8—调节螺杆；9—限位螺母；10—调节螺母。

图 5-7 Y-25B型先导式溢流阀

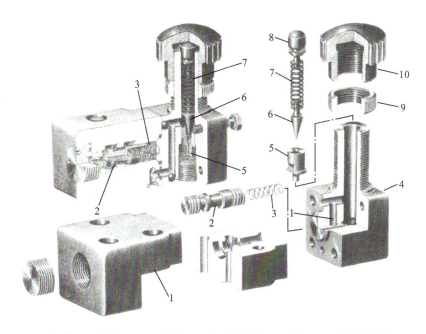

1—阀体；2—主阀芯；3—弹簧；4—先导阀阀体；5—阀座；6—先导阀阀芯；
7—调压弹簧；8—调节螺杆；9—限位螺母；10—调节螺母。

图 5-8 J10-B型先导式减压阀

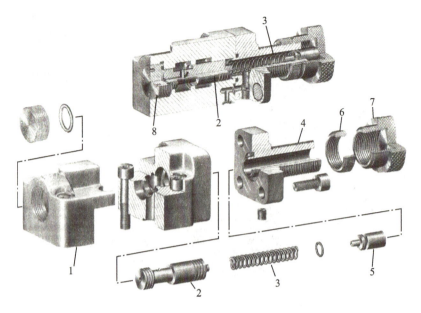

1—阀体；2—阀芯；3—弹簧；4—端盖；5—调节螺杆；6—限位螺母；7—调节螺母；8—螺塞。

图 5-9 X-B25B 型直动式顺序阀

3. 流量控制阀（图 5-10）

流量控制阀包括节流阀和调速阀等。它们在系统中用来调节流量，以便控制执行元件的运动速度。掌握节流阀、单向节流阀、调速阀等的结构组成及工作原理。

思考题：

①叙述节流阀的结构及它适用的场合。

②调速阀是由哪两个阀串联组成的？它的原理是什么？

③在定量泵供油的节流调速系统中必须选择什么样的阀配合使用？

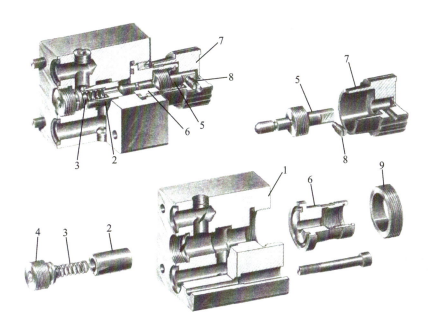

1—阀体;2—阀芯;3—复位弹簧;4—螺塞;5—推杆;6—套;7—旋转手柄;8—紧定螺钉;9—固定螺母。

图 5-10　L-25B 型节流阀

五、实训报告内容

(1)写出拆、装顺序。

①拆卸顺序:零件(名称)1→零件(名称)2→零件(名称)3……

②装配顺序:零件(名称)1→零件(名称)2→零件(名称)3……

(2)零件拆装方法及零件完好情况(表 5-1)。

表 5-1　零件拆装方法及零件完好情况

序号	零件名称	所用拆卸工具及检测方法			零件数量	零件完好情况		
		工具	目视	仪器		可用	尚可用	不可用

(3)写出思考题答案。

子任务3 液压缸拆装实训

一、实训目的

在液压系统中,液压缸是液压系统的主要执行元件。通过对各种液压缸的拆装,应达到以下目的:

(1)了解各类液压缸的结构形式、连接方式、性能特点及应用等。

(2)掌握液压缸的工作原理。

(3)掌握液压缸的常见故障及其排除方法。

二、实训器材

1. 实物

液压缸的种类较多,建议结合本章内容选择典型的液压缸。本实训的重点是拆装双杆活塞液压缸或单杆活塞液压缸。

2. 工具

内六角扳手1套、耐油橡胶板1块、油盆1个及钳工常用工具1套。

3. 实训内容与注意事项(双杆活塞液压缸拆装)

1)拆卸顺序

①拆掉左右压盖上的螺钉,卸下压盖。

②拆下端盖。

③将活塞与活塞杆从缸体中分离。

2)主要零件的结构及作用

①观察所拆装液压缸的类型及安装形式。

②活塞与活塞杆的结构及其连接形式。

③缸筒与缸盖的连接形式。

④观察缓冲装置的类型,分析原理及调节方法。

⑤活塞上小孔的作用。

3)装配要领

装配前清洗各部件,将活塞杆与导向套、活塞杆与活塞、活塞与缸筒等配合表面涂润滑液,然后按拆卸时的反向顺序装配。

4) 拆装思考题

① 实心双杆液压缸与空心双杆液压缸的固定部件有何区别?

② 上述两缸的活塞杆有何本质区别?并说明造成这些差异的原因。

③ 找出上述两缸的进、出油口及油流通道。

④ 分析上述两缸的工作原理及行程。

⑤ 液压缸的调整通常包括哪些方面?分别如何进行?

任务 25　液压传动技术基本回路实验

一、注意事项与操作规程

1. 注意事项

(1) 禁止手上带水操作电路搭接,以免造成触电事故。

(2) 搭接电路、液压回路之前必须断开设备总电源,严禁带电搭接电路和在泵站启动状态下搭接液压回路。

(3) 通电后不要将手或导电物体戳进护套插座或与护套相连接的护套插线接头内的铁芯上,以免造成触电事故。

(4) 插护套插线时应插稳、插牢,以免接触不良而导致电路不通。

(5) 拔取护套插线时应捏住护套插线头,不要拉着线身使劲拽,以免将线拽断。

(6) 接线时需要合理地选择护套插线的颜色和长短,以保证电路的简洁明了,利于直观地讲解和检查,颜色与线序根据实际情况选取(一般 AC380 V 相对应的线色为红、绿、黄,AC220 V 相对应的线色 L 为红色、N 为蓝色或黑色,直流低电压正极为红色、负极为黑色或蓝色)。

(7) 所有液压实验必须在实验台出油口(P 口)和回油口(T 口)之间连接一个溢流阀,在此做压力调节和安全保护作用,启动泵站前要将溢流阀开口调节至最大,严禁带负载启动以免造成安全事故。

(8) 液压阀和模块均为弹卡式安装,使用时要确保安装稳当,以免做实验时掉落。

(9) 油管搭接插装时要插装到位,以免加压后出现脱落现象。

(10) 做实验之前必须熟悉元器件的工作原理和动作的条件,掌握正确合理的操作方法,严禁强行拆卸阀体,不要强行旋扭各种元件的手柄,以免造成人为损坏。

(11) 实验中的传感器为金属感应式接近,开关头部距离感应金属约 4 mm 之内即可感应信号。

(12) 做实验时,最高使用系统压力不得超过额定压力 6.3 MPa。

(13)做实验之前一定要了解本实验系统的操作规程,在实验老师的指导下进行,切勿盲目进行实验。

(14)在实验过程中,若发现外部有误动作、误操作等危险情况发生,请及时切断电源,并及时报告给专业指导老师;非专业人员严禁擅自检修设备。

(15)实验完毕后,要清理好元器件,注意搞好元器件的保养和实验台的清洁。

2. 操作规程

(1)使用液压系统时应首先考虑以下事项:

● 操作安全,严禁带电、违规操作。

● 注意人身安全,以免造成不必要的人身伤害。

(2)液压油的基本要求:

● 必须按要求使用规定的液压油型号(32♯液压油)。

● 必须定期检测系统液压油的黏度、酸值、清洁度等品质,不符合要求时,应及时进行更换。

(3)管路、接头及通道的要求:

● 系统在装备前,接头、管路及通道(包括铸造型芯孔、钻孔等)必须清洗干净,不允许有任何污物(如铁屑、毛刺、纤维状杂质等)存在。

● 定期对管路接头进行检修,以防长期使用后产生松动,造成对实验人员的危害。

(4)安装软管必须考虑:

● 使长度尽可能短,以避免设备在运行中发生软管严重变形与弯曲。

● 在安装或使用时扭转变形最小。

● 不应使软管位于易磨损之处,否则应予保护。

● 软管应有充分的支托或使管端下垂布置,否则会造成危险。

(5)油箱使用基本要求:

● 油箱装有专门的油温液位计,在对油箱进行加油时应实时关注油液的高度。

● 应注意滤芯的清洁度,定时清洗滤芯。

● 油箱上面的电机属于高压带电体,严禁带电触摸。

(6)实验回路连接的注意事项:

● 严格按照实验原理图连接回路,禁止连接未经审核的实验回路。

● 连接实验回路时,必须确保每个实验回路均有安全阀(溢流阀作安全阀使用)。

● 连接实验控制电路前先确保电源处于断电状态(尤其是在使用PLC前)。

二、JL-YZ-01A型液压与气压传动综合实训装置概述

JL-YZ-01A液压实验台是根据客户的需要,在充分利用实验设备的基础上,设计的一款

实验台(图 5-11)。它采用了先进的华德技术液压元件,加上独特的电气模块化控制单元,构成了插接方便、安全性能高、技术含量高的快速组合式液压传动教学实验台;设备采用开放、灵活的设计思路,可达到提高学生动手能力、设计能力、综合运用能力及创新能力的目的。

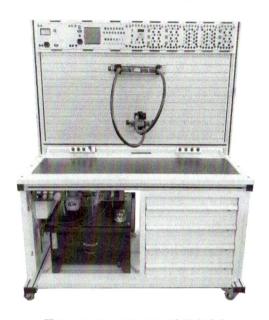

图 5-11　JL-YZ-01A 液压实验台

1. 实验台主要特点

(1)系统全部采用标准的工业用液压元件,使用安全可靠,贴近工业化。所有液压阀均采用国际先进的华德技术液压元件,性能参数完全符合教学大纲的要求,且完全符合工业应用标准。

(2)实验回路即插即用,实验学员可以快速了解实验台功能,迅速掌握操作技能,并快速完成实验操作。连接方式采用进口快换接头,每个接头都配有带自锁结构的单向阀(即使实验过程中接头未接好而脱落,亦不会有压力油喷出,保证实验安全),内部密封材料采用国际最新密封材料——四氟材料密封圈,取代传统的丁腈材料,解决了其他大多数厂家尚未克服的漏油问题,保证实验过程的清洁干净。

(3)实验控制方式多样化。实验回路可运用机械控制、传统的继电器控制、先进的 PLC 自动控制等多种控制技术,让学员们全方位、多层次地深入了解液压系统的控制多样化,从而锻炼其灵活应用的能力。

(4)实验设备具有很大的扩展空间。实验配置方案可根据具体要求进行配置,也可对实验设备增加元器件及其他控制方式以增强实验台的功能,元器件均采用标准化接头,对后期所新增的元器件实验台均可兼容。

(5)可编程控制器(PLC)能与 PC 机通信,实现电气自动化控制,可在线编程监控及故障检测,可以运用 PC 机与 PLC 对液压控制系统进行深入的二次开发等。

(6)实验台移动式模块化设计。在实验台的设计上不仅综合了人机工程学、国际流行的设计理念、产品的特点等多方面的因素,尽可能地让实验台美观轻巧,符合审美要求,还对实验台的可靠性、安全性、使用寿命等问题也进行了优化,打破传统设计观念。

(7)模块化的结构设计,搭建实验简单、方便,各气动元件成独立模块,配有方便安装的底板,实验时可以随意在通用铝合金型材板上组建各种实验回路,操作简单快捷。

(8)采用快速可靠的连接头,拆卸简便省时。

(9)采用标准的工业气动元件,性能安全、可靠。

2. 工作泵站说明

(1)油箱——容积 60 L,是系统的油源。

(2)泵站——电机功率 1.5 kW,转速 1500 r/min。变量叶片泵公称排量 6.67 mL/r,额定压力 6.3 MPa。

(3)油管——在实验回路中起连接阀的作用。

(4)铝型材实验平台——此平台是系统组回路时的一个实验平台,所有的阀可通过底板的塑料弹卡稳固地固定在铝合金面板上。配合阀使用,可以方便、快速地搭建实验回路。

(5)油管架——存放油管。

(6)系统总进油口。

(7)系统总回油口,此油口直接回油箱。

(8)万向轮调节——方便实验台的移动。

3. 实验台模块介绍

1)直流电源模块(图 5 - 12)

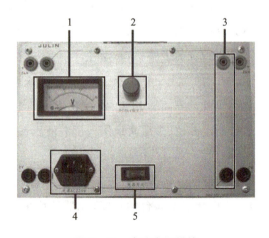

图 5 - 12 直流电源模块

(1)基本结构说明：

1——AC220 V 电压表；

2——DC24 V 指示灯；

3——DC24 V 输出接线端口；

4——AC220 V 插座；

5——总电源开关。

(2)功能简介：

提供 DC24 V 直流电源，模块带有短路、过载等保护，并配有指针式电压监控，且端口开放方便用户使用。

电源插孔全部采用带护套保护的插座，有效地提高了安全性。

(3)使用说明：

禁止带电连接导线、带电取放保险管、用手指抠护套内芯，以免触电。

使用过程中，应防止 DC24 V 短路，若有短路现象产生，则及时断电，然后重新排除线路错误连接后再继续使用。

在使用过程中，若发现外部有误动作、误操作等危险情况，请及时切断电源。

该电源模块提供 DC24 V 直流电源，最大负载电流为 4.5 A，请注意外部负载必须在负载能力范围以内。

2)电源接口扩展模块(图 5-13)

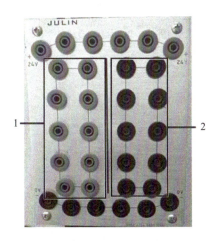

图 5-13　电源接口扩展模块

(1)基本结构说明：

1——DC24 V 正极扩展接线端口；

2——DC24 V 负极扩展接线端口。

(2)使用说明：

本模块为 24 V 电源扩展口；使用时把 24 V 正负极与图 5-13 中的 1、2 相连。

使用过程中，应防止 DC24 V 短路，若有短路现象产生，则及时断电，然后重新排除线路错误连接后再继续使用。

在使用过程中，若发现外部有误动作、误操作等危险情况，请及时切断电源。

该电源模块提供 DC24 V 直流电源，最大负载电流为 4.5 A，请注意外部负载必须在负载能力范围以内。

3）继电器模块（图 5-14）

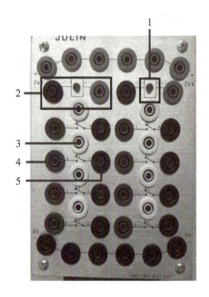

图 5-14　继电器模块

（1）基本结构说明：

1——指示灯；

2——线圈；

3——常闭触点；

4——常开触点；

5——公共端。

（2）功能简介：

继电器模块的主要作用是完成继电器控制电磁阀实验。电源插孔全部采用带护套保护的插座，保证实验的安全性能。

（3）使用说明：

禁止带电连接导线、带电取放保险管、用手指抠护套内芯、触摸继电器触头等，以免触电。

使用该模块前，必须仔细检查电气控制线路是否准配无误，确认后再进行电气线路连接。

各个端口均与接触器触头一一对应，端口全部开放，线路控制电压 DC24 V，请勿将控制电压连接错误烧坏接触器。

在使用过程中,若发现外部控制有误动作、误操作等危险情况,请及时切断电源停止控制或操作。

4)时间继电器模块(图 5 – 15)

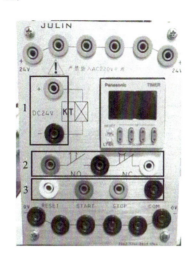

图 5 – 15 时间继电器模块

(1)基本结构说明:

1——时间继电器线圈接口;

2——常开、常闭、公共端触点;

3——时间继电器外控接口。

(2)功能简介:

时间继电器模块主要完成液压继电器控制应用实验、气动回路继电器控制实验、机电类电气控制实验等主要辅助实验模块。

电源插孔全部采用带护套保护的插座,保证了实验的安全性能。

(3)使用说明:

禁止带电连接导线、用手指抠护套内芯,以免触电。

使用该模块前,必须仔细检查电气控制线路是否准确无误,确认后再进行电气线路连接。

各个端口均与接触器触头一一对应,端口全部开放,线路控制电压 DC24 V(时间继电器正负极必须一一对应,否则无法上电正常工作),请勿将控制电压连接错误烧坏接触器。

在使用过程中,若发现外部控制有误动作、误操作等危险情况,请及时切断电源停止控制或操作。

5) 按钮控制模块（图 5-16）

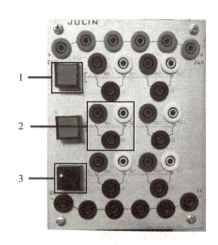

图 5-16　按钮控制模块

(1) 结构特点介绍：

1——按钮；

2——常开、常闭、公共端触点；

3——旋钮。

(2) 使用说明：

禁止带电连接导线，该模块控制电压为 DC24 V，请勿采用 AC220 V 作为控制电压。

使用该模块前，必须仔细检查电气控制线路是否准确无误，确认后再进行电气线路连接。

各个端口全部开放，电气可根据自己实际需求在外部进行连接。

在使用过程中，若发现外部控制有误动作、误操作等危险情况，请及时切断电源停止控制或操作。

6) 复位按钮控制模块（图 5-17）

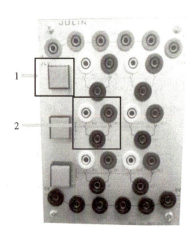

图 5-17　复位按钮控制模块

(1)结构特点介绍:

1——按钮;

2——常开、常闭、公共端触点。

(2)使用说明:

禁止带电连接导线,该模块控制电压为 DC24 V,请勿采用 AC220 V 作为控制电压。

使用该模块前,必须仔细检查电气控制线路是否准确无误,确认后再进行电气线路连接。

各个端口全部开放,电气可根据实际需求在外部进行连接。

在使用过程中,若发现外部控制有误动作、误操作等危险情况,请及时切断电源停止控制或操作。

7)SIMENS-S7 1200PLC(图 5-18)

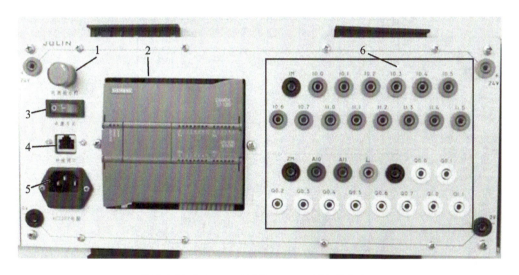

(根据实际需要配置不同的 PLC,此图仅作参考用)

图 5-18 SIMENS-S7 1200PLC

(1)结构特点介绍:

1——电源指示灯;

2——CPU 主体;

3——总电源开关;

4——网线插孔;

5——电源线插孔;

6——PLC I/O 接口。

(2)使用说明:

禁止带电连接导线、带电取放保险管、用手指抠护套内芯,以免触电或烧坏电气。

使用该模块前,必须仔细检查电气控制线路是否准确无误,确认后再进行电气线路连接。

各个端口均与可编程控制器一一对应,使用时确认正确无误。

PLC电源为DC24 V,正负极必须正确无误。

在使用过程中,若发现外部控制有误动作、误操作等危险情况,请及时切断电源停止控制或操作。

8) PLC接线图(图 5-19)

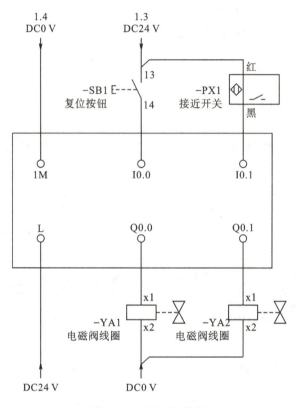

图 5-19 PLC 接线图

子任务 1　单级调压回路

一、实验目的

(1) 了解直动式溢流阀的工作原理和结构;

(2) 学习直动式溢流阀的工业应用领域;

(3) 学习电气元器件的应用和工作原理。

二、实验器材

(1) 液压传动教学实验台,1台;

(2)泵站,1套;

(3)液压缸,1只;

(4)直动式溢流阀,1只;

(5)二位四通电磁换向阀,1只;

(6)油管、压力表,若干。

三、实验液压原理图（图 5-20）

溢流阀是依靠改变弹簧压缩量来改变压力的。溢流阀在本实验中起调节系统压力,为系统提供所需压力(<6 MPa)的作用。

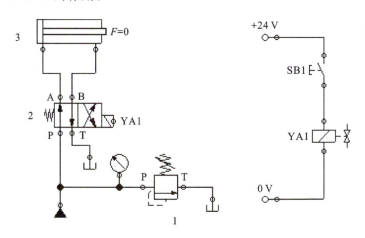

1—直动式溢流阀；2—二位四通电磁换向阀；3—液压缸。

图 5-20 单级调压回路液压原理图

四、实验步骤

(1)依据液压实验回路准备好相关实验器材。

(2)按照实验回路连接好液压回路。

(3)检查继电器按钮控制接线图是否正确(根据 DB-1、DB-2、DB-3、DB-5、DB-6 等使用方法,按接线图搭接线路),打开电源开关,测试回路是否正确。

(4)检查无误,完全松开溢流阀后启动泵站,调节溢流阀的调节压力,控制在安全压力范围内(<6 MPa)。

(5)按钮 SB1 闭合,二位四通电磁换向阀换向,调节溢流阀,在不同的压力下工作,了解溢流阀的调压方式。

(6)实验完毕后完全松开溢流阀,拆卸液压系统,清理相关的实验器材。

五、注意事项

(1)检查油路搭接是否正确;

(2)检查电路连接是否正确(PLC 输入电源是否要求电源);

(3)检查油管接头搭接是否牢固(搭接后,可以稍微用力拉一下);

(4)检查电路是否搭接错误,开始试验前需检查、运行,如有错误,修正后再运行,直到错误排除,启动泵站,开始试验;

(5)回路必须搭接安全阀(溢流阀)回路,启动泵站前,完全打开安全阀,实验完成,完全打开安全阀,停止泵站。

六、实训扩展

活塞右行,系统压力由溢流阀 1 调节;活塞左行,系统压力由溢流阀 2 调定。溢流阀 4 调定的压力低于溢流阀 1。液压原理图如图 5 - 21 所示。

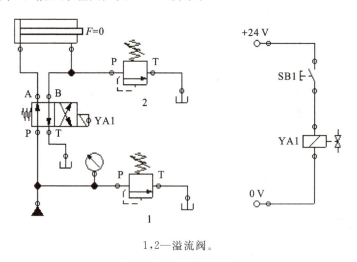

1,2—溢流阀。

图 5 - 21 液压原理图

子任务 2 二级调压回路

一、实验目的

(1)了解先导式溢流阀、直动溢流阀的工作原理;

(2)掌握并应用溢流阀的二级调压及多级调压工作原理;

(3)了解电气元器件的使用方法和应用。

二、实验设备

(1)液压传动实验台,1台;

(2)泵站,1套;

(3)先导式溢流阀,1只;

(4)直动式溢流阀,1只;

(5)二位三通电磁换向阀,1只;

(6)二位四通电磁换向阀,1只;

(7)液压缸,1只;

(8)高压油管、导线、压力表,若干。

三、实验液压原理图(图5-22)

调节先导式溢流阀旋钮调定压力,二位三通电磁换向阀 YA1 得电换向,调节溢流阀,系统压力将随溢流阀变化,起远程调压作用。

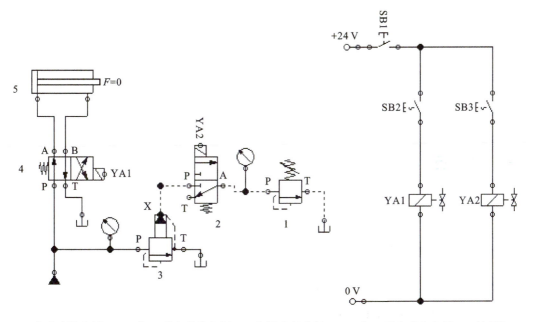

1—直动式溢流阀;2—二位三通电磁换向阀;3—先导式溢流阀;4—二位四通电磁换向阀;5—液压缸。

图 5-22 二级调压回路液压原理图

四、实验步骤

(1)依据液压实验回路准备好相关实验器材。

(2)按照实验回路连接好液压回路。

(3)检查溢流阀是否全部打开和连接回路是否完全正确。

(4)在确认无误的情况下开启系统,启动泵站前,先检查安全阀(溢流阀)是否打开,完全打开先导式溢流阀、直动式溢流阀。

(5)按钮 SB1 和 SB2 闭合,调节先导式溢流阀的所需的压力,压力值从压力表直接读出,持续 1~3 分钟。

(6)按钮 SB1、SB3 闭合,二位三通电磁换向阀处于导通状态,再调节直动式溢流阀所需的压力值(注:直动式溢流阀调节的压力值要小于先导式溢流阀调节的压力值)。

(7)实验完毕后完全松开溢流阀,拆卸液压系统,清理相关的实验器材并归位。

五、注意事项

(1)检查油路是否搭接正确;

(2)检查电路连接是否正确(PLC 是否要求电源);

(3)检查油管接头是否搭接牢固(搭接后,可以稍微用力拉一下);

(4)检查电路是否搭接错误,开始试验前需检查,如有错误,修正后再运行,直到错误排除,启动泵站,开始试验;

(5)回路必须搭接安全(溢流阀)回路,启动泵站前,完全打开安全阀;实验完成后,完全打开安全阀,停止泵站。

子任务 3　基本换向阀换向回路

一、实验目的

(1)熟悉换向阀典型的工作原理及职能符号。

(2)了解换向阀的工业应用领域。

(3)培养学习液压传动课程的兴趣和进行实际工程设计的积极性,为进行创新设计,拓宽知识面,打好一定的知识基础。

(4)通过该实验,可学习利用不同类型的换向阀设计类似的换向回路。

(5)了解电气元器件的工作方式和应用。

(6)了解接近开关的应用和工作原理。

二、实验器材

(1)实验台,1 台。

(2)三位四通电磁换向阀,1 只。

(3) 液压缸,1只。

(4) 直动式溢流阀,1只。

(5) 油管,若干。

(6) 接近开关及其支架,若干。

(7) 压力表(量程:10 MPa),1只。

(8) 油泵,1只。

三、实验原理和实验原理图(图5-23)

根据个人兴趣,安装运行一个或多个液压换向回路,查看缸的运动状态。现以"O"形的三位四通电磁换向阀为例。三位四通电磁换向阀YA1得电,液压缸伸出;三位四通电磁换向阀YA2得电,液压缸缩回。

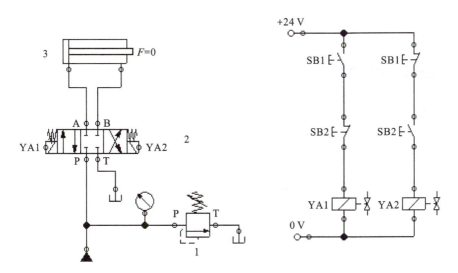

1—溢流阀;2—三位四通电磁换向阀;3—液压缸。

图5-23 基本换向回路液压原理图

四、实验步骤

(1) 根据试验内容,设计实验所需回路,所设计的回路必须经过认真检查,确保正确无误。

(2) 按照检查无误的回路,选择液压元件,并且检查其性能的完好性。

(3) 将检验好的液压元件安装在插件板的适当位置,用快速接头和软管把各个元件按照回路要求连接起来(包括压力表)(注:并联油路可用多孔油路板)。

(4) 按照回路图,确认安装连接正确后,旋松泵出口处的溢流阀。经过检查确认正确无误后,再启动油泵,按要求调压;调整系统压力,使系统工作压力在系统额定压力范围(<6 MPa)。

(5)按钮 SB1 闭合,三位四通电磁换向阀 YA1 得电换向,液压缸伸出。

(6)按钮 SB2 闭合,三位四通电磁换向阀 YA2 得电换向,液压缸缩回。

(7)实验完毕后,应先旋松溢流阀手柄,然后停止油泵工作。经确认回路中压力为零后,取下连接油管和元件,归类放入规定的抽屉中或规定地方,并保持系统的清洁。

五、注意事项

(1)检查油路是否搭接正确。

(2)检查电路连接是否正确(PLC 是否要求电源)。

(3)检查油管接头是否搭接牢固(搭接后,可以稍微用力拉一下)。

(4)检查电路是否搭接错误,开始试验前需检查,如有错误,修正后再运行,直到错误排除,启动泵站,开始试验。

(5)回路必须搭接安全(溢流阀)回路,启动泵站前,完全打开安全阀;实验完成后,完全打开安全阀,停止泵站。

六、液压实验回路扩展

1. 压力继电器换向回路(图 5-24)

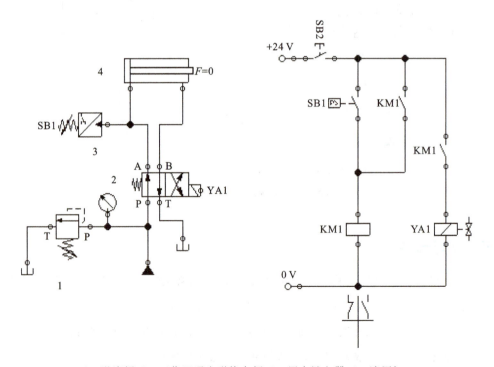

1—溢流阀;2—二位四通电磁换向阀;3—压力继电器;4—液压缸。

图 5-24 压力继电器换向回路液压原理图

2. 接近开关控制继电器换向回路(图 5-25)

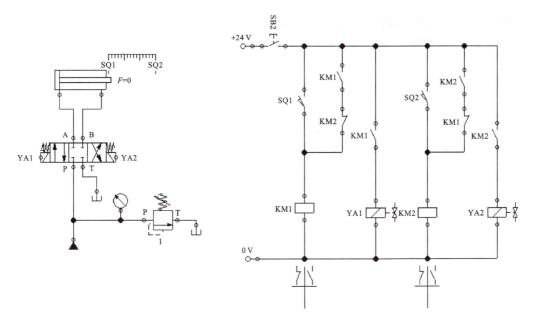

1—溢流阀;2—三位四通电磁换向阀;3—液压缸。

图 5-25 接近开关控制继电器换向回路

子任务 4 卸荷回路

一、实验目的

(1)了解三位四通电磁换阀的各类中位机构(如 H、M)的结构和工作原理。

(2)了解卸荷回路在工业中的应用和原理。

(3)了解 PLC 的编程和应用。

(4)了解电器元器件的工作原理和应用。

(5)了解接近开关的工作方式和工作原理。

二、实验器材

(1)液压实验台,1 台。

(2)三位四通电磁换向阀(H 型或 M 型),1 只。

(3)油缸(参数:行程 200 mm,活塞直径 40 mm 杆径 20 mm),1 只。

(4)接近开关及其支架,2 套。

(5)溢流阀,1 只。

(6)压力表,1只。

三、实验回路原理图(图5-26)

三位四通阀是依靠电磁铁改变阀芯方向,亦改变油路方向的。三位电磁换向阀位于中位状态时,油液直接回油箱,使液压泵卸荷。

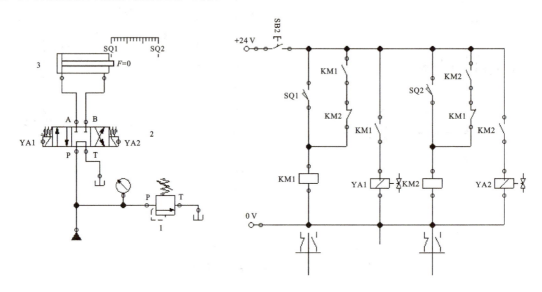

1—溢流阀;2—三位四通电磁换向阀;3—液压缸。

图5-26 卸荷回路

四、实验步骤

(1)按照本实验的要求,按液压回路接好回路。

(2)依照电路图接好电路图。

(3)启动泵前,先检查搭接的油路和电路是否正确,溢流阀(溢流阀做安全阀用)是否完全打开,经测试无误后方可开始试验。

(4)启动泵,调节溢流阀,确定在安全压力范围内(<6 MPa),压力值从压力表上读取。

(5)接近开关SQ1感触信号,3位四通电磁换向阀YA1得电换向,液压缸快速伸出。接近开关SQ2感触信号,3位四通电磁换向阀YA2得电换向,液压缸快速收回。

(6)转动溢流阀门,观察示数变化。

(7)实验完毕后,打开溢流阀,停止油泵电机,待系统压力为零后,拆卸油管及液压阀,并把他们放回规定的位置,整理好试验台,并保持系统的清洁。

五、注意事项

(1)检查油路是否搭接正确。

(2)检查电路连接是否正确(PLC 输入电源是否要求电源)。

(3)检查油管接头是否搭接牢固(搭接后,可以稍微用力拉一下)。

(4)检查电路是否搭接错误,开始试验前需检查,如有错误,修正后在运行,直到错误排除,启动泵站,开始试验。

(5)回路必须搭接安全(溢流阀)回路,启动泵站前,完全打开安全阀;实验完成后,完全打开安全阀,停止泵站。

子任务 5　二级减压回路

一、实验目的

(1)了解减压阀的工作原理。

(2)掌握并应用减压阀的二级调压及多级调压。

(3)了解减压回路在实际生产的中应用范围。

(4)了解电器元器件的使用和功能。

二、实验器材

(1)液压实验台,1 台;

(2)液压泵站,1 套;

(3)先导式减压阀,1 只;

(4)二位三通电磁换向阀,1 只;

(5)溢流阀,2 只;

(6)压力表,2 只;

(7)油管,若干。

三、实验原理（图 5-27）

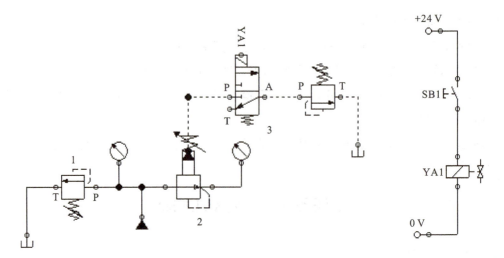

1—溢流阀；2—先导式减压阀；3—二位三通电磁换向阀。

图 5-27　二级减压回路

四、实验步骤

（1）依据实验原理回路图准备好液压元器件。

（2）按照液压回路准确无误地连接液压回路，并把溢流阀全部松开。

（3）启动泵站电机，调节直动溢流阀开口，调定系统压力。

（4）调节先导式减压阀至系统要求的二级压力。

（5）按钮开关 SB1 闭合，使二位三通电磁阀得电换向，调节直动溢流阀至一级压力，注意：这里的压力不能比二级压力大。

（6）实验完毕后，应先旋松直动溢流阀手柄，然后停止油泵工作。经确认回路中压力为零后，取下连接油管和元件，归类放入规定的抽屉中或规定地方，并保持系统的清洁。

五、注意事项

（1.检查油路是否搭接正确。

（2）检查电路连接是否正确（PLC 是否要求电源）。

（3）检查油管接头是否搭接牢固（搭接后，可以稍微用力拉一下）。

（4）检查电路是否搭接错误，开始试验前需检查，如有错误，修正后再运行，错误排除后，启动泵站，开始试验。

（5）回路必须搭接安全（溢流阀）回路，启动泵站前，完全打开溢流阀，实验完成后，完全打开安全阀，停止泵站。

六、实验扩展

多级减压回路:多级减压回路通过使用不同出口压力设定值的减压阀,使系统得到多级工作压力(图 5-28)。

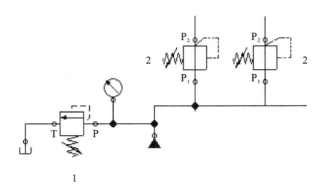

1—溢流阀;2—减压阀。

图 5-28 多级减压回路

子任务 6 液压保压回路

一、实验目的

(1)了解保压回路在工业领域的应用场合。
(2)熟悉并掌握液压保压回路的应用。
(3)了解电气元器件的应用和工作原理。

二、实验器材

(1)液压实验台,1 台;
(2)泵站,1 套;
(3)三位四通电磁换向阀,1 只;
(4)二位四通电磁换向阀,1 只;
(5)单向阀,1 只;
(6)直动式溢流阀,1 只;
(7)油缸,1 只;
(8)压力表,2 只;

(9)油管及导线,若干。

三、实验原理(图5-29)

当系统开启时,液压缸开始工作,当运行到达工作压力时,断开二位四通电磁阀及三位四通电磁阀,系统保持工作压力;回油时,只要接通二位四通电磁阀及三位四通电磁阀即可,从而达到实验要求。

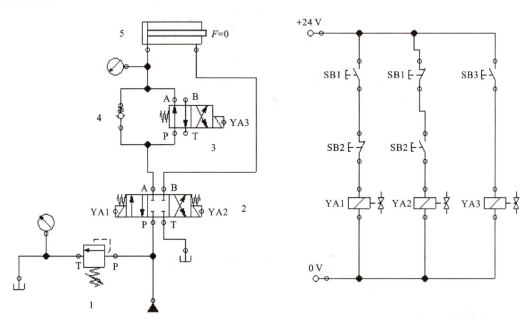

1—直动式溢流阀;2—三位四通电磁换向阀;3—二位四通电磁换向阀;4—单向阀;5—液压缸

图5-29 液压保压回路

四、实验步骤

(1)根据实验要求设计合理的液压原理图。

(2)根据原理图选择恰当的液压元器件,并按图把实物连接起来。

(3)根据动作要求设计电路,并依据设计好的电路进行实物连接。

(4)检查无误后,完全旋开溢流阀,启动泵站,调节工作所需的压力(<6 MPa)。

(5)按下按钮 SB1、SB3,电磁阀 YA1、YA3 得电换向,液压缸伸出。

(6)按下按钮 SB2,电磁阀 YA2 得电换向,液压缸缩回。断开全部按钮开关,液压缸保持原有工作位置,系统保压,达到实验目的。

(7)实验完毕后,收回活塞杆,停止油泵电机,待系统压力为零后,拆卸油管及液压阀,并放回规定的位置,整理好实验台,并保持系统的清洁。

五、注意事项

(1) 检查油路是否搭接正确。

(2) 检查电路连接是否正确(PLC是否要求电源)。

(3) 检查油管接头是否搭接牢固(搭接后,可以稍微用力拉一下)。

(4) 检查电路是否搭接错误,开始试验前需检查,如有错误,修正后再在运行,错误排除后,启泵站,开始试验。

(5) 回路必须搭接安全(溢流阀)回路,启动泵站前,完全打开溢流阀,实验完成后,完全打开安全阀,关闭泵站。

六、参考实验扩展

液压油蓄能器补油,最大压力值由压力继电器调定。继电器发出信号时二位三通阀卸荷,不发信号时液压泵给蓄能器冲压(图5-30)。

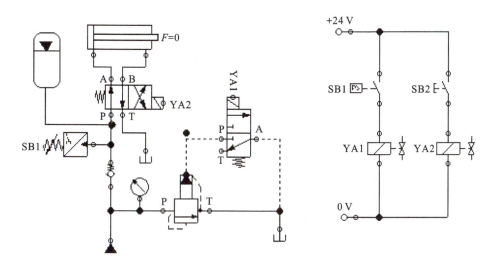

图5-30 保压扩展回路

子任务7 液压锁紧回路

一、实验目的

(1) 了解锁紧回路在工业中的作用,并举例说明。

(2) 掌握典型的液压锁紧回路及其运用。

(3) 掌握普通单向阀和液控单向阀的工作原理、职能符号及其运用。

(4) 掌握PLC的应用和使用方法。

(5)掌握电气元器件的工作方式和使用方法。

(6)了解接近开关的工作原理和使用方法。

二、实验器材

(1)液压实验台,1台;

(2)泵站,1套;

(3)三位四通电磁换向阀,1只;

(4)液控单向阀,2只;

(5)液压缸,1只;

(6)直动式溢流阀,1只;

(7)接近开关及其支架,2套;

(8)压力表,1只;

(9)油管及导线,若干。

三、实验原理

根据个人兴趣,选择合适的实验器材,安装运行一个或多个锁紧回路。这里以液控单向阀为例说明。当三位四通电磁换向阀位于中位时,液控单向阀双向锁紧,液压缸保持原来的工作状态。液压系统原理图如图5-31所示。

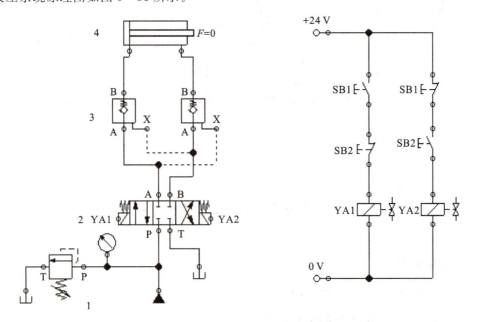

1—溢流阀;2—三位四通电磁换向阀;3—液控单向阀;4—液压缸。

图5-31 液压锁紧回路

四、实验步骤

(1) 根据实验要求设计出合理的液压原理图。

(2) 根据原理图选择恰当的液压元器件,并按图把实物连接起来。

(3) 根据动作要求设计电路,并依据设计好的电路进行实物连接(根据前面对 PLC 模块的介绍,连接 PLC 控制电磁铁,输入 PLC 程序,试着编写其他的控制程序)。

(4) 准备工作完毕,回路搭接正确。旋开直动式溢流阀到最大,起动泵站,调节直动式溢流阀(压力小于 6 MPa)。

(5) 开启电源按钮,按钮开关 SB1 闭合,三位四通电磁换向阀换向,液压缸 4 伸出。

(6) 按钮开关 SQ2 闭合,三位四通电磁换向阀换向,缸缩回,按停止按钮,液压缸保持原有状态,液控单向阀相互锁紧,液压缸保持工作位置。

(7) 实验完毕后,三位四通电磁换向阀卸荷,打开溢流阀,停止油泵电机,待系统压力为零后,拆卸油管及液压阀,并把它们放回规定的位置,整理好实验台。

五、注意事项

(1) 检查油路是否搭接正确。

(2) 检查电路连接是否正确(PLC 是否要求电源)。

(3) 检查油管接头是否搭接牢固(搭接后,可以稍微用力拉一下)。

(4) 检查电路是否搭接错误,开始试验前需检查,如有错误,修正后再运行,错误排除后,启动泵站,开始试验。

(5) 回路必须搭接安全(溢流阀)回路,启动泵站前,完全打开安全阀,实验完成后,完全打开安全阀,停止泵站。

六、实验扩展

用不同的方式去控制电磁换向阀工作位置的切换。液压锁紧回路扩展回路如图 5-32 所示。

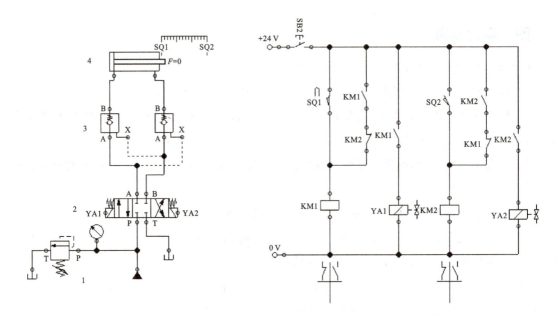

1—直动式溢流阀;2—三位四通电磁换向阀;3—液控单向阀;4—液压缸。

图 5-32 液压锁紧回路扩展回路

子任务 8 两级换速控制回路

一、实验目的

(1) 熟悉各液压元件的工作原理;
(2) 熟悉 PLC 软件的编程及工作方式;
(3) 了解两级换速回路的工作原理和实际在工业中应用;
(4) 加深了解电气元器件工作原理和使用方法;
(5) 加强动手能力和创新能力。

二、实验器材

(1) 液压实验台,1 台;
(2) 液压泵站,1 套;
(3) 液压缸,1 只;
(4) 直动式溢流阀,1 只;
(5) 三位四通电磁换向阀,1 只;
(6) 二位三通电磁换向阀,1 只;
(7) 调速阀(或单向节流阀),1 只;

(8)接近开关及其支架,3套;

(9)油管、压力表,若干。

三、实验原理(图5-33)

系统的速度可以由调速阀及二位三通电磁换向阀调定。当二位三通电磁换向阀没有接入导通时,速度由调速阀调节,但当二位三通电磁换向阀导通时,系统处于没有背压的情况,调速阀没有调速功能,从而达到实验要求。二位三通电磁换向阀和三位四通电磁换向阀的通断由接近开关控制。

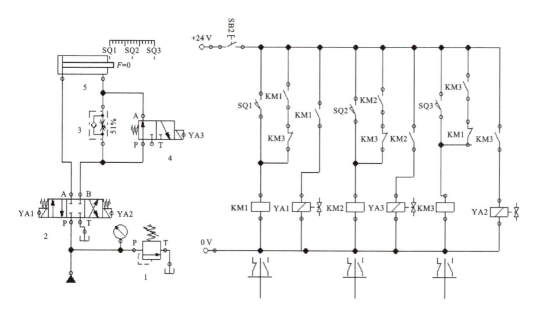

1—溢流阀;2—三位四通电磁换向阀;3—调速阀;4—二位三通电磁换向阀;5—液压缸。

图5-33 两级换速控制回路

四、实验步骤

(1)根据实验要求设计出合理的液压原理图(提供两种控制,可供选择)。

(2)根据原理图选择恰当的液压元器件,并按图把实物连接起来。

(3)根据动作要求设计电路,并依据设计好的电路进行实物连接。

(4)在开启泵站前,请先检查搭接的油路和电路是否正确,经测试无误,方可开始试验。

(5)起动泵站前,先完全打开溢流阀,调定系统压力到工作压力(<6 MPa)。

(6)接近开关SQ1感触信号,三位四通电磁换向阀YA1得电换向,液压缸快速伸出。接近开关SQ2感触信号,二位三通电磁换向阀YA3得电换向,调速阀受压,调节调速阀的开口来改变液压缸速度,液压缸减速运行。

(7)接近开关 SQ3 感触信号,三位四通电磁换向阀 YA2 得电换向(YA1 和 YA3 失电),液压缸快速缩回。接近开关 SQ1 感触信号,重复刚开始步骤。

(8)实验完毕后,打开溢流阀,停止油泵电机,待系统压力为零后,拆卸油管及液压阀,并把它们放回规定的位置,整理好实验台,保持系统的清洁。

五、注意事项

(1)检查油路是否搭接正确。

(2)检查电路连接是否正确(PLC 是否要求电源)。

(3)检查油管接头是否搭接牢固(搭接后,可以稍微用力拉一下)。

(4)检查电路是否搭接错误,开始试验前需检查,如有错误,修正后再运行,错误排除后,启动泵站,开始试验。

(5)回路必须搭接安全(溢流阀)回路,启动泵站前,完全打开安全阀,实验完成后,完全打开安全阀,停止泵站。

子任务 9　液压缸并联的同步回路

一、实验目的

(1)掌握液压缸并联的同步回路的原理。

(2)加深对液压元件的了解。

(3)加深对电气元器件工作原理的理解和应用。

二、实验器材

(1)液压实验台,1 台;

(2)泵站,1 台;

(3)直动式溢流阀,1 只;

(4)二位四通电磁换向阀,1 只;

(5)节流阀,2 只;

(6)液压缸,2 只;

(7)油管、压力表,若干。

三、实验回路原理图(图 5-34)

调节节流阀到相同系数,启动泵站,双缸同步伸出,二位四通电磁换向阀得电换向,双缸同步缩回。节流阀起节流作用,控制流量。

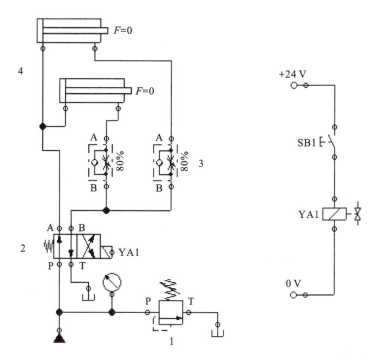

1—溢流阀；2—二位四通电磁换向阀；3—节流阀；4—液压缸。

图 5-34 液压缸并联的同步回路

四、实验步骤

（1）看懂实验原理图，按照原理图连接好回路和电气回路图。

（2）检查电路和油路搭接是否正确，经过测试后方可进行试验。

（3）检查无误后，安全阀（溢流阀）处于开启状态，打开总电源，开启泵站电机。

（4）系统压力达到一定值（<6 MPa）时，液压缸 4 的无杆腔开始进油，活塞杆向右运行，两缸的运动速度基本实现同步（误差在 2%～5%）。

（5）按钮开关 SB1 闭合，二位四通电磁换向阀 YA1 得电之后，两缸的有杆腔开始进油，活塞杆向右运行。

（6）由于两腔作用力的有效面积不一样，所以在系统压力不变的情况下，活塞杆的伸出速度比它的复位速度快。如果两缸的同步误差比较大，通过调节其回油的流量来减少误差。

（7）实验完毕之后，清理实验台，将各元器件放入原来的位置。

五、注意事项

（1）检查油路是否搭接正确。

（2）检查电路连接是否正确（PLC 是否要求电源）。

(3)检查油管接头是否搭接牢固(搭接后,可以稍微用力拉一下)。

(4)检查电路是否错误,开始试验前需检查。如有错误,修正后再运行,错误排除后,开始试验。

(5)回路必须搭接安全(溢流阀)回路,启动泵站前,完全打开安全阀,实验完成后,完全打开安全阀,停止泵站。

子任务 10　顺序动作回路

一、实验目的

(1)了解压力控制阀的特点。
(2)掌握顺序阀的工作原理、职能符号及其应用的原理。
(3)掌握顺序阀和行程开关实现顺序动作回路的原理。
(4)深入了解电气元器件的工作原理和应用。

二、实验器材

(1)液压实验台,1台;
(2)三位四通电磁换向阀(阀芯机能"O"),1只;
(3)顺序阀,2只;
(4)液压缸,2只;
(5)接近开关及其支架,2只;
(6)溢流阀,1只;
(7)泵站,1套;
(8)压力表油管,若干。

三、实验原理(图 5-35)

调节顺序阀旋钮,三位四通电磁换向阀得电换向,一个液压缸先伸出或缩回,当达到顺序阀的调定压力时,顺序阀导通,另一个液压缸缩回或伸出。

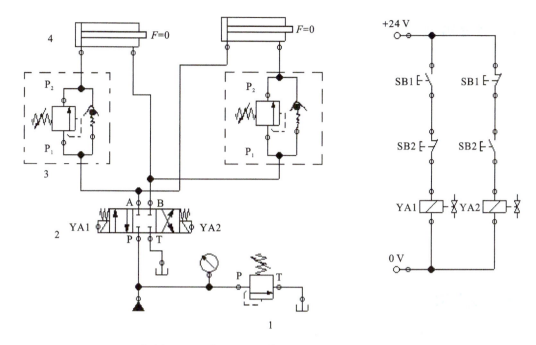

1—溢流阀;2—三位四通电磁换向阀;3—顺序阀;4—液压缸。

图 5-35 顺序动作回路

四、实验步骤

(1)根据试验内容,设计实验所需的回路,所设计的回路必须经过认真检查,确保正确无误。

(2)按照检查无误的回路要求,选择所需的液压元件,并且检查其性能的完好性。

(3)将检验好的液压元件安装在插件板的适当位置,用快速接头和软管按照回路要求,把各个元件连接起来(包括压力表)(注:并联油路可用多孔油路板)。

(4)经过检查确认正确无误后,完全打开溢流阀(系统溢流阀做安全阀使用,不得随意调整),再启动油泵,按要求调压(<6 MPa)。不经检查,不得私自开机。

(5)按钮开关 SB1 闭合,三位四通电磁换向阀 YA1 得电换向,液压缸(右)伸出,顺序阀(左)压力达到设定压力后液压缸(左)伸出。

(6)按钮开关 SB2 闭合,三位四通电磁换向阀 YA2 得电换向,液压缸(左)缩回,顺序阀(右)压力达到设定压力后液压缸(右)缩回。

(7)观察缸的运动状态及液压缸伸出和缩回的先后顺序。

(8)实验完毕后,应先旋松溢流阀手柄,然后停止油泵工作。经确认回路中压力为零后,取下连接油管和元件,归类放至规定的地方。

五、注意事项

(1) 检查油路是否搭接正确。

(2) 检查电路连接是否正确(PLC是否要求电源)。

(3) 检查油管接头是否搭接牢固(搭接后,可以稍微用力拉一下)。

(4) 检查电路是否错误,开始试验前需检查。如有错误,修正后再运行,错误排除后,启动泵站,开始试验。

(5) 回路必须搭接安全(溢流阀)回路,启动泵站前,完全打开安全阀,实验完成后,完全打开安全阀,停止泵站。

子任务 11　防冲击回路

一、实验目的

(1) 了解液压系统回路中设置缓冲阀的目的。

(2) 掌握典型的缓冲回路,理解它们是怎样达到缓冲效果的。

二、实验器材

(1) 液压实验台,1台;

(2) 三位四通电磁换向阀,1只;

(3) 液压缸,1只;

(4) 溢流阀,1只;

(5) 顺序阀,2只;

(6) 油管,若干;

(7) 压力表(量程:10 MPa),1只;

(8) 油泵,1台。

三、实验原理图(图 5-36)

根据个人兴趣,选择合适的实验器材,安装运行一个或多个缓冲回路。这里以顺序阀为例,防止泵站突然启动,高压力冲击回路,破坏液压件。顺序阀调定压力,回路达到设定值,顺序阀开启工作,保护回路。

项目五 液压传动技能实训与实验

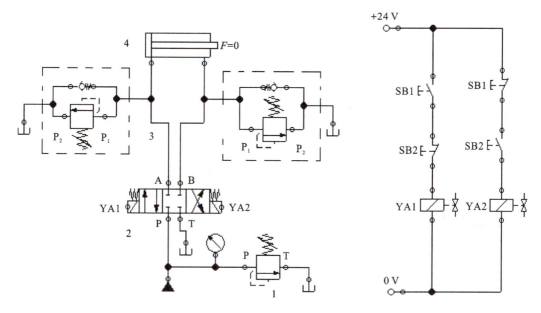

1—溢流阀;2—三位四通电磁换向阀;3—顺序阀;4—液压缸。

图 5-36 防冲击回路

四、实验步骤

(1)根据实验原理图,认真分析,掌握工作原理和控制原理。

(2)根据实验回路需要,准备液压元器件,并确认液压元器件是完好的。

(3)将检验好的液压元件安装在插件板的适当位置,用快速接头和软管按照回路要求,把各个元件连接起来(包括压力表)(注:并联油路可用多孔油路板)。

(4)按照回路图,确认安装连接正确后,旋松泵出口处的溢流阀(系统溢流阀作安全阀使用,不得随意调整)。经过检查确认正确无误后,再启动油泵,按要求调压,一定在系统额定压力范围内调节压力(<6 MPa)。

(5)按钮开关 SB1 闭合,三位四通电磁换向阀 YA1 得电换向,液压缸伸出,顺序阀(左)压力达到设定压力,顺序阀(左)将开启,保护回路。

(6)按钮开关 SB2 闭合,三位四通电磁换向阀 YA2 得电换向,液压缸缩回,顺序阀3(右)压力达到设定压力,顺序阀(右)将开启,保护回路。

(7)实验完毕后,应先旋松溢流阀手柄,然后停止油泵工作。经确认回路中压力为零后,取下连接油管和元件,归类放至规定的地方。

五、注意事项

(1)检查油路是否搭接正确。

(2) 检查电路连接是否正确(PLC是否要求电源)。

(3) 检查油管接头是否搭接牢固(搭接后,可以稍微用力拉一下)。

(4) 检查电路是否搭接错误,开始试验前需检查。如有错误,修正后再运行,错误排除后,启动泵站,开始试验。

(5) 回路必须搭接安全(溢流阀)回路,启动泵站前,完全打开溢流阀,实验完成,完全打开安全阀,停止泵站。

子任务 12　差动回路

一、实验目的

(1) 熟悉各液压元件的工作原理。

(2) 模拟液压差动回路在工业中的运用。

二、实验器材

(1) 液压实验台,1台;

(2) 三位四通电磁换向阀,1只;

(3) 二位三通电磁换向阀,1只;

(4) 液压缸,1只;

(5) 溢流阀,1只;

(6) 接近开关及其支架,3套;

(7) 调速阀(或单向节流阀),1只;

(8) 油管及导线,若干。

三、实验原理图(图 5-37)

当三位四通电磁换向阀在左位工作时,活塞杆向右运行。二位三通电磁阀在左位工作,形成差动,当接近开关感应到信号时,使二位三通电磁阀在右位工作,回油经过调速阀,调节调速阀即可控制活塞的前进速度,达到工作要求。

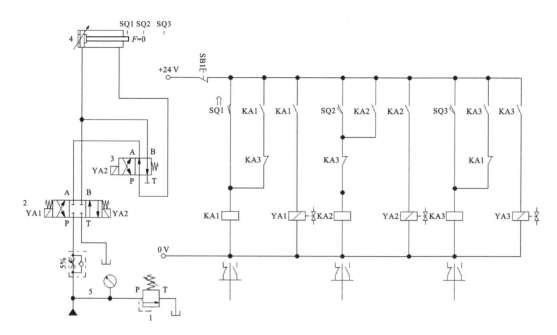

1—溢流阀;2—三位四通电磁换向阀;3—二位四通电磁换向阀;4—液压缸;5—调速阀。

图 5-37 差动回路

四、实验步骤

(1)根据实验要求设计合理的液压回路图。

(2)根据原理图选择恰当的液压元器件,并按图把实物连接起来。

(3)根据动作要求设计电路,并依据设计好的电路进行实物连接。

(4)经检查确认正确无误后,完全打开溢流阀(系统溢流阀作安全阀使用,不得随意调整)再启动油泵,按要求调节压力(<6MPa)。

(5)接近开关 SQ1 感触信号,三位四通电磁换向阀 YA1 得电换向,液压缸伸出。

(6)接近开关 SQ2 感触信号,二位三通电磁换向阀 YA2 得电换向,液压缸差动前进。

(7)接近开关 SQ3 感触信号,三位四通电磁换向阀 YA3 得电换向,二位三通电磁换向阀 YA2 失电,液压缸缩回。

(8)观察缸的运动状态,液压缸的伸出部分形成差动,达到所需的工作过程,实验目的达到。

(9)实验完毕后,打开溢流阀,关闭油泵电机,待系统压力为零后,拆卸油管及液压阀,并把它们放回规定的位置,整理好实验台。

五、注意事项

(1)检查油路是否搭接正确。

(2)检查电路连接是否正确(PLC是否要求电源)。

(3)检查油管接头是否搭接牢固(搭接后,可以稍微用力拉一下)。

(4)检查电路是否搭接错误,开始试验前需检查。如有错误,修正后再运行,错误排除后,开始试验。

(5)回路须搭接安全(溢流阀)回路,启动泵站前,完全打开溢流阀,实验完成后,完全打开安全阀,停止泵站。

参考文献

[1] 王永仁. 液压传动技术[M]. 西安:西安交通大学出版社,2013.
[2] 毛好喜. 液压与气压技术[M]. 北京:人民邮电出版社,2009.
[3] 李新德. 液压与气压技术[M]. 北京:机械工业出版社,2018.
[4] 姜继海,宋锦春,高常识. 液压与气压传动(第三版)[M]. 北京:高等教育出版社,2019.
[5] 张宏友. 液压与气动技术(第六版)[M]. 大连:大连理工大学出版社,2022.
[6] 朱立达. 液压与气动技术(第二版)[M]. 北京:高等教育出版社,2020.
[7] 李新德. 液压与气动技术(第二版)[M]. 北京:清华大学出版社,2015.
[8] 吴锦虹,陈小芹. 液压与气压传动[M]. 北京:清华大学出版社,2023.
[9] 赵波,王宏元. 液压与气压传动[M]. 北京:机械工业出版社,2020.
[10] 宋锦春. 液压与气压传动(第四版)[M]. 北京:科学出版社,2019.
[11] 于瑛瑛,王冰,刘丽萍. 液压与气压传动项目教程[M]. 北京:航空工业出版社,2015.
[12] 牟志华,张海军. 液压与气动技术[M]. 北京:中国铁道出版社,2012.
[13] 郭文颖,蔡群,闵亚峰. 液压与气压传动[M]. 北京:航空工业出版社,2015.
[14] 张宏友. 液压与气压技术[M]. 大连:大连理工大学出版社,2004.
[15] 左建明. 液压与气压传动[M]. 北京:机械工业出版社,2013.
[16] 孙如军,王慧,李振武. 液压与气压传动[M]. 北京:清华大学出版社,2011.
[17] 汪哲能. 液压与气压技术[M]. 北京:中国传媒大学出版社,2011.
[18] 刘建明. 液压与气压传动[M]. 北京:航空工业出版社,2014.
[19] 何村兴. 液压传动与气压传动(第二版)[M]. 武汉:华中科技大学出版社,2000.
[20] 吴振顺. 气压传动与控制[M]. 天津:天津大学出版社,2010.
[21] 许福玲. 液压与气压传动(第四版)[M]. 北京:机械工业出版社,2018.